21世纪高等学校数学系列教材

线性代数

■ 张益群 杨 球 高遵海 叶牡才 唐博宇 编著

WUHAN UNIVERSITY PRESS
武汉大学出版社

图书在版编目(CIP)数据

线性代数/张益群,杨球,高遵海,叶牡才,唐博宇编著．—武汉:武汉大学出版社,2008.7

21 世纪高等学校数学系列教材

ISBN 978-7-307-06399-0

Ⅰ.线… Ⅱ.①张… ②杨… ③高… ④叶… ⑤唐… Ⅲ.线性代数—高等学校—教材 Ⅳ.O151.2

中国版本图书馆 CIP 数据核字(2008)第 093157 号

责任编辑:李汉保　　责任校对:刘　欣　　版式设计:詹锦玲

出版发行:**武汉大学出版社**　(430072　武昌　珞珈山)

(电子邮件:wdp4@ whu. edu. cn 网址:www. wdp. whu. edu. cn)

印刷:湖北金海印务有限公司

开本:787×1092　1/16　印张:12.75　字数:306 千字　插页:1

版次:2008 年 7 月第 1 版　　2008 年 7 月第 1 次印刷

ISBN 978-7-307-06399-0/O·388　　定价:27.00 元

编 委 会

内容简介

本书是根据国家教育部高等学校线性代数课程的教学基本要求编写的。全书共分七章，内容包括：n阶行列式、线性变换与矩阵、向量空间、线性方程组、矩阵特征值问题、二次型、线性代数理论的应用等。在最后一章通过实例介绍了数学软件 MATLAB 在线性代数中的应用。其目的是培养学生运用现代数学软件学习线性代数和应用线性代数知识解决实际问题的能力。习题按节安排，全书后面还编写了六套总复习题、书末附有习题参考答案和总复习题的详细参考解答、便于学生练习检验，大量的练习题也可以供考研学生复习参考。

本书可以供理工科院校各专业本科生和经济管理专业本科生作为教材使用，也可以用做考研参考书，还可以供相关科技工作者阅读和参考。

序

数学是研究现实世界中数量关系和空间形式的科学。长期以来,人们在认识世界和改造世界的过程中,数学作为一种精确的语言和一个有力的工具,在人类文明的进步和发展中,甚至在文化的层面上,一直发挥着重要的作用。作为各门科学的重要基础,作为人类文明的重要支柱,数学科学在很多重要的领域中已起到关键性、甚至决定性的作用。数学在当代科技、文化、社会、经济和国防等诸多领域中的特殊地位是不可忽视的。发展数学科学,是推进我国科学研究和技术发展,保障我国在各个重要领域中可持续发展的战略需要。高等学校作为人才培养的摇篮和基地,对大学生的数学教育,是所有的专业教育和文化教育中非常基础、非常重要的一个方面,而教材建设是课程建设的重要内容,是教学思想与教学内容的重要载体,因此显得尤为重要。

为了提高高等学校数学课程教材建设水平,由武汉大学数学与统计学院与武汉大学出版社联合倡议,策划,组建21世纪高等学校数学课程系列教材编委会,在一定范围内,联合多所高校合作编写数学课程系列教材,为高等学校从事数学教学和科研的教师,特别是长期从事教学且具有丰富教学经验的广大教师搭建一个交流和编写数学教材的平台。通过该平台,联合编写教材,交流教学经验,确保教材的编写质量,同时提高教材的编写与出版速度,有利于教材的不断更新,极力打造精品教材。

本着上述指导思想,我们组织编撰出版了这套21世纪高等学校数学课程系列教材。旨在提高高等学校数学课程的教育质量和教材建设水平。

参加21世纪高等学校数学课程系列教材编委会的高校有:武汉大学、华中科技大学、云南大学、云南民族大学、云南师范大学、昆明理工大学、武汉理工大学、湖南师范大学、重庆三峡学院、襄樊学院、华中农业大学、福州大学、长江大学、咸宁学院、中国地质大学、孝感学院、湖北第二师范学院、武汉工业学院、武汉科技学院、武汉科技大学、仰恩大学(福建泉州)、华中师范大学、湖北工业大学等20余所院校。

高等学校数学课程系列教材涵盖面很广,为了便于区分,我们约定在封首上以汉语拼音首写字母缩写注明教材类别,如:数学类本科生教材,注明:SB;理工类本科生教材,注明:LGB;文科与经济类教材,注明:WJ;理工类硕士生教材,注明:LGS,如此等等,以便于读者区分。

武汉大学出版社是中共中央宣传部与国家新闻出版署联合授予的全国优秀出版社之一。在国内有较高的知名度和社会影响力、武汉大学出版社愿尽其所能为国内高校的教学与科研服务。我们愿与各位朋友真诚合作,力争使该系列教材打造成为国内同类教材中的精品教材,为高等教育的发展贡献力量!

21世纪高等学校数学系列教材编委会

2007年7月

前言

为了使高等教育教材更好地适应科学技术和经济发展的需要，更好地适应教学与改革的需要，武汉大学出版社策划、组建21世纪高等学校数学系列教材编委会，在一定范围内，组织高等学校从事数学教学和科研的老师进行积极的探索和交流，融汇并吸取了长期从事教学的教师所积累的丰富教学经验，合作编写了数学课程系列教材，本书是该套21世纪高等学校数学课程系列教材之一。

线性代数是高等学校理工科学生的一门重要基础课程，线性代数既是学习后续的数学课程和专业课程的必备基础，也是自然科学和工程技术领域中应用广泛的数学工具。随着计算机在各个领域的日益普及，线性代数在理论和应用两方面的重要性越来越突出，同时使得高等学校计算机、物理、信息工程、通信、自动控制、系统工程等专业对线性代数课程在内容的深度和广度上都提出了更高的要求。

本书是根据国家教育部高等学校线性代数课程的教学基本要求，参考全国硕士研究生数学入学考试大纲，并结合我们长期从事线性代数课程教学改革的研究与实践，为适应不同专业对线性代数的教学要求而编写的。在编写过程中，我们认真阅读了多种线性代数教材和硕士研究生入学考试复习教程，在基本保持传统线性代数体系和经典内容的同时，注重渗透现代教学思想和方法，在内容的取舍与编排上有所创新，在现有线性代数内容的基础上有所拓宽，使其内容更为丰富且更有深度，其目的是为了满足读者学习后续课程的需要。

线性代数是一门既严谨又抽象的课程。为了使学生既易于入门，又能领会数学抽象的概念，本书列举了许多具有实际背景的例子，从具体计算入手，逐步地、自然而然地建立抽象的概念和理论。该教材系统地介绍了线性代数的基本知识，将矩阵的概念、运算、秩和初等变换集中介绍，而向量组的线性相关性的讨论以矩阵为工具进行，线性方程组的求解是矩阵和向量理论的应用，重点建立矩阵和向量空间两大理论工具，并将它们贯穿于全书，以突出线性代数课程的核心内容，力求做到通俗易懂。

本书内容分为七章，前六章内容适用于理工和经济管理类本科专业的教学，第7章通过实例介绍了非常流行的数学软件 MATLAB 在线性代数中的应用，并在每节附有专门用MATLAB做的练习题，这对培养广大学生运用现代数学软件学习线性代数和应用代数知识解决实际问题都能起到良好的作用，本书配备了丰富的例题、习题和总复习题，以帮助读者加深对概念、理论的理解和掌握，习题按节安排，全书后面编写了六套总复习题，书末附有习题参考答案和总复习题的详细参考解答，便于学生练习检验。大量的练习题也可以供考研学生复习参考。

本教材第1章和第4章由叶牡才编写；第2章、第3章的§3.1～§3.4、第5章、第6章由张益群编写；第7章由杨球编写；第3章的第5节、第6节由高遵海编写；第1章～第6章的部分例题、习题、以及总复习题由田木生、唐博宇编写。教材最后由张益群审核定稿。在编写过程中，我们参阅了国内外部分院校的相关教材，主要参考书目列于书后的参考文献；部分内容取自中国地质大学叶牡才教授、李星教授、沈远彤教授编写的《线性代数》一书。

在本书的编写过程中，我们得到了中国地质大学数学与物理学院的领导和老师的大力支持；本书从立项、组织编写到出版，一直得到武汉大学出版社与21世纪高等学校数学系列教材编委会的支持和关心；李汉保编辑详细审阅了全稿，并提出了许多宝贵的意见和建议，为本书的出版付出了辛勤的劳动，谨在此向他们表示衷心的感谢！

由于作者水平有限，书中难免有不妥之处和缺点，敬请广大读者批评指正。

作　者

2008年6月

目　录

第 1 章　n 阶行列式

行列式不仅是线性代数中的一个重要概念，而且是后续课程及解决许多工程技术问题强有力的数学工具.本章通过求解二元与三元线性方程组，引出二阶、三阶行列式，然后推广到 n 阶，即讨论 n 阶行列式的问题.

§1.1　引　例

设有二元线性方程组

$$\begin{cases} a_{11}x_1 + a_{12}x_2 = b_1 \\ a_{21}x_1 + a_{22}x_2 = b_2 \end{cases} \tag{1-1}$$

用加减消元法解该方程组:

用 a_{22} 乘第一式各项，得

$$a_{11}a_{22}x_1 + a_{12}a_{22}x_2 = b_1a_{22} \tag{1-2}$$

用 a_{12} 乘第二式各项，又得

$$a_{12}a_{21}x_1 + a_{12}a_{22}x_2 = b_2a_{12} \tag{1-3}$$

式(1-2)减式(1-3)消去 x_2，得

$$(a_{11}a_{22} - a_{12}a_{21})x_1 = b_1a_{22} - b_2a_{12}$$

当 $a_{11}a_{22} - a_{12}a_{21} \neq 0$ 时，有

$$x_1 = \frac{b_1a_{22} - b_2a_{12}}{a_{11}a_{22} - a_{12}a_{21}}$$

同理，在方程组(1-1)中用 a_{21} 乘第一式各项，用 a_{11} 乘第二式各项，然后相减，当 $a_{11}a_{22} - a_{12}a_{21} \neq 0$ 时，得

$$x_2 = \frac{a_{11}b_2 - a_{21}b_1}{a_{11}a_{22} - a_{12}a_{21}}$$

于是，当 $a_{11}a_{22} - a_{12}a_{21} \neq 0$ 时，方程组(1-1)的解为

$$\begin{cases} x_1 = \dfrac{a_{22}b_1 - a_{12}b_2}{a_{11}a_{22} - a_{12}a_{21}} \\ x_2 = \dfrac{a_{11}b_2 - a_{21}b_1}{a_{11}a_{22} - a_{12}a_{21}} \end{cases} \tag{1-4}$$

为了便于记忆和应用，引入新的符号表示式(1-4)这个结果，令

$$D = \begin{vmatrix} a_{11} & a_{12} \\ a_{21} & a_{22} \end{vmatrix} = a_{11}a_{22} - a_{12}a_{21} \tag{1-5}$$

并把式(1-5)叫做一个二阶行列式.利用式(1-5)，可以把式(1-4)中 x_1 与 x_2 表达式的分子分别表示为

$$D_1=\begin{vmatrix} b_1 & a_{12} \\ b_2 & a_{22} \end{vmatrix}, \quad D_2=\begin{vmatrix} a_{11} & b_1 \\ a_{21} & b_2 \end{vmatrix}$$

则当行列式 $D\neq 0$ 时,方程组(1-1)有惟一解,即

$$x_1=\frac{D_1}{D}, \quad x_2=\frac{D_2}{D} \tag{1-6}$$

记号 D 表示对应于线性方程组的系数行列式.

对于含有三个未知量的三个方程所组成的方程组

$$\begin{cases} a_{11}x_1+a_{12}x_2+a_{13}x_3=b_1 \\ a_{21}x_1+a_{22}x_2+a_{23}x_3=b_2 \\ a_{31}x_1+a_{32}x_2+a_{33}x_3=b_3 \end{cases} \tag{1-7}$$

用加减消元法,当

$$D=a_{11}a_{22}a_{33}+a_{12}a_{23}a_{31}+a_{13}a_{21}a_{32}-a_{11}a_{23}a_{32}-a_{12}a_{21}a_{33}-a_{13}a_{22}a_{31}\neq 0$$

时,可以得式(1-7)的解.

与引进二阶行列式一样,用符号

$$\begin{vmatrix} a_{11} & a_{12} & a_{13} \\ a_{21} & a_{22} & a_{23} \\ a_{31} & a_{32} & a_{33} \end{vmatrix}$$

来表示 D,即

$$D=\begin{vmatrix} a_{11} & a_{12} & a_{13} \\ a_{21} & a_{22} & a_{23} \\ a_{31} & a_{32} & a_{33} \end{vmatrix}$$

$$=a_{11}a_{22}a_{33}+a_{12}a_{23}a_{31}+a_{13}a_{21}a_{32}-a_{11}a_{23}a_{32}-a_{12}a_{21}a_{32}-a_{13}a_{22}a_{31} \tag{1-8}$$

式(1-8)称为三阶行列式.

在 D 中把第一列、第二列、第三列元素分别换成式(1-7)中的常数项,得到 D_1、D_2、D_3,当 $D\neq 0$ 时,方程组(1-7)有惟一解,即

$$x_1=\frac{D_1}{D}, \quad x_2=\frac{D_2}{D}, \quad x_3=\frac{D_3}{D} \tag{1-9}$$

如何把二阶、三阶行列式的意义推广到一般的 n 阶行列式,并利用 n 阶行列式来表达由 n 个未知量 n 个方程所组成的线性方程组的解呢?从上面的推导可知,由两个未知量消去一个比较容易,而由三个未知量消去两个就已经很麻烦了.对于一般情形,在 n 个未知量中消去 $n-1$ 个,在理论上虽然是可能的,但要具体实施,其难度可想而知.因此,n 阶行列式的定义也就不宜用上面的类似方法导得.

§1.2 n 阶行列式的概念

1.2.1 排列与逆序数

为了给出 n 阶行列式的定义,我们来研究一下三阶行列式的结构,找出其内在的规律,从方程组(1-7)的求解公式中,观察 x_1,x_2,x_3 的分母各项,其中每一项都可以写成下面的形式

$$a_{1j_1}a_{2j_2}a_{3j_3}$$

其中 j_1,j_2,j_3 是正整数 1,2,3 的某排列，而数字 1,2,3 的所有排列为

$$123,231,312,321,132,213$$

这些排列正好是式(1-8)中各项的第二个下标，至于各项所带的符号，当它们的第一个下标都按自然数顺序排列时，则依赖于第二个下标的排列顺序. 为此，引入逆序、逆序数的概念.

定义 1.1　由 n 个正整数 $1,2,\cdots,n$ 构成的一个 n 级排列 $S_1S_2\cdots S_n$，如果有较大的数 S_i 排在较小的数 S_j 的前面($S_i>S_j$)，则称 S_i 与 S_j 构成一个逆序. 一个 n 级排列中逆序的总数，称为这个排列的逆序数，记为

$$\tau(S_1S_2\cdots S_n)$$

如果排列 $S_1S_2\cdots S_n$ 的逆序数 $\tau(S_1S_2\cdots S_n)$ 是奇数，则称为奇排列，是偶数则称为偶排列.

例如，5 级排列 43152 的逆序数为 6，即 $\tau(43152)=6$. 所以 43152 为偶排列.

排列 34152 的逆序数是 5，是奇排列.

排列 $12\cdots n$ 的逆序数是零，是偶排列.

关于逆序数还有如下结论：

定理 1.1　一个排列中的任意两个数对调，其逆序数的奇偶性改变.

证　先讨论对调相邻两个数码的特殊情形，设排列为 $AijB$，其中 A、B 表示除 i、j 两个数码外其余的数码；调换相邻两数码 i、j，变为排列 $AjiB$，比较两排列中的逆序数，显然 A、B 数码的次序没有改变，仅改变了 i 与 j 的次序. 因此，当 $i<j$ 时，经调换后，i、j 两数构成逆序，排列的逆序数增加 1，当 $i>j$ 时，经调换后两数不构成逆序，排列的逆序数减少 1，所以调换 i、j 改变 $AijB$ 逆序数的奇偶性.

再考虑一般情形，设排列为

$$AiS_1S_2\cdots S_kjB$$

经调换 i、j，变为排列

$$AjS_1S_2\cdots S_kiB$$

新排列可以由原排列中数码 i 依次与 $S_1,S_2,\cdots,S_k,j$ 作 $k+1$ 次相邻调换，变换为

$$AS_1S_2\cdots S_kjiB$$

再将 j 依次与 $S_k,\cdots,S_2,S_1$ 作 k 次相邻调换得到，即新排列可以由原排列共经过 $2k+1$ 次相邻调换得到，所以调换 i、j 改变了逆序数的奇偶性.

1.2.2　n 阶行列式的定义

对于引例中的式(1-5)可以写成

$$\begin{vmatrix} a_{11} & a_{12} \\ a_{21} & a_{22} \end{vmatrix} = \sum (-1)^{\tau} a_{1j_1}a_{2j_2}$$

其中 τ 为排列 j_1j_2 的逆序数，$\sum$ 表示对 1、2 两个数的所有排列求和.

对于引例中式(1-8)可以写成

$$\begin{vmatrix} a_{11} & a_{12} & a_{13} \\ a_{21} & a_{22} & a_{23} \\ a_{31} & a_{32} & a_{33} \end{vmatrix} = \sum (-1)^{\tau} a_{1j_1}a_{2j_2}a_{3j_3}$$

其中 τ 为排列 $j_1j_2j_3$ 的逆序数，$\sum$ 表示对 1、2、3 三个数的所有排列 $j_1j_2j_3$ 求和．

仿此，我们把行列式的概念推广到 n 阶．

定义 1.2 设 n^2 个数，排成 n 行 n 列的数表

$$\begin{matrix} a_{11} & a_{12} & \cdots & a_{1n} \\ a_{21} & a_{22} & \cdots & a_{2n} \\ \vdots & \vdots & & \vdots \\ a_{n1} & a_{n2} & \cdots & a_{nn} \end{matrix}$$

作出表中位于不同行不同列的 n 个数的乘积，并冠以符号 $(-1)^\tau$；得到形如

$$(-1)^\tau a_{1j_1}a_{2j_2}\cdots a_{nj_n}$$

的项，其中 $j_1j_2\cdots j_n$ 为自然数 $1,2,\cdots,n$ 的一个排列，τ 为这个排列的逆序数．这样的排列共有 $n!$ 个，称 $n!$ 项的代数和

$$\sum(-1)^\tau a_{1j_1}a_{2j_2}\cdots a_{nj_n}$$

为 n 阶行列式，记做

$$D=\begin{vmatrix} a_{11} & a_{12} & \cdots & a_{1n} \\ a_{21} & a_{22} & \cdots & a_{2n} \\ \vdots & \vdots & & \vdots \\ a_{n1} & a_{n2} & \cdots & a_{nn} \end{vmatrix}=\sum(-1)^\tau a_{1j_1}a_{2j_2}\cdots a_{nj_n} \tag{1-10}$$

简记为 $\det(a_{ij})$，a_{ij} 称为行列式第 i 行第 j 列的元素．

例 1 求对角形行列式

$$\begin{vmatrix} a_{11} & 0 & \cdots & 0 \\ 0 & a_{22} & \cdots & 0 \\ \vdots & \vdots & \cdots & \vdots \\ 0 & 0 & \cdots & a_{nn} \end{vmatrix}$$

的值．

解 根据行列式的定义得

$$\begin{vmatrix} a_{11} & 0 & \cdots & 0 \\ 0 & a_{22} & \cdots & 0 \\ \vdots & \vdots & \cdots & \vdots \\ 0 & 0 & \cdots & a_{nn} \end{vmatrix}=\sum(-1)^\tau a_{1j_1}a_{2j_2}\cdots a_{nj_n}$$

且当 $1<j_1\leqslant n$ 时，$a_{1j_1}=0$，而当 $a_{1j_1}=a_{11}$ 时，$2\leqslant j_2\leqslant n$，但当 $2<j_2\leqslant n$ 时，$a_{2j_2}=0$，所以取 $a_{2j_2}=a_{22}$，此时 $3\leqslant j\leqslant n$，但当 $3<j_3\leqslant n$ 时，$a_{3j_3}=0$，所以取 $a_{3j_3}=a_{33}$，这样继续下去，就得到 n 阶行列式，除 $(-1)^\tau a_{11}a_{22}\cdots a_{nn}$ 这一项外，其他各项都等于 0，而 $\tau(123\cdots n)=0$，所以

$$原式=a_{11}a_{22}\cdots a_{nn}.$$

例 2 求行列式

$$\begin{vmatrix} 0 & 0 & \cdots & a_{1n} \\ \vdots & \vdots & \cdots & \vdots \\ 0 & a_{n-1,2} & \cdots & 0 \\ a_{n1} & 0 & \cdots & 0 \end{vmatrix}$$

的值.

解　由 n 阶行列式的定义知:当 $1\leqslant j_1\leqslant n-1$ 时,$a_{1j_1}=0$,所以取 $j_1=n$,即 $a_{1j_1}=a_{1n}$;当 $1\leqslant j_2< n-1$ 时,$a_{2j_2}=0$,所以取 $a_{2j_2}=a_{2,n-1}$,仿此,$a_{3j_3}=a_{3,n-2}$,…,$a_{nj_n}=a_{n1}$,这样就得到该 n 阶行列式除

$$(-1)^{\tau}a_{1n}a_{2,n-1}\cdots a_{n1}$$

这一项外,其他各项都等于 0,而

$$\tau(n\cdots 321)=(n-1)+(n-2)+\cdots+2+1=\frac{n(n-1)}{2}$$

所以

$$\begin{vmatrix} 0 & 0 & \cdots & a_{1n} \\ \vdots & \vdots & \cdots & \vdots \\ 0 & a_{n-1,2} & \cdots & 0 \\ a_{n1} & 0 & \cdots & 0 \end{vmatrix}=(-1)^{\frac{n(n-1)}{2}}a_{1n}a_{2,n-1}\cdots a_{n1}$$

类似地可以证明,上三角形、下三角形行列式的值分别为

$$\begin{vmatrix} a_{11} & a_{12} & \cdots & a_{1n} \\ 0 & a_{22} & \cdots & a_{2n} \\ \vdots & \vdots & \cdots & \vdots \\ 0 & 0 & \cdots & a_{nn} \end{vmatrix}=a_{11}a_{22}\cdots a_{nn}$$

$$\begin{vmatrix} a_{11} & 0 & \cdots & 0 \\ a_{21} & a_{22} & \cdots & 0 \\ \vdots & \vdots & \cdots & \vdots \\ a_{n1} & a_{n2} & \cdots & a_{nn} \end{vmatrix}=a_{11}a_{22}\cdots a_{nn}$$

类似的还有

$$\begin{vmatrix} 0 & \cdots & 0 & a_{1n} \\ 0 & \cdots & a_{2,n-1} & a_{2n} \\ \vdots & \vdots & \cdots & \vdots \\ a_{n1} & \cdots & a_{n,n-1} & a_{nn} \end{vmatrix}=(-1)^{\frac{n(n-1)}{2}}a_{1n}a_{2,n-1}\cdots a_{n1}$$

上述结论很重要,这个结论提供了一个计算 n 阶行列式的重要方法. 因为按定义计算一个 n 阶行列式,需要计算出 $n!$ 个项,而每一项又需要进行 $n-1$ 次乘法运算,这项工作是十分繁琐的,这样就使我们想到能否将原行列式的某些元素全化为零呢?如果可以,那么 n 阶行列式的值很快就可以算出来了,但如何化呢?下一节我们将解决这个问题.

n 阶行列式的定义中决定各项符号的规则还可以由下面的结论来替代.

定理 1.2　n 阶行列式 D 的一般项可以记为

$$(-1)^{S+T}a_{i_1j_1}\ a_{i_2j_2}\ \cdots\ a_{i_nj_n} \tag{1-11}$$

其中 S 与 T 分别为 n 级排列 $i_1i_2\cdots i_n$ 与 $j_1j_2\cdots j_n$ 的逆序数.

证　由于 $i_1i_2\cdots i_n$ 与 $j_1j_2\cdots j_n$ 都是 n 级排列,因此,式(1-11)中的 n 个元素是取自 D 的不同的行不同的列.

若交换式(1-11)中两个元素 $a_{i_sj_s}$ 与 $a_{i_tj_t}$,则其行标排列由 $i_1\cdots i_s\cdots i_t\cdots i_n$ 换为 $i_1\cdots i_t\cdots i_s\cdots i_n$,由定理 1.1 可知其逆序数奇偶性改变;列标排列由 $j_1\cdots j_s\cdots j_t\cdots j_n$ 换为 $j_1\cdots j_t\cdots j_s\cdots j_n$,

其逆序数奇偶性亦改变.但对变换后两下标排列逆序数之和的奇偶性则不变,即有

$$(-1)^{\tau(i_1\cdots i_s\cdots i_t\cdots i_n)+\tau(j_1\cdots j_s\cdots j_t\cdots j_n)}=(-1)^{\tau(i_1\cdots i_t\cdots i_s\cdots i_n)+\tau(j_1\cdots j_t\cdots j_s\cdots j_n)}$$

所以交换式(1-11)中元素的位置,其符号不改变.这样总可以经过有限次交换式(1-11)中元素的位置,使其行标 $i_1i_2\cdots i_n$ 换为自然数顺序排列,设此时列标排列变为 $p_1p_2\cdots p_n$,则式(1-11)变为

$$(-1)^{\tau(12\cdots n)+\tau(p_1p_2\cdots p_n)}a_{1p_1}a_{2p_2}\cdots a_{np_n}=(-1)^{\tau(p_1p_2\cdots p_n)}a_{1p_1}a_{2p_2}\cdots a_{np_n}$$

上式即为定义 1.2 中 D 的一般项,也就是说 D 的一般项也可以记为式(1-11)的形式.

如果将行列式中各项的第二个下标按自然数顺序排列,则相应的第一个下标排列记做 $q_1q_2\cdots q_n$,于是由定理 1.2,行列式(1-10)又可以定义为

$$D=\begin{vmatrix} a_{11} & a_{12} & \cdots & a_{1n} \\ a_{21} & a_{22} & \cdots & a_{2n} \\ \vdots & \vdots & \cdots & \vdots \\ a_{n1} & a_{n2} & \cdots & a_{nn} \end{vmatrix}=\sum(-1)^{\tau}a_{q_1 1}a_{q_2 2}\cdots a_{q_n n} \tag{1-12}$$

其中 τ 为排列 $q_1q_2\cdots q_n$ 的逆序数,$\sum$ 是对 $1,2,\cdots,n$ 的所有排列求和.

习题 1.2

1. 求下列各排列的逆序数

(1)134782695;(2)987654321.

2. 计算下列行列式

(1) $\begin{vmatrix} 6 & 42 & 27 \\ 8 & -28 & 36 \\ 20 & 35 & 135 \end{vmatrix}$;(2) $\begin{vmatrix} 10 & 8 & 2 \\ 15 & 12 & 3 \\ 20 & 32 & 12 \end{vmatrix}$

3. 试在五阶行列式中,确定下列各式前应取什么符号:

(1) $a_{13}a_{24}a_{32}a_{41}a_{55}$;(2) $a_{21}a_{13}a_{34}a_{55}a_{42}$

4. 用行列式的定义证明

$$\begin{vmatrix} a_1 & a_2 & a_3 & a_4 & a_5 \\ b_1 & b_2 & b_3 & b_4 & b_5 \\ c_1 & c_2 & 0 & 0 & 0 \\ d_1 & d_2 & 0 & 0 & 0 \\ e_1 & e_2 & 0 & 0 & 0 \end{vmatrix}=0$$

5. 当 k 取何值时下式成立?

$$\begin{vmatrix} k & 3 & 4 \\ -1 & k & 0 \\ 0 & k & 1 \end{vmatrix}=0$$

6. 设一个 n 阶行列式中零元素的个数多于 n^2-n 个,证明这个行列式等于零.

§1.3　行列式的性质

如果把 n 阶行列式 D 的行变为列，不改变元素的前后次序，所得的行列式称为 D 的转置行列式，记为 D' 或 D^T. 即

$$D=\begin{vmatrix} a_{11} & a_{12} & \cdots & a_{1n} \\ a_{21} & a_{22} & \cdots & a_{2n} \\ \vdots & \vdots & \cdots & \vdots \\ a_{n1} & a_{n2} & \cdots & a_{nn} \end{vmatrix} \quad 则\ D^T=\begin{vmatrix} a_{11} & a_{21} & \cdots & a_{n1} \\ a_{12} & a_{22} & \cdots & a_{n2} \\ \vdots & \vdots & \cdots & \vdots \\ a_{1n} & a_{2n} & \cdots & a_{nn} \end{vmatrix}$$

性质 1.1　行列式与其自身的转置行列式相等.

证　根据式(1-10)知，D 的一般项为

$$(-1)^{\tau(j_1 j_2 \cdots j_n)} a_{1j_1} a_{2j_2} \cdots a_{nj_n}$$

一般项中的元素在 D 中位于不同的行、不同的列，因而在 D^T 中位于不同的列、不同的行，所以这 n 个元素的乘积在 D^T 中应为

$$a_{j_1 1} a_{j_2 2} \cdots a_{j_n n}$$

由定理 1.2 知其符号也是 $(-1)^{\tau(j_1 j_2 \cdots j_n)}$

因此，$D=D^T$.

性质 1.1 表明，在行列式中行与列的地位是对称的，因之凡是有关行的性质，对列也同样成立.

性质 1.2　交换行列式的任意两行(或两列)，行列式仅改变符号.

证　设

$$D=\begin{vmatrix} a_{11} & a_{12} & \cdots & a_{1n} \\ \vdots & \vdots & \cdots & \vdots \\ a_{i1} & a_{i2} & \cdots & a_{in} \\ \vdots & \vdots & \cdots & \vdots \\ a_{s1} & a_{s2} & \cdots & a_{sn} \\ \vdots & \vdots & \cdots & \vdots \\ a_{n1} & a_{n2} & \cdots & a_{nn} \end{vmatrix}$$

交换 D 的第 i 行与第 s 行，得

$$D_1=\begin{vmatrix} a_{11} & a_{12} & \cdots & a_{1n} \\ \vdots & \vdots & \cdots & \vdots \\ a_{s1} & a_{s2} & \cdots & a_{sn} \\ \vdots & \vdots & \cdots & \vdots \\ a_{i1} & a_{i2} & \cdots & a_{in} \\ \vdots & \vdots & \cdots & \vdots \\ a_{n1} & a_{n2} & \cdots & a_{nn} \end{vmatrix}$$

记 D 的一般项中 n 个元素的乘积为

$$a_{1j_1}a_{2j_2}\cdots a_{nj_n}$$

一般项中的元素在 D 中位于不同的行、不同的列,因而在 D_1 中也位于不同的行、不同的列,所以也是 D_1 的一般项的 n 个元素乘积. 由于 D_1 是交换 D 的第 i 行与第 s 行,而各元素所在的列并没有改变,所以该一般项在 D 中的符号为

$$(-1)^{\tau(12\cdots i\cdots s\cdots n)+\tau(j_1j_2\cdots j_i\cdots j_s\cdots j_n)}$$

而在 D_1 中的符号为

$$(-1)^{\tau(12\cdots s\cdots i\cdots n)+\tau(j_1j_2\cdots j_i\cdots j_s\cdots j_n)}$$

由于排列 $1\cdots i\cdots s\cdots n$ 与排列 $1\cdots s\cdots i\cdots n$ 的奇偶性相反,所以对于 D 中的任一项,D_1 中必有一项与该项的绝对值相同而符号相反,又 D 与 D_1 的项数相同,所以 $D=-D_1$.

推论 1.1 如果行列式有两行(列)完全相同,则该行列式为零.

性质 1.3 行列式的某一行(列)中所有的元素都乘以同一数 k,等于用数 k 乘该行列式. 即

$$D_1=\begin{vmatrix} a_{11} & a_{12} & \cdots & a_{1n} \\ \vdots & \vdots & \cdots & \vdots \\ ka_{i1} & ka_{i2} & \cdots & ka_{in} \\ \vdots & \vdots & \cdots & \vdots \\ a_{n1} & a_{n2} & \cdots & a_{nn} \end{vmatrix}=k\begin{vmatrix} a_{11} & a_{12} & \cdots & a_{1n} \\ \vdots & \vdots & \cdots & \vdots \\ a_{i1} & a_{i2} & \cdots & a_{in} \\ \vdots & \vdots & \cdots & \vdots \\ a_{n1} & a_{n2} & \cdots & a_{nn} \end{vmatrix}=kD \tag{1-13}$$

证 由式(1-10)知

$$D_1=\sum(-1)^{\tau(j_1j_2\cdots j_n)}a_{1j_1}\cdots(ka_{ij_i})\cdots a_{nj_n}$$

$$=k\sum(-1)^{\tau(j_1j_2\cdots j_n)}a_{1j_1}\cdots a_{ij_i}\cdots a_{nj_n}=KD$$

推论 1.2 行列式中某一行(列)的所有元素的公因子可以提到行列式符号的外面.

性质 1.4 行列式中如果有两行(列)元素对应成比例,则该行列式为零.

性质 1.5 若行列式中的某一行(列)的每一个元素都写成两个数的和,则该行列式可以写成两个行列式的和. 即如果设

$$D=\begin{vmatrix} a_{11} & a_{12} & \cdots & a_{1n} \\ \vdots & \vdots & \cdots & \vdots \\ b_{i1}+c_{i1} & b_{i2}+c_{i2} & \cdots & b_{in}+c_{in} \\ \vdots & \vdots & \cdots & \vdots \\ a_{n1} & a_{n2} & \cdots & a_{nn} \end{vmatrix}$$

$$D_1=\begin{vmatrix} a_{11} & a_{12} & \cdots & a_{1n} \\ \vdots & \vdots & \cdots & \vdots \\ b_{i1} & b_{i2} & \cdots & b_{in} \\ \vdots & \vdots & \cdots & \vdots \\ a_{n1} & a_{n2} & \cdots & a_{nn} \end{vmatrix},\quad D_2=\begin{vmatrix} a_{11} & a_{12} & \cdots & a_{1n} \\ \vdots & \vdots & \cdots & \vdots \\ c_{i1} & c_{i2} & \cdots & c_{in} \\ \vdots & \vdots & \cdots & \vdots \\ a_{n1} & a_{n2} & \cdots & a_{nn} \end{vmatrix}$$

则 $D=D_1+D_2$.

性质 1.6 若将行列式的某行(列)的各元素乘以同一数 k 后,加到另一行(列)各对应元素上去,则行列式的值不变. 即

$$\begin{vmatrix} a_{11} & a_{12} & \cdots & a_{1n} \\ \vdots & \vdots & \cdots & \vdots \\ a_{i1} & a_{i2} & \cdots & a_{in} \\ \vdots & \vdots & \cdots & \vdots \\ a_{j1} & a_{j2} & \cdots & a_{jn} \\ \vdots & \vdots & \cdots & \vdots \\ a_{n1} & a_{n2} & \cdots & a_{nn} \end{vmatrix} = \begin{vmatrix} a_{11} & a_{12} & \cdots & a_{1n} \\ \vdots & \vdots & \cdots & \vdots \\ a_{i1}+ka_{j1} & a_{i2}+ka_{j2} & \cdots & a_{in}+ka_{jn} \\ \vdots & \vdots & \cdots & \vdots \\ a_{j1} & a_{j2} & \cdots & a_{jn} \\ \vdots & \vdots & \cdots & \vdots \\ a_{n1} & a_{n2} & \cdots & a_{nn} \end{vmatrix}$$

性质1.4～性质1.6的证明留给读者自证.

利用以上性质和推论,可以简化行列式的计算.为了方便起见,我们规定如下记号:

以 r_i 表示行列式的第 i 行,以 c_i 表示第 i 列.

以 $r_i \leftrightarrow r_j$ 表示行列式 D 中的第 i 行与第 j 行互换.

以 $r_i \times k$ 表示第 i 行各元素乘以常数 $k(k\neq 0)$.

以 $r_i \div k$ 表示第 i 行提出公因子 $k(k\neq 0)$.

以 $r_i + kr_j$ 表示行列式 D 中的第 j 行乘以常数 k 并加到第 i 行的对应元素上去.

对于列的情况,也有类似的记号.

例1　计算

$$D=\begin{vmatrix} 1 & -1 & 1 & 2 \\ 1 & 1 & -2 & 1 \\ 1 & 1 & 0 & 1 \\ 1 & 0 & 1 & -1 \end{vmatrix}$$

解

$$D \xlongequal[\substack{r_3+(-1)r_1 \\ r_4+(-1)r_1}]{r_2+(-1)r_1} \begin{vmatrix} 1 & -1 & 1 & 2 \\ 0 & 2 & -3 & -1 \\ 0 & 2 & -1 & -1 \\ 0 & 1 & 0 & -3 \end{vmatrix} \xlongequal{r_2\leftrightarrow r_4} -\begin{vmatrix} 1 & -1 & 1 & 2 \\ 0 & 1 & 0 & -3 \\ 0 & 2 & -1 & -1 \\ 0 & 2 & -3 & -1 \end{vmatrix}$$

$$\xlongequal[r_4+(-2)r_2]{r_3+(-2)r_2} -\begin{vmatrix} 1 & -1 & 1 & 2 \\ 0 & 1 & 0 & -3 \\ 0 & 0 & -1 & 5 \\ 0 & 0 & -3 & 5 \end{vmatrix} \xlongequal{r_4+(-3)r_3} -\begin{vmatrix} 1 & -1 & 1 & 2 \\ 0 & 1 & 0 & -3 \\ 0 & 0 & -1 & 5 \\ 0 & 0 & 0 & -10 \end{vmatrix} = -10.$$

例2　计算

$$D=\begin{vmatrix} 1 & 2 & 2 & 2 \\ 2 & 1 & 2 & 2 \\ 2 & 2 & 1 & 2 \\ 2 & 2 & 2 & 1 \end{vmatrix}$$

解

$$D \xlongequal[\substack{r_1+r_3 \\ r_1+r_4}]{r_1+r_2} \begin{vmatrix} 7 & 7 & 7 & 7 \\ 2 & 1 & 2 & 2 \\ 2 & 2 & 1 & 2 \\ 2 & 2 & 2 & 1 \end{vmatrix} \xlongequal{r_1\div 7} 7\begin{vmatrix} 1 & 1 & 1 & 1 \\ 2 & 1 & 2 & 2 \\ 2 & 2 & 1 & 2 \\ 2 & 2 & 2 & 1 \end{vmatrix}$$

$$\xlongequal[r_4+(-2)r_1]{\substack{r_2+(-2)r_1\\ r_3+(-2)r_1}} 7\begin{vmatrix} 1 & 1 & 1 & 1 \\ 0 & -1 & 0 & 0 \\ 0 & 0 & -1 & 0 \\ 0 & 0 & 0 & -1 \end{vmatrix} = -7.$$

例 3 计算

$$D=\begin{vmatrix} 1 & 2 & 2 & \cdots & 2 \\ 2 & 2 & 2 & \cdots & 2 \\ 2 & 2 & 3 & \cdots & 2 \\ \vdots & \vdots & \vdots & & \vdots \\ 2 & 2 & 2 & \cdots & n \end{vmatrix}.$$

解

$$D \xlongequal[\substack{\vdots\\ r_n+(-1)r_2}]{\substack{r_1+(-1)r_2\\ r_3+(-1)r_2}} \begin{vmatrix} -1 & 0 & 0 & \cdots & 0 \\ 2 & 2 & 2 & \cdots & 2 \\ 0 & 0 & 1 & \cdots & 0 \\ \vdots & \vdots & \vdots & & \vdots \\ 0 & 0 & 0 & \cdots & n-2 \end{vmatrix}$$

$$\xlongequal{c_1+(-1)c_2} \begin{vmatrix} -1 & 0 & 0 & \cdots & 0 \\ 0 & 2 & 2 & \cdots & 2 \\ 0 & 0 & 1 & \cdots & 0 \\ \vdots & \vdots & \vdots & & \vdots \\ 0 & 0 & 0 & \cdots & n-2 \end{vmatrix} = -2(n-2)!.$$

例 4 已知 1998、2196、2394、1800 都能被 18 整除，不计算行列式

$$D=\begin{vmatrix} 1 & 9 & 9 & 8 \\ 2 & 1 & 9 & 6 \\ 2 & 3 & 9 & 4 \\ 1 & 8 & 0 & 0 \end{vmatrix}$$

只证明 D 能被 18 整除.

证

$$D \xlongequal[c_4+10c_3]{\substack{c_4+10^3c_1\\ c_4+10^2c_2}} \begin{vmatrix} 1 & 9 & 9 & 1998 \\ 2 & 1 & 9 & 2196 \\ 2 & 3 & 9 & 2394 \\ 1 & 8 & 0 & 1800 \end{vmatrix} \xlongequal{c_4\div 18} 18\begin{vmatrix} 1 & 9 & 9 & 111 \\ 2 & 1 & 9 & 122 \\ 2 & 3 & 9 & 133 \\ 1 & 8 & 0 & 100 \end{vmatrix}$$

所以 D 能被 18 整除.

习题 1.3

1. 计算下列各行列式

(1) $\begin{vmatrix} -ab & ac & ae \\ bd & -cd & de \\ bf & cf & -ef \end{vmatrix}$； (2) $\begin{vmatrix} a^2 & ab & b^2 \\ 2a & a+b & 2b \\ 1 & 1 & 1 \end{vmatrix}$；

(3) $\begin{vmatrix} 2 & 1 & 4 & -1 \\ 3 & -1 & 2 & -1 \\ 1 & 2 & 3 & -2 \\ 5 & 0 & 6 & -2 \end{vmatrix}$；　(4) $\begin{vmatrix} c & a & d & b \\ a & c & d & b \\ a & c & b & d \\ c & a & b & d \end{vmatrix}$；

(5) $\begin{vmatrix} x & a & \cdots & a \\ a & x & \cdots & a \\ \vdots & \vdots & \cdots & \vdots \\ a & a & \cdots & x \end{vmatrix}$.

2. 证明下列各式

(1) $\begin{vmatrix} a_1+ka_2+la_3 & a_2+ma_3 & a_3 \\ b_1+kb_2+lb_3 & b_2+mb_3 & b_3 \\ c_1+kc_2+lc_3 & c_2+mc_3 & c_3 \end{vmatrix} = \begin{vmatrix} a_1 & a_2 & a_3 \\ b_1 & b_2 & b_3 \\ c_1 & c_2 & c_3 \end{vmatrix}$；

(2) $\begin{vmatrix} a^2 & (a+1)^2 & (a+2)^2 & (a+3)^2 \\ b^2 & (b+1)^2 & (b+2)^2 & (b+3)^2 \\ c^2 & (c+1)^2 & (c+2)^2 & (c+3)^2 \\ d^2 & (d+1)^2 & (d+2)^2 & (d+3)^2 \end{vmatrix}=0.$

3. 当 n 为奇数时，证明

$$\begin{vmatrix} 0 & a_{12} & a_{13} & \cdots & a_{1n} \\ -a_{12} & 0 & a_{23} & \cdots & a_{2n} \\ -a_{13} & -a_{23} & 0 & \cdots & a_{3n} \\ \vdots & \vdots & \vdots & \cdots & \vdots \\ -a_{1n} & -a_{2n} & -a_{3n} & \cdots & 0 \end{vmatrix}=0.$$

§1.4　行列式的展开及克莱姆法则

1.4.1　行列式按行(列)展开

仅用行列式的性质来计算行列式是不够的. 下面再介绍一种计算行列式的方法——行列式按行(或按列)展开. 这种方法可以将一个高阶行列式化为若干个低阶行列式来进行计算. 为此，首先引入余子式及代数余子式的概念.

在 n 阶行列式中，把第 i 行第 j 列元素 a_{ij} 所在的行和列划去，剩下的 $(n-1)^2$ 个元素按原来的排法构成的 $n-1$ 阶行列式称为元素 a_{ij} 的余子式，记为 M_{ij}；称 $(-1)^{i+j}M_{ij}$ 为元素 a_{ij} 的代数余子式，记为 A_{ij}. 即

$$A_{ij}=(-1)^{i+j}M_{ij}$$

例如，行列式

$$\begin{vmatrix} a_{11} & a_{12} & a_{13} & a_{14} \\ a_{21} & a_{22} & a_{23} & a_{24} \\ a_{31} & a_{32} & a_{33} & a_{34} \\ a_{41} & a_{42} & a_{43} & a_{44} \end{vmatrix}$$

中元素 a_{23} 的余子式和代数余子式分别为

$$M_{23}=\begin{vmatrix} a_{11} & a_{12} & a_{14} \\ a_{31} & a_{32} & a_{34} \\ a_{41} & a_{42} & a_{44} \end{vmatrix}$$

$$A_{23}=(-1)^{2+3}M_{23}=-M_{23}.$$

定理 1.3 如果 n 阶行列式 D 的第 i 行(或第 j 列)除元素 a_{ij} 外都为零,那么这个行列式等于 a_{ij} 与其代数余子式 A_{ij} 的乘积,即

$$D=a_{ij}A_{ij}.$$

证 首先设 n 阶行列式

$$D=\begin{vmatrix} a_{11} & 0 & \cdots & 0 \\ a_{21} & a_{22} & \cdots & a_{2n} \\ \vdots & \vdots & \cdots & \vdots \\ a_{n1} & a_{n2} & \cdots & a_{nn} \end{vmatrix}$$

按行列式的定义得

$$D=\sum(-1)^{\tau(j_1j_2\cdots j_n)}a_{1j_1}a_{2j_2}\cdots a_{nj_n}$$

因为当 $2\leqslant j_1\leqslant n$ 时,$a_{1j_1}=0$,又 $\tau(1j_2\cdots j_n)=\tau(j_2\cdots j_n)$,所以

$$\begin{aligned} D &= \sum(-1)^{\tau(1j_2\cdots j_n)}a_{11}a_{2j_2}\cdots a_{nj_n} \\ &= a_{11}\sum(-1)^{\tau(1j_2\cdots j_n)}a_{2j_2}\cdots a_{nj_n} \\ &= a_{11}\sum(-1)^{\tau(j_2\cdots j_n)}a_{2j_2}\cdots a_{nj_n} \\ &= a_{11}\begin{vmatrix} a_{22} & \cdots & a_{2n} \\ \vdots & \cdots & \vdots \\ a_{n2} & \cdots & a_{nn} \end{vmatrix}=a_{11}M_{11}=a_{11}A_{11} \end{aligned}$$

再证一般情形,即

$$D=\begin{vmatrix} a_{11} & \cdots & a_{1j} & \cdots & a_{1n} \\ \vdots & \cdots & \vdots & \cdots & \vdots \\ 0 & \cdots & a_{ij} & \cdots & 0 \\ \vdots & \cdots & \vdots & \cdots & \vdots \\ a_{n1} & \cdots & a_{nj} & \cdots & a_{nn} \end{vmatrix}$$

将第 i 行依次与前 $i-1$ 行交换,共交换行 $i-1$ 次得

$$D=(-1)^{i-1}\begin{vmatrix} 0 & \cdots & a_{ij} & \cdots & 0 \\ a_{11} & \cdots & a_{1j} & \cdots & a_{1n} \\ \vdots & \cdots & \vdots & \cdots & \vdots \\ a_{i-1,1} & \cdots & a_{i-1,j} & \cdots & a_{i-1,n} \\ a_{i+1,1} & \cdots & a_{i+1,j} & \cdots & a_{i+1,n} \\ \vdots & \cdots & \vdots & \cdots & \vdots \\ a_{n1} & \cdots & a_{nj} & \cdots & a_{nn} \end{vmatrix}$$

又将第 j 列依次与前 $j-1$ 列交换，共交换列 $j-1$ 次得

$$D=(-1)^{i-1}(-1)^{j-1}\begin{vmatrix} a_{ij} & 0 & \cdots & 0 & 0 & \cdots & 0 \\ a_{1j} & a_{11} & \cdots & a_{1,j-1} & a_{1,j+1} & \cdots & a_{1n} \\ \vdots & \vdots & & \vdots & \vdots & & \vdots \\ a_{i-1,j} & a_{i-1,1} & \cdots & a_{i-1,j-1} & a_{i-1,j+1} & \cdots & a_{i-1,n} \\ a_{i+1,j} & a_{i+1,1} & \cdots & a_{i+1,j-1} & a_{i+1,j+1} & \cdots & a_{i+1,n} \\ \vdots & \vdots & & \vdots & \vdots & & \vdots \\ a_{nj} & a_{n1} & \cdots & a_{n,j-1} & a_{n,j+1} & \cdots & a_{nn} \end{vmatrix}$$

根据前述证明的结果，可知

$$D=(-1)^{i-1}(-1)^{j-1}a_{ij}M_{ij}=a_{ij}(-1)^{i+j}M_{ij}=a_{ij}A_{ij}$$

例如，在 §1.3 例 1 中的行列式可以按该方法来计算.

$$D=\begin{vmatrix} 1 & -1 & 1 & 2 \\ 1 & 1 & -2 & 1 \\ 1 & 1 & 0 & 1 \\ 1 & 0 & 1 & -1 \end{vmatrix} \xlongequal[c_3+c_4]{c_1+c_4} \begin{vmatrix} 3 & -1 & 3 & 2 \\ 2 & 1 & -1 & 1 \\ 2 & 1 & 1 & 1 \\ 0 & 0 & 0 & -1 \end{vmatrix}$$

$$=-1\times(-1)^{4+4}\begin{vmatrix} 3 & -1 & 3 \\ 2 & 1 & -1 \\ 2 & 1 & 1 \end{vmatrix}=-\begin{vmatrix} 3 & -1 & 3 \\ 2 & 1 & -1 \\ 2 & 1 & 1 \end{vmatrix}$$

$$\xlongequal[r_3+r_1]{r_2+r_1}-\begin{vmatrix} 3 & -1 & 3 \\ 5 & 0 & 2 \\ 5 & 0 & 4 \end{vmatrix}$$

$$=(-1)(-1)(-1)^{1+2}\begin{vmatrix} 5 & 2 \\ 5 & 4 \end{vmatrix}=-10.$$

定理 1.4　行列式等于其自身的任一行(或列)的各元素与其对应的代数余子式乘积之和，即

$$D=a_{i1}A_{i1}+a_{i2}A_{i2}+\cdots+a_{in}A_{in}\qquad(i=1,2,\cdots,n)$$

或

$$D=a_{1j}A_{1j}+a_{2j}A_{2j}+\cdots+a_{nj}A_{nj}\qquad(j=1,2,\cdots,n)$$

证　把 D 写成如下形式

$$D=\begin{vmatrix} a_{11} & a_{12} & \cdots & a_{1n} \\ \vdots & \vdots & & \vdots \\ a_{i1}+0+\cdots+0 & 0+a_{i2}+\cdots+0 & \cdots & 0+\cdots+0+a_{in} \\ \vdots & \vdots & & \vdots \\ a_{n1} & a_{n2} & \cdots & a_{nn} \end{vmatrix}$$

根据性质 1.5，得

$$D=\begin{vmatrix} a_{11} & a_{12} & \cdots & a_{1n} \\ \vdots & \vdots & \cdots & \vdots \\ a_{i1} & 0 & \cdots & 0 \\ \vdots & \vdots & \cdots & \vdots \\ a_{n1} & a_{n2} & \cdots & a_{nn} \end{vmatrix}+\begin{vmatrix} a_{11} & a_{12} & \cdots & a_{1n} \\ \vdots & \vdots & \cdots & \vdots \\ 0 & a_{i2} & \cdots & 0 \\ \vdots & \vdots & \cdots & \vdots \\ a_{n1} & a_{n2} & \cdots & a_{nn} \end{vmatrix}+\cdots+\begin{vmatrix} a_{11} & a_{12} & \cdots & a_{1n} \\ \vdots & \vdots & \cdots & \vdots \\ 0 & 0 & \cdots & a_{in} \\ \vdots & \vdots & \cdots & \vdots \\ a_{n1} & a_{n2} & \cdots & a_{nn} \end{vmatrix}$$

根据定理 1.3，即得

$$D = a_{i1}A_{i1} + a_{i2}A_{i2} + \cdots + a_{in}A_{in} \quad (i = 1,2,\cdots,n)$$

类似上述过程，可得

$$D = a_{1j}A_{1j} + a_{2j}A_{2j} + \cdots + a_{nj}A_{nj} \quad (j = 1,2,\cdots,n)$$

在定理 1.4 中，当 $a_{i1} = a_{i2} = \cdots = a_{i,j-1} = a_{i,j+1} = \cdots = a_{in} = 0$ 时，即为定理 1.3 的结论，可见定理 1.3 是定理 1.4 的特殊情况.

上面证明的定理，在理论上和实用上都有很大的用处. 其实际意义是当我们用行列式的性质把 n 阶行列式的某一行或某一列的元素变成许多零时，按这一行或这一列展开，计算就可以大为简化.

例 1 计算 n 阶行列式

$$D = \begin{vmatrix} a & 0 & \cdots & 0 & 1 \\ 0 & a & \cdots & 0 & 0 \\ \vdots & \vdots & \cdots & \vdots & \vdots \\ 0 & 0 & \cdots & a & 0 \\ 1 & 0 & \cdots & 0 & a \end{vmatrix}.$$

解

$$D \xlongequal{r_1 + (-a)r_n} \begin{vmatrix} 0 & 0 & \cdots & 0 & 1-a^2 \\ 0 & a & \cdots & 0 & 0 \\ \vdots & \vdots & \cdots & \vdots & \vdots \\ 0 & 0 & \cdots & a & 0 \\ 1 & 0 & \cdots & 0 & a \end{vmatrix} = 1 \times (-1)^{n+1} \begin{vmatrix} 0 & \cdots & 0 & 1-a^2 \\ a & \cdots & 0 & 0 \\ \vdots & \cdots & \vdots & \vdots \\ 0 & \cdots & a & 0 \end{vmatrix}$$

$$= (-1)^{n+1}(-1)^{1+(n-1)}(1-a^2) \begin{vmatrix} a & \cdots & 0 \\ \vdots & \cdots & \vdots \\ 0 & \cdots & a \end{vmatrix}$$

$$= (a^2 - 1)a^{n-2}.$$

例 2 证明范德蒙行列式

$$D_n = \begin{vmatrix} 1 & 1 & \cdots & 1 \\ x_1 & x_2 & \cdots & x_n \\ x_1^2 & x_2^2 & \cdots & x_n^2 \\ \vdots & \vdots & \cdots & \vdots \\ x_1^{n-2} & x_2^{n-2} & \cdots & x_n^{n-2} \\ x_1^{n-1} & x_2^{n-1} & \cdots & x_n^{n-1} \end{vmatrix} = \prod_{n \geqslant i > j \geqslant 1} (x_i - x_j)$$

证 从 D_n 中的第 n 行开始，后行减去前行的 x_n 倍，有

$$D_n = \begin{vmatrix} 1 & 1 & \cdots & 1 \\ x_1 - x_n & x_2 - x_n & \cdots & 0 \\ x_1(x_1 - x_n) & x_2(x_2 - x_n) & \cdots & 0 \\ \vdots & \vdots & \cdots & \vdots \\ x_1^{n-2}(x_1 - x_n) & x_2^{n-2}(x_2 - x_n) & \cdots & 0 \end{vmatrix}$$

按第 n 列展开，并提取各列的公因子，就有

$$D_n=(-1)^{1+n}(x_1-x_n)(x_2-x_n)\cdots(x_{n-1}-x_n)\begin{vmatrix}1&1&\cdots&1\\x_1&x_2&\cdots&x_{n-1}\\x_1^2&x_2^2&\cdots&x_{n-1}^2\\\vdots&\vdots&\cdots&\vdots\\x_1^{n-2}&x_2^{n-2}&\cdots&x_{n-1}^{n-2}\end{vmatrix}$$

即

$$D_n=(x_n-x_1)(x_n-x_2)\cdots(x_n-x_{n-1})D_{n-1}. \tag{1-14}$$

这是一个递推公式，对任意 n 成立，利用式(1-14)反复递推，就有

$$D_{n-1}=(x_{n-1}-x_1)(x_{n-1}-x_2)\cdots(x_{n-1}-x_{n-2})D_{n-2}$$

$$\vdots$$

$$D_3=(x_3-x_1)(x_3-x_2)D_2$$

其中

$$D_2=\begin{vmatrix}1&1\\x_1&x_2\end{vmatrix}=x_2-x_1$$

于是，得

$$\begin{aligned}D_n&=(x_n-x_1)(x_n-x_2)\cdot\cdots\cdot(x_n-x_{n-1})\cdot(x_{n-1}-x_1)(x_{n-1}-x_2)\cdot\cdots\cdot\\&\quad(x_{n-1}-x_{n-2})\cdot\cdots\cdot(x_3-x_1)(x_3-x_2)\cdot(x_2-x_1)\\&=\prod_{n\geqslant i>j\geqslant 1}(x_i-x_j).\end{aligned}$$

例 3　计算

$$D_{2n}=\begin{vmatrix}a_n&0&\cdots&0&0&\cdots&0&b_n\\0&a_{n-1}&\cdots&0&0&\cdots&b_{n-1}&0\\\vdots&\vdots&\vdots&\vdots&\vdots&\cdots&\vdots&\vdots\\0&0&\cdots&a_1&b_1&\cdots&0&0\\0&0&\cdots&c_1&d_1&\cdots&0&0\\\vdots&\vdots&\cdots&\vdots&\vdots&\cdots&\vdots&\vdots\\0&c_{n-1}&\cdots&0&0&\cdots&d_{n-1}&0\\c_n&0&\cdots&0&0&\cdots&0&d_n\end{vmatrix}$$

解　按第一行展开，有

$$D_{2n}=a_n(-1)^{1+1}\begin{vmatrix}a_{n-1}&\cdots&0&0&\cdots&b_{n-1}&0\\\vdots&\cdots&\vdots&\vdots&\cdots&\vdots&\vdots\\0&\cdots&a_1&b_1&\cdots&0&0\\0&\cdots&c_1&d_1&\cdots&0&0\\\vdots&\cdots&\vdots&\vdots&\cdots&\vdots&\vdots\\c_{n-1}&\cdots&0&0&\cdots&d_{n-1}&0\\0&\cdots&0&0&\cdots&0&d_n\end{vmatrix}+$$

$$b_n(-1)^{1+2n}\begin{vmatrix} 0 & a_{n-1} & \cdots & 0 & 0 & \cdots & b_{n-1} \\ \vdots & \vdots & \cdots & \vdots & \vdots & \cdots & \vdots \\ 0 & 0 & \cdots & a_1 & b_1 & \cdots & 0 \\ 0 & 0 & \cdots & c_1 & d_1 & \cdots & 0 \\ \vdots & \vdots & \cdots & \vdots & \vdots & \cdots & \vdots \\ 0 & c_{n-1} & \cdots & 0 & 0 & \cdots & d_{n-1} \\ c_n & 0 & \cdots & 0 & 0 & \cdots & 0 \end{vmatrix}$$

将上式右端两行列式按 $2n-1$ 行展开，得

$$\begin{aligned} D_{2n} &= a_n d_n(-1)^{2n-1+2n-1}D_{2n-2} - b_n c_n(-1)^{2n-1+1}D_{2n-2} \\ &= (a_n d_n - b_n c_n)D_{2(n-1)} \end{aligned}$$

以此作递推公式，得

$$\begin{aligned} D_{2n} &= (a_n d_n - b_n c_n)D_{2(n-1)} \\ &= (a_n d_n - b_n c_n)(a_{n-1}d_{n-1} - b_{n-1}c_{n-1})D_{2(n-2)} = \cdots \\ &= (a_n d_n - b_n c_n)(a_{n-1}d_{n-1} - b_{n-1}c_{n-1})\cdots(a_2 d_2 - b_2 c_2)D_2 \end{aligned}$$

其中

$$D_2 = \begin{vmatrix} a_1 & b_1 \\ c_1 & d_1 \end{vmatrix} = a_1 d_1 - b_1 c_1$$

于是，得

$$D_{2n} = \prod_{i=1}^{n}(a_i d_i - b_i c_i)$$

例 4 计算

$$D = \begin{vmatrix} 1 & 1 & 1 & 1 \\ a & b & c & d \\ a^2 & b^2 & c^2 & d^2 \\ a^4 & b^4 & c^4 & d^4 \end{vmatrix}$$

解 构造行列式

$$D_5 = \begin{vmatrix} 1 & 1 & 1 & 1 & 1 \\ a & b & c & d & x \\ a^2 & b^2 & c^2 & d^2 & x^2 \\ a^3 & b^3 & c^3 & d^3 & x^3 \\ a^4 & b^4 & c^4 & d^4 & x^4 \end{vmatrix}$$

将 D_5 按第 5 列展开，有

$$D_5 = A_{15} + A_{25}x + A_{35}x^2 + A_{45}x^3 + A_{55}x^4$$

显然

$$A_{45} = (-1)^{4+5}M_{45} = -M_{45} = -D$$

即

$$D_5 = A_{55}x^4 - Dx^3 + A_{35}x^2 + A_{25}x + A_{15}$$

又根据范德蒙行列式，得

$$D_5 = (x-a)(x-b)(x-c)(x-d)(d-a)\cdot(d-b)(d-c)(c-a)(c-b)(b-a)$$

比较两边 x^3 的系数，故

$$D = (a+b+c+d)(d-a)(d-b)\cdot(d-c)(c-a)(c-b)(b-a)$$

由定理 1.4，还可以得如下推论：

推论 1.3　在行列式 D 中，任一行（列）各个元素与另一行（列）相应元素的代数余子式的乘积之和等于零，即

$$a_{i1}A_{j1}+a_{i2}A_{j2}+\cdots+a_{in}A_{jn}=\sum_{k=1}^{n}a_{ik}A_{jk}=0,i\neq j \tag{1-15}$$

或　$$a_{1i}A_{1j}+a_{2i}A_{2j}+\cdots+a_{ni}A_{nj}=\sum_{k=1}^{n}a_{ki}A_{kj}=0,(i\neq j)(i、j=1,2,\cdots,n).$$

证　首先，将行列式 D 按第 j 行展开，有

$$D=\begin{vmatrix} a_{11} & a_{12} & \cdots & a_{1n} \\ \vdots & \vdots & & \vdots \\ a_{i1} & a_{i2} & \cdots & a_{in} \\ \vdots & \vdots & \cdots & \vdots \\ a_{j1} & a_{j2} & \cdots & a_{jn} \\ \vdots & \vdots & \cdots & \vdots \\ a_{n1} & a_{n2} & \cdots & a_{nn} \end{vmatrix}=a_{j1}A_{j1}+a_{j2}A_{j2}+\cdots+a_{jn}A_{jn}$$

然后，在上式中将 a_{jk} 全部相应换成 $a_{ik}(k=1,2,\cdots,n)$，则有两行相同的行列式 D_1，其中 $i\neq j$. 即

$$D_1=a_{i1}A_{j1}+a_{i2}A_{j2}+\cdots+a_{in}A_{jn}=0\quad(i\neq j)$$

上述证法按列展开，可得

$$D_1=a_{1i}A_{1j}+a_{2i}A_{2j}+\cdots+a_{ni}A_{nj}=0\quad(i\neq j)$$

综合定理 1.4 及推论 1.3，得

$$\sum_{k=1}^{n}a_{ik}A_{jk}=D\delta_{ij}=\begin{cases}D,当\ i=j\\0,当\ i\neq j\end{cases}$$

或

$$\sum_{k=1}^{n}a_{ki}A_{kj}=D\delta_{ij}=\begin{cases}D,当\ i=j\\0,当\ i\neq j\end{cases}$$

其中

$$\delta_{ij}=\begin{cases}1,当\ i=j\\0,当\ i\neq j\end{cases}$$

1.4.2　克莱姆法则

有了上述 n 阶行列式的理论，可以证明含有 n 个方程的 n 元线性方程组的解有与二元线性方程组、三元线性方程组的解相同的法则，这个法则称为克莱姆法则.

含有 n 个方程的 n 元线性方程组的一般形式为

$$\begin{cases}a_{11}x_1+a_{12}x_2+\cdots+a_{1n}x_n=b_1\\a_{21}x_1+a_{22}x_2+\cdots+a_{2n}x_n=b_2\\\vdots\quad\vdots\quad\cdots\quad\vdots\quad\vdots\\a_{n1}x_1+a_{n2}x_2+\cdots+a_{nn}x_n=b_n\end{cases} \tag{1-16}$$

方程组(1-16)的系数 $a_{ij}(i、j=1,2,\cdots,n)$ 构成的行列式

$$D=\begin{vmatrix} a_{11} & a_{12} & \cdots & a_{1n} \\ a_{21} & a_{22} & \cdots & a_{2n} \\ \vdots & \vdots & \cdots & \vdots \\ a_{n1} & a_{n2} & \cdots & a_{nn} \end{vmatrix}$$

称为方程组(1-16)的系数行列式.

定理 1.5 (克莱姆法则)如果线性方程组(1.5)的系数行列式 $D\neq 0$,那么,方程组(1-16)有惟一解

$$x_j=\frac{D_j}{D} \quad (j=1,2,\cdots,n) \tag{1-17}$$

其中

$$D_j=\begin{vmatrix} a_{11} & \cdots & a_{1,j-1} & b_1 & a_{1,j+1} & \cdots & a_{1n} \\ a_{21} & \cdots & a_{2,j-1} & b_2 & a_{2,j+1} & \cdots & a_{2n} \\ \vdots & \cdots & \vdots & \vdots & \vdots & \cdots & \vdots \\ a_{n1} & \cdots & a_{n,j-1} & b_n & a_{n,j+1} & \cdots & a_{nn} \end{vmatrix} \quad (j=1,2,\cdots,n).$$

证 以行列式 D 的第 $j\,(j=1,2,\cdots,n)$ 列的代数余子式 $A_{1j},A_{2j},\cdots,A_{nj}$ 分别乘方程组(1-16)的第 1,第 2,…,第 n 个方程,然后相加,得

$$\left(\sum_{k=1}^{n}a_{k1}A_{kj}\right)x_1+\cdots+\left(\sum_{k=1}^{n}a_{kj}A_{kj}\right)x_j+\cdots+\left(\sum_{k=1}^{n}a_{kn}A_{kj}\right)x_n=\sum_{k=1}^{n}b_kA_{kj}$$

由定理 1.4 及推论 1.3 的综合结论,上式中 x_j 的系数为 D,$x_i\,(i\neq j)$ 的系数都为 0;等式右端为 D_j,即

$$Dx_j=D_j \quad (j=1,2,\cdots,n) \tag{1-18}$$

如果方程组(1-16)有解,则其解必满足方程组(1-18),当 $D\neq 0$ 时,方程组(1-18)只有形式为式(1-17)的解

$$x_j=\frac{D_j}{D} \quad (i=1,2,\cdots,n)$$

再证式(1-17)的解确是方程组(1-16)的解,即要证明

$$a_{i1}\frac{D_1}{D}+a_{i2}\frac{D_2}{D}+\cdots+a_{in}\frac{D_n}{D}=b_i \quad (i=1,2,\cdots,n)$$

为此,考虑两行相同的 $n+1$ 阶行列式

$$\begin{vmatrix} b_i & a_{i1} & \cdots & a_{ij} & \cdots & a_{in} \\ b_1 & a_{11} & \cdots & a_{1j} & \cdots & a_{1n} \\ \vdots & \vdots & \cdots & \vdots & \cdots & \vdots \\ b_i & a_{i1} & \cdots & a_{ij} & \cdots & a_{in} \\ \vdots & \vdots & \cdots & \vdots & \cdots & \vdots \\ b_n & a_{n1} & \cdots & a_{nj} & \cdots & a_{nn} \end{vmatrix}$$

该行列式的值为 0,将该行列式按第一行展开,由于第一行中 a_{ij} 的代数余子式为

$$(-1)^{1+j+1}\begin{vmatrix} b_1 & a_{11} & \cdots & a_{1,j-1} & a_{1,j+1} & \cdots & a_{1n} \\ \vdots & \vdots & \cdots & \vdots & \vdots & \cdots & \vdots \\ b_n & a_{n1} & \cdots & a_{n,j-1} & a_{n,j+1} & \cdots & a_{nn} \end{vmatrix}$$

$$= (-1)^{j+2}(-1)^{j-1}\begin{vmatrix} a_{11} & \cdots & a_{1,j-1} & b_1 & a_{1,j+1} & \cdots & a_{1n} \\ \vdots & \cdots & \vdots & \vdots & \vdots & \cdots & \vdots \\ a_{n1} & \cdots & a_{n,j-1} & b_n & a_{n,j+1} & \cdots & a_{nn} \end{vmatrix}$$

$$= -D_j \qquad (j=1,2,\cdots,n)$$

所以有

$$b_iD - a_{i1}D_1 - \cdots - a_{in}D_n = 0$$

即
$$a_{i1}\frac{D_1}{D} + a_{i2}\frac{D_2}{D} + \cdots + a_{in}\frac{D_n}{D} = b_i \qquad (i=1,2,\cdots,n).$$

例 5 解线性方程组

$$\begin{cases} x_1 - x_2 + x_3 - 2x_4 = 2 \\ 2x_1 \quad\quad - x_3 + 4x_4 = 4 \\ 3x_1 + 2x_2 + x_3 \quad\quad = -1 \\ -x_1 + 2x_2 - x_3 + 2x_4 = -4 \end{cases}$$

解

$$D = \begin{vmatrix} 1 & -1 & 1 & -2 \\ 2 & 0 & -1 & 4 \\ 3 & 2 & 1 & 0 \\ -1 & 2 & -1 & 2 \end{vmatrix} = -2 \neq 0$$

$$D_1 = \begin{vmatrix} 2 & -1 & 1 & -2 \\ 4 & 0 & -1 & 4 \\ -1 & 2 & 1 & 0 \\ -4 & 2 & -1 & 2 \end{vmatrix} = -2$$

$$D_2 = \begin{vmatrix} 1 & 2 & 1 & -2 \\ 2 & 4 & -1 & 4 \\ 3 & -1 & 1 & 0 \\ -1 & -4 & -1 & 2 \end{vmatrix} = 4$$

$$D_3 = \begin{vmatrix} 1 & -1 & 2 & -2 \\ 2 & 0 & 4 & 4 \\ 3 & 2 & -1 & 0 \\ -1 & 2 & -4 & 2 \end{vmatrix} = 0$$

$$D_4 = \begin{vmatrix} 1 & -1 & 1 & 2 \\ 2 & 0 & -1 & 4 \\ 3 & 2 & 1 & -1 \\ -1 & 2 & -1 & -4 \end{vmatrix} = -1$$

所以 $x_1 = 1, x_2 = -2, x_3 = 0, x_4 = \frac{1}{2}$.

在方程组(1-16)中常数项均为 0 时

$$\begin{cases} a_{11}x_1 + a_{12}x_2 + \cdots + a_{1n}x_n = 0 \\ a_{21}x_1 + a_{22}x_2 + \cdots + a_{2n}x_n = 0 \\ \vdots \quad \vdots \quad \vdots \quad \vdots \\ a_{n1}x_1 + a_{n2}x_2 + \cdots + a_{nn}x_n = 0 \end{cases} \tag{1-19}$$

称为齐次线性方程组.

若 $x_1 = x_2 = \cdots = x_n = 0$,显然是方程组(1-19)的解,叫做零解,如果方程组(1-19)除了零解以外,还有 $x_1, x_2, \cdots, x_n$ 不全为零的解,就叫做非零解. 对于齐次线性方程组(1-19)除零解以外是否还有非零解,有如下结论:

定理 1.6 如果齐次线性方程组(1-19)的系数行列式 $D \neq 0$,则该方程组仅有零解.

证 因为 $D \neq 0$,根据克莱姆法则,方程组(1-19)有惟一解 $x_j = \frac{D_j}{D}(j=1,2,\cdots,n)$,又由于 D_j 中有一列的元素全为零,因而 $D_j = 0(j=1,2,\cdots,n)$,所以齐次线性方程组(1-19)仅有零解.

$$x_j = \frac{D_j}{D} = 0 \qquad (j=1,2,\cdots,n)$$

定理 1.6 也可以说成:如果齐次线性方程组(1-19)有非零解,则该方程组的系数行列式 $D=0$. 以后还可以证明:如果 $D=0$,则方程组(1-19)有非零解.

例 6 试问 λ 取何值时,齐次方程组

$$\begin{cases} (1-\lambda)x_1 - 2x_2 + 4x_3 = 0 \\ 2x_1 + (3-\lambda)x_2 + x_3 = 0 \\ x_1 + x_2 + (1-\lambda)x_3 = 0 \end{cases} \tag{1-20}$$

有非零解?

解 由定理 1.6 知,若齐次方程组(1-20)有非零解,则方程组(1-20)的系数行列式 $D=0$. 而

$$D = \begin{vmatrix} 1-\lambda & -2 & 4 \\ 2 & 3-\lambda & 1 \\ 1 & 1 & 1-\lambda \end{vmatrix} = -\lambda(2-\lambda)(3-\lambda)$$

由 $D=0$,得 $\lambda=0, \lambda=2$ 或 $\lambda=3$.

不难验证,当 $\lambda=0$、2 或 3 时,齐次方程组(1-20)确有非零解.

习题 1.4

1. 计算下列行列式

(1) $\begin{vmatrix} x & y & 0 & \cdots & 0 & 0 \\ 0 & x & y & \cdots & 0 & 0 \\ \vdots & \vdots & \vdots & & \vdots & \vdots \\ 0 & 0 & 0 & \cdots & x & y \\ y & 0 & 0 & \cdots & 0 & x \end{vmatrix}$;

(2) $\begin{vmatrix} 1 & 2 & 3 & \cdots & n-1 & n \\ 1 & 1 & 1 & \cdots & 1 & 1-n \\ 1 & 1 & 1 & \cdots & 1-n & 1 \\ \vdots & \vdots & \vdots & \cdots & \vdots & \vdots \\ 1 & 1 & 1-n & \cdots & 1 & 1 \\ 1 & 1-n & 1 & \cdots & 1 & 1 \end{vmatrix}$；

(3) $\begin{vmatrix} a_1+\lambda_1 & a_2 & \cdots & a_n \\ a_1 & a_2+\lambda_2 & \cdots & a_n \\ \vdots & \vdots & \cdots & \vdots \\ a_1 & a_2 & \cdots & a_n+\lambda_n \end{vmatrix}$，

其中 $\lambda_i \neq 0 (i=1,2,\cdots,n)$；

(4) $\begin{vmatrix} \lambda & a & a & \cdots & a \\ b & \alpha & \beta & \cdots & \beta \\ b & \beta & \alpha & \cdots & \beta \\ \vdots & \vdots & \vdots & \cdots & \vdots \\ b & \beta & \beta & \cdots & \alpha \end{vmatrix}$；

(5) $\begin{vmatrix} \alpha+\beta & \alpha\beta & 0 & \cdots & 0 & 0 \\ 1 & \alpha+\beta & \alpha\beta & \cdots & 0 & 0 \\ 0 & 1 & \alpha+\beta & \cdots & 0 & 0 \\ \vdots & \vdots & \vdots & \cdots & \vdots & \vdots \\ 0 & 0 & 0 & \cdots & 1 & \alpha+\beta \end{vmatrix} (\alpha \neq \beta)$.

2. 证明

(1) $\begin{vmatrix} x & -1 & 0 & \cdots & 0 & 0 \\ 0 & x & -1 & \cdots & 0 & 0 \\ 0 & 0 & x & \cdots & 0 & 0 \\ \vdots & \vdots & \vdots & \cdots & \vdots & \vdots \\ 0 & 0 & 0 & \cdots & x & -1 \\ a_n & a_{n-1} & a_{n-2} & \cdots & a_2 & x+a_1 \end{vmatrix} = x^n + a_1 x^{n-1} + \cdots + a_{n-1} x + a_n$；

(2) $\begin{vmatrix} a^n & (a-1)^n & \cdots & (a-n)^n \\ a^{n-1} & (a-1)^{n-1} & \cdots & (a-n)^{n-1} \\ \vdots & \vdots & \cdots & \vdots \\ 1 & 1 & \cdots & 1 \end{vmatrix}$

$= \prod_{1 \leqslant i < j \leqslant n+1} (j-1)$.

3. 用克莱姆法则解下列方程组

(1) $\begin{cases} x_1 + x_2 + x_3 = 1 \\ x_1 + 2x_2 + x_3 - x_4 = 8 \\ 2x_1 - x_2 - 3x_4 = 3 \\ 3x_1 + 3x_2 + 5x_3 - 6x_4 = 5 \end{cases}$；　(2) $\begin{cases} x_1 + x_2 + x_3 + x_4 = 5 \\ x_1 + 2x_2 - x_3 + 4x_4 = -2 \\ 2x_1 - 3x_2 - x_3 - 5x_4 = -2 \\ 3x_1 + x_2 + 2x_3 + 11x_4 = 0 \end{cases}$

4. 设 $D=\begin{vmatrix} 1 & 2 & 3 & 4 \\ 2 & 4 & 3 & 1 \\ 4 & 1 & 3 & 2 \\ 1 & 4 & 3 & 2 \end{vmatrix}$

求 $A_{11}+A_{21}+A_{31}+A_{41}$.

第 2 章　线性变换与矩阵

§2.1　线性变换与矩阵的概念

在工程技术等许多领域中，我们常会遇到一些变量要用另外一些变量线性地表示等问题. 例如，在平面直角坐标系中，将平面上的点 $P(x,y)$ 按逆时针方向绕原点旋转 θ 角而得到点 $P'(x',y')$，则有

$$\begin{cases} x' = x\cos\theta - y\sin\theta \\ y' = x\sin\theta + y\cos\theta \end{cases} \tag{2-1}$$

令 $a_{11}=\cos\theta, a_{12}=-\sin\theta, a_{21}=\sin\theta, a_{22}=\cos\theta$，式(2-1)可以写成

$$\begin{cases} x' = a_{11}x + a_{12}y \\ y' = a_{21}x + a_{22}y \end{cases} \tag{2-2}$$

同样，在空间直角坐标系中，将空间中一点 $P(x,y,z)$ 绕原点旋转某一角度而得到另外一点 $P'(x',y',z')$，可以证明它们有关系式

$$\begin{cases} x' = a_{11}x + a_{12}y + a_{13}z \\ y' = a_{21}x + a_{22}y + a_{23}z \\ z' = a_{31}x + a_{32}y + a_{33}z \end{cases} \tag{2-3}$$

其中 $a_{ij}(i,j=1,2,3)$ 为特定常数.

定义 2.1　设有两组变量 $x_1, x_2, \cdots, x_n$ 和 $y_1, y_2, \cdots, y_m$，如果

$$\begin{cases} y_1 = a_{11}x_1 + a_{12}x_2 + \cdots + a_{1n}x_n \\ y_2 = a_{21}x_1 + a_{22}x_2 + \cdots + a_{2n}x_n \\ \vdots \qquad \vdots \qquad \vdots \qquad \vdots \\ y_m = a_{m1}x_1 + a_{m2}x_2 + \cdots + a_{mn}x_n \end{cases} \tag{2-4}$$

其中 $a_{ij}(i=1,2,\cdots,m; j=1,2,\cdots,n)$ 为常数，则称这种变换是从变量 $x_1, x_2, \cdots, x_n$ 到变量 $y_1, y_2, \cdots, y_m$ 的线性变换.

决定一个线性变换的关键是系数 $a_{ij}(i=1,2,\cdots,m; j=1,2,\cdots,n)$，由这些系数排列成的数表就是下面将要介绍的矩阵.

定义 2.2　由 $m\times n$ 个数 $a_{ij}(i=1,2,\cdots,m; j=1,2,\cdots,n)$ 排列成的 m 行 n 列的数表

$$\begin{bmatrix} a_{11} & a_{12} & \cdots & a_{1n} \\ a_{21} & a_{22} & \cdots & a_{2n} \\ \vdots & \vdots & \cdots & \vdots \\ a_{m1} & a_{m2} & \cdots & a_{mn} \end{bmatrix}$$

叫做 $m\times n$ 阶矩阵，记作 $\boldsymbol{A}$ 或 $\boldsymbol{A}_{m\times n}$ 或 $(a_{ij})_{m\times n}$；a_{ij} 叫做矩阵 $\boldsymbol{A}$ 的第 i 行、第 j 列位置上的元

素；元素 a_{ij} 均为实数的矩阵称为实矩阵；元素 a_{ij} 是复数的矩阵称为复矩阵(除特别说明外，本书中的矩阵都指实矩阵).

当 $m=n$ 时，矩阵 $\boldsymbol{A}$ 称为 n 阶方阵；如果 $m=1$，则矩阵

$$\boldsymbol{A}=(a_{11} \quad a_{12} \quad \cdots \quad a_{1n})$$

称为行矩阵；如果 $n=1$，则矩阵

$$\boldsymbol{A}=\begin{bmatrix} a_{11} \\ a_{21} \\ \vdots \\ a_{m1} \end{bmatrix}$$

称为列矩阵.

如果两个同型矩阵 $\boldsymbol{A}=(a_{ij})_{m\times n}$，$\boldsymbol{B}=(b_{ij})_{m\times n}$ 的对应元素都相等，即 $a_{ij}=b_{ij}$ $(i=1,2,\cdots,m;j=1,2,\cdots,n)$，则称矩阵 $\boldsymbol{A}$ 与矩阵 $\boldsymbol{B}$ 相等，记为 $\boldsymbol{A}=\boldsymbol{B}$.

事实上，每个线性变换都对应着一个矩阵，该矩阵称为这个线性变换的系数矩阵.

例如，线性变换(2-1)，对应的系数矩阵为

$$\begin{pmatrix} \cos\theta & -\sin\theta \\ \sin\theta & \cos\theta \end{pmatrix}.$$

又如，在空间直角坐标系中，将空间中一点 $P(x,y,z)$ 投影到 xOy 坐标平面上，得到一点 $p'(x',y',0)$，则有

$$\begin{cases} x'= x+0\cdot y+0\cdot z \\ y'=0\cdot x+ y+0\cdot z \end{cases} \tag{2-5}$$

这个线性变换所对应的系数矩阵为

$$\begin{pmatrix} 1 & 0 & 0 \\ 0 & 1 & 0 \end{pmatrix}.$$

线性变换

$$\begin{cases} y_1 = x_1 \\ y_2 = x_2 \\ \quad\vdots \\ y_n = x_n \end{cases} \tag{2-6}$$

称为恒等变换，式(2-6)所对应的系数矩阵是

$$\begin{bmatrix} 1 & 0 & \cdots & 0 \\ 0 & 1 & \cdots & 0 \\ \vdots & \vdots & \cdots & \vdots \\ 0 & 0 & \cdots & 1 \end{bmatrix}$$

称该矩阵为 n 阶单位矩阵，记为 $\boldsymbol{E}_n$，简记为 $\boldsymbol{E}$.

$m\times n$ 阶矩阵

$$\begin{bmatrix} 0 & 0 & \cdots & 0 \\ 0 & 0 & \cdots & 0 \\ \vdots & \vdots & \cdots & \vdots \\ 0 & 0 & \cdots & 0 \end{bmatrix}$$

称为零矩阵，记做 $\boldsymbol{O}_{m\times n}$，或 $\boldsymbol{O}$.

注意：不同型的零矩阵是不相等的.

线性变换

$$\begin{cases} y_1 = a_{11}x_1 \\ y_2 = a_{22}x_2 \\ \vdots \\ y_n = a_{nn}x_n \end{cases} \tag{2-7}$$

所对应的系数矩阵

$$\begin{bmatrix} a_{11} & 0 & \cdots & 0 \\ 0 & a_{22} & \cdots & 0 \\ \vdots & \vdots & \cdots & \vdots \\ 0 & 0 & \cdots & a_{nn} \end{bmatrix}$$

称为对角矩阵.

在主对角线以下(或以上)都是零的 n 阶方阵

$$\begin{bmatrix} a_{11} & a_{12} & \cdots & a_{1n} \\ 0 & a_{22} & \cdots & a_{2n} \\ \vdots & \vdots & \cdots & 0 \\ 0 & 0 & & a_{nn} \end{bmatrix} \text{或} \begin{bmatrix} a_{11} & 0 & \cdots & 0 \\ a_{21} & a_{22} & \cdots & 0 \\ \vdots & \vdots & \cdots & \vdots \\ a_{n1} & a_{n2} & \cdots & a_{nn} \end{bmatrix}$$

称为上三角(或下三角)矩阵.

给定了线性变换，其系数所构成的矩阵(称为系数矩阵)也就确定，反之，如果给出一个矩阵作为线性变换的系数矩阵，则线性变换也就确定. 所以线性变换与矩阵之间存在着一一对应关系. 因此，我们可以用矩阵这个简便实用的工具来研究线性变换及工程技术中的许多问题.

习题 2.1

1. 设有椭圆方程 $5x^2+6xy+5y^2=8$，将

$$\begin{cases} x = x_1\cos\dfrac{\pi}{4} + y_1\sin\dfrac{\pi}{4} \\ y = -x_1\sin\dfrac{\pi}{4} + y_1\cos\dfrac{\pi}{4} \end{cases}$$

代入椭圆方程，求变换后的曲线方程.

2. 两个单位矩阵

$$\begin{pmatrix} 1 & 0 \\ 0 & 1 \end{pmatrix} \text{和} \begin{pmatrix} 1 & 0 & 0 \\ 0 & 1 & 0 \\ 0 & 0 & 1 \end{pmatrix}$$

相等吗？为什么？

3. n 阶方阵与 n 阶行列式

$$\begin{bmatrix} a_{11} & a_{12} & \cdots & a_{1n} \\ a_{21} & a_{22} & \cdots & a_{2n} \\ \vdots & \vdots & \cdots & \vdots \\ a_{n1} & a_{n2} & \cdots & a_{nn} \end{bmatrix}, \begin{vmatrix} a_{11} & a_{12} & \cdots & a_{1n} \\ a_{21} & a_{22} & \cdots & a_{2n} \\ \vdots & \vdots & \cdots & \vdots \\ a_{n1} & a_{n2} & \cdots & a_{nn} \end{vmatrix}$$

的主要区别是什么?

§2.2 矩阵的运算

本节将讨论矩阵的加法、数乘、乘法、转置及方阵的行列式等运算.

2.2.1 矩阵的加法

定义 2.3 设有两个同型矩阵 $\boldsymbol{A}=(a_{ij})_{m\times n}$、$\boldsymbol{B}=(b_{ij})_{m\times n}$ 及同型矩阵 $\boldsymbol{C}=(c_{ij})_{m\times n}$，如果

$$c_{ij}=a_{ij}+b_{ij} \quad (i=1,2,\cdots,m;j=1,2,\cdots,n)$$

则称矩阵 $\boldsymbol{C}$ 为矩阵 $\boldsymbol{A}$ 与 $\boldsymbol{B}$ 的和，记为 $\boldsymbol{A}+\boldsymbol{B}$，即 $\boldsymbol{C}=\boldsymbol{A}+\boldsymbol{B}$.

例 1 求矩阵 $\boldsymbol{A}=\begin{pmatrix}1&2&3\\4&5&6\end{pmatrix}$ 与 $\boldsymbol{B}=\begin{pmatrix}1&3&5\\2&4&6\end{pmatrix}$ 的和.

解

$$\boldsymbol{A}+\boldsymbol{B}=\begin{pmatrix}1&2&3\\4&5&6\end{pmatrix}+\begin{pmatrix}1&3&5\\2&4&6\end{pmatrix}=\begin{pmatrix}1+1&2+3&3+5\\4+2&5+4&6+6\end{pmatrix}=\begin{pmatrix}2&5&8\\6&9&12\end{pmatrix}$$

注意：不同型矩阵不能相加. 如果 $\boldsymbol{O}$ 是与 $\boldsymbol{A}$ 同型的零矩阵，显然有 $\boldsymbol{A}+\boldsymbol{O}=\boldsymbol{O}+\boldsymbol{A}=\boldsymbol{A}$.

2.2.2 矩阵的数乘

定义 2.4 设有矩阵 $\boldsymbol{A}=(a_{ij})_{m\times n}$ 及数 λ，则矩阵 $(\lambda a_{ij})_{m\times n}$ 称为矩阵 $\boldsymbol{A}$ 与数 λ 的乘积(简称数乘)，记为 $\lambda\boldsymbol{A}$，即 $\lambda\boldsymbol{A}=(\lambda a_{ij})_{m\times n}$.

例如，当 $\lambda=-1$ 时，有 $(-1)\boldsymbol{A}=(-a_{ij})_{m\times n}$ 这里我们规定 $(-1)\boldsymbol{A}$ 为矩阵 $\boldsymbol{A}$ 的负矩阵，记为 $-\boldsymbol{A}$，因此可以定义矩阵 $\boldsymbol{A}$ 与 $\boldsymbol{B}$ 的减法为

$$\boldsymbol{A}-\boldsymbol{B}=\boldsymbol{A}+(-\boldsymbol{B}).$$

例 2 对例 1 中的 $\boldsymbol{A}$、$\boldsymbol{B}$，求 $\boldsymbol{A}-\boldsymbol{B}$.

解

$$\boldsymbol{A}-\boldsymbol{B}=\begin{pmatrix}1&2&3\\4&5&6\end{pmatrix}-\begin{pmatrix}1&3&5\\2&4&6\end{pmatrix}=\begin{pmatrix}1-1&2-3&3-5\\4-2&5-4&6-6\end{pmatrix}=\begin{pmatrix}0&-1&-2\\2&1&0\end{pmatrix}$$

对任何矩阵 $\boldsymbol{A}$，显然有 $\boldsymbol{A}+(-\boldsymbol{A})=\boldsymbol{A}-\boldsymbol{A}=\boldsymbol{O}$.

关于矩阵的加法及数乘有如下运算律：

(1) $\boldsymbol{A}+\boldsymbol{B}=\boldsymbol{B}+\boldsymbol{A}$;

(2) $(\boldsymbol{A}+\boldsymbol{B})+\boldsymbol{C}=\boldsymbol{A}+(\boldsymbol{B}+\boldsymbol{C})$;

(3) $\lambda(\mu\boldsymbol{A})=(\lambda\mu)\boldsymbol{A}$;

(4) $\lambda(\boldsymbol{A}+\boldsymbol{B})=\lambda\boldsymbol{A}+\lambda\boldsymbol{B}$;

(5) $(\lambda+\mu)\boldsymbol{A}=\lambda\boldsymbol{A}+\mu\boldsymbol{A}$;

(6) $A+(-A)=\boldsymbol{O}$;

(7) $\boldsymbol{A}+\boldsymbol{O}=\boldsymbol{O}+\boldsymbol{A}=\boldsymbol{A}$;

(8) $1\cdot\boldsymbol{A}=\boldsymbol{A}$

其中 A、B、C 为同型矩阵，λ、μ 为数.

2.2.3　矩阵的乘法

矩阵的乘法是矩阵的重要运算之一. 设有从变量 x_2, y_2 到变量 x_3, y_3 的线性变换

$$\begin{cases} x_3 = a_{11}x_2 + a_{12}y_2 \\ y_3 = a_{21}x_2 + a_{22}y_2 \end{cases} \tag{2-8}$$

及从变量 x_1, y_1, z_1 到变量 x_2, y_2 的线性变换

$$\begin{cases} x_2 = b_{11}x_1 + b_{12}y_1 + b_{13}z_1 \\ y_2 = b_{21}x_1 + b_{22}y_1 + b_{23}z_1 \end{cases} \tag{2-9}$$

它们所对应的矩阵分别是

$$A = \begin{pmatrix} a_{11} & a_{12} \\ a_{21} & a_{22} \end{pmatrix} \qquad B = \begin{pmatrix} b_{11} & b_{12} & b_{13} \\ b_{21} & b_{22} & b_{23} \end{pmatrix}$$

现将式(2-9)代入式(2-8)，可得从变量 x_1, y_1, z_1 到变量 x_3, y_3 的线性变换

$$\begin{cases} x_3 = a_{11}(b_{11}x_1 + b_{12}y_1 + b_{13}z_1) + a_{12}(b_{21}x_1 + b_{22}y_1 + b_{23}z_1) \\ y_3 = a_{21}(b_{11}x_1 + b_{12}y_1 + b_{13}z_1) + a_{22}(b_{21}x_1 + b_{22}y_1 + b_{23}z_1) \end{cases} \tag{2-10}$$

整理，得

$$\begin{cases} x_3 = (a_{11}b_{11} + a_{12}b_{21})x_1 + (a_{11}b_{12} + a_{12}b_{22})y_1 + (a_{11}b_{13} + a_{12}b_{23})z_1 \\ y_3 = (a_{21}b_{11} + a_{22}b_{21})x_1 + (a_{21}b_{12} + a_{22}b_{22})y_1 + (a_{21}b_{13} + a_{22}b_{23})z_1 \end{cases} \tag{2-11}$$

式(2-11)所对应的矩阵为

$$C = \begin{pmatrix} a_{11}b_{11} + a_{12}b_{21} & a_{11}b_{12} + a_{12}b_{22} & a_{11}b_{13} + a_{12}b_{23} \\ a_{21}b_{11} + a_{22}b_{21} & a_{21}b_{12} + a_{22}b_{22} & a_{21}b_{13} + a_{22}b_{23} \end{pmatrix}$$

或写为

$$C = \begin{pmatrix} \sum_{k=1}^{2} a_{1k}b_{k1} & \sum_{k=1}^{2} a_{1k}b_{k2} & \sum_{k=1}^{2} a_{1k}b_{k3} \\ \sum_{k=1}^{2} a_{2k}b_{k1} & \sum_{k=1}^{2} a_{2k}b_{k2} & \sum_{k=1}^{2} a_{2k}b_{k3} \end{pmatrix}$$

即

$$c_{ij} = \sum_{k=1}^{2} a_{ik}b_{kj}.\ (i = 1,2; j = 1,2,3).$$

定义 2.5　设有两个矩阵 $A = (a_{ij})_{m\times s}$ 及 $B = (b_{ij})_{s\times n}$，令 $C_{ij} = \sum_{k=1}^{s} a_{ik}b_{kj}$ $(i = 1,2,\cdots, m; j = 1,2,\cdots,n)$ 则称矩阵 $C = (c_{ij})_{m\times n}$ 为矩阵 A 与 B 的乘积，记为 AB，即 $C = AB$.

两个矩阵 A、B，只有当 A 的列数与 B 的行数相同时才能相乘，即 AB 才有意义.

例 3　求矩阵

$$A = \begin{pmatrix} 1 & 0 \\ 2 & 1 \end{pmatrix} \text{与} B = \begin{pmatrix} 3 & 5 & 8 \\ 4 & 7 & 6 \end{pmatrix}$$

的乘积 AB.

解　$AB = \begin{pmatrix} 1 & 0 \\ 2 & 1 \end{pmatrix}\begin{pmatrix} 3 & 5 & 8 \\ 4 & 7 & 6 \end{pmatrix}$

$$= \begin{pmatrix} 1\cdot 3+0\cdot 4 & 1\cdot 5+0\cdot 7 & 1\cdot 8+0\cdot 6 \\ 2\cdot 3+1\cdot 4 & 2\cdot 5+1\cdot 7 & 2\cdot 8+1\cdot 6 \end{pmatrix} = \begin{pmatrix} 3 & 5 & 8 \\ 10 & 17 & 22 \end{pmatrix}$$

可以看到乘积 $\boldsymbol{BA}$ 没有意义. 从而说明矩阵乘法运算不满足交换律.

例 4 设有矩阵

(1) $\boldsymbol{A}=\begin{pmatrix}1 & 1\\ -1 & 1\end{pmatrix}$, $\boldsymbol{B}=\begin{pmatrix}1 & -1\\ 1 & 1\end{pmatrix}$;

(2) $\boldsymbol{A}=\begin{pmatrix}1 & 1\\ 0 & 1\end{pmatrix}$, $\boldsymbol{B}=\begin{pmatrix}1 & 0\\ 1 & 1\end{pmatrix}$;

(3) $\boldsymbol{A}=\begin{pmatrix}1 & 0\\ 0 & 0\end{pmatrix}$, $\boldsymbol{B}=\begin{pmatrix}0 & 0\\ 1 & 1\end{pmatrix}$.

试求 $\boldsymbol{AB}$、$\boldsymbol{BA}$.

解(1)
$$\boldsymbol{AB}=\begin{pmatrix}1 & 1\\ -1 & 1\end{pmatrix}\begin{pmatrix}1 & -1\\ 1 & 1\end{pmatrix}=\begin{pmatrix}2 & 0\\ 0 & 2\end{pmatrix}$$
$$\boldsymbol{BA}=\begin{pmatrix}1 & -1\\ 1 & 1\end{pmatrix}\begin{pmatrix}1 & 1\\ -1 & 1\end{pmatrix}=\begin{pmatrix}2 & 0\\ 0 & 2\end{pmatrix}$$

(2)
$$\boldsymbol{AB}=\begin{pmatrix}1 & 1\\ 0 & 1\end{pmatrix}\begin{pmatrix}1 & 0\\ 1 & 1\end{pmatrix}=\begin{pmatrix}2 & 1\\ 1 & 1\end{pmatrix}$$
$$\boldsymbol{BA}=\begin{pmatrix}1 & 0\\ 1 & 1\end{pmatrix}\begin{pmatrix}1 & 1\\ 0 & 1\end{pmatrix}=\begin{pmatrix}1 & 1\\ 1 & 2\end{pmatrix}$$

(3)
$$\boldsymbol{AB}=\begin{pmatrix}1 & 0\\ 0 & 0\end{pmatrix}\begin{pmatrix}0 & 0\\ 1 & 1\end{pmatrix}=\begin{pmatrix}0 & 0\\ 0 & 0\end{pmatrix}$$
$$\boldsymbol{BA}=\begin{pmatrix}0 & 0\\ 1 & 1\end{pmatrix}\begin{pmatrix}1 & 0\\ 0 & 0\end{pmatrix}=\begin{pmatrix}0 & 0\\ 1 & 0\end{pmatrix}$$

从例 4 可以看出,即使 $\boldsymbol{AB}$、$\boldsymbol{BA}$ 都有意义,也有可能 $\boldsymbol{AB}\neq\boldsymbol{BA}$,并且当 $\boldsymbol{A}\neq\boldsymbol{O},\boldsymbol{B}\neq\boldsymbol{O}$ 时,也有可能 $\boldsymbol{AB}=\boldsymbol{O}$.

根据矩阵乘法的定义可以证明,矩阵乘法具有如下运算定律:

(1) $(\boldsymbol{AB})\boldsymbol{C}=\boldsymbol{A}(\boldsymbol{BC})$;

(2) $\boldsymbol{A}(\boldsymbol{B}+\boldsymbol{C})=\boldsymbol{AB}+\boldsymbol{AC}$;

(3) $(\boldsymbol{B}+\boldsymbol{C})\boldsymbol{A}=\boldsymbol{BA}+\boldsymbol{CA}$;

(4) $\lambda(\boldsymbol{AB})=(\lambda\boldsymbol{A})\boldsymbol{B}=\boldsymbol{A}(\lambda\boldsymbol{B})$. (其中 λ 为数).

容易验证,对于任何矩阵 $\boldsymbol{A}=(a_{ij})_{m\times n}$ 及单位矩阵 $\boldsymbol{E}_m$、$\boldsymbol{E}_n$,都有 $\boldsymbol{E}_m\boldsymbol{A}=\boldsymbol{A}\boldsymbol{E}_n=\boldsymbol{A}$

根据矩阵的乘法还可以规定方阵的幂. 设 $\boldsymbol{A}$ 是 n 阶方阵,k 为正整数. 定义
$$\boldsymbol{A}^1=\boldsymbol{A},\quad \boldsymbol{A}^2=\boldsymbol{A}^1\boldsymbol{A},\quad \boldsymbol{A}^{k+1}=\boldsymbol{A}^k\boldsymbol{A}.$$

显然只有方阵,其幂才有意义.

例 5 设矩阵
$$\boldsymbol{A}=\begin{pmatrix}\cos\theta & \sin\theta\\ -\sin\theta & \cos\theta\end{pmatrix},\quad \boldsymbol{B}=\begin{pmatrix}\cos\theta & -\sin\theta\\ \sin\theta & \cos\theta\end{pmatrix}$$

试求 $\boldsymbol{A}^2$,$\boldsymbol{AB}$.

解
$$\boldsymbol{A}^2=\boldsymbol{AA}=\begin{pmatrix}\cos\theta & \sin\theta\\ -\sin\theta & \cos\theta\end{pmatrix}\begin{pmatrix}\cos\theta & \sin\theta\\ -\sin\theta & \cos\theta\end{pmatrix}$$

$$=\begin{bmatrix}\cos^2\theta-\sin^2\theta & 2\sin\theta\cos\theta\\ -2\sin\theta\cos\theta & \cos^2\theta-\sin^2\theta\end{bmatrix}=\begin{pmatrix}\cos2\theta & \sin2\theta\\ -\sin2\theta & \cos2\theta\end{pmatrix}.$$

$$\boldsymbol{AB}=\begin{pmatrix}\cos\theta & \sin\theta\\ -\sin\theta & \cos\theta\end{pmatrix}\begin{pmatrix}\cos\theta & -\sin\theta\\ \sin\theta & \cos\theta\end{pmatrix}$$

$$=\begin{pmatrix}\cos^2\theta+\sin^2\theta & -\sin\theta\cos\theta+\sin\theta\cos\theta\\ -\sin\theta\cos\theta+\sin\theta\cos\theta & \sin^2\theta+\cos^2\theta\end{pmatrix}=\begin{pmatrix}1 & 0\\ 0 & 1\end{pmatrix}.$$

例 6　判断下列命题是否正确？

(1)若 $\boldsymbol{A}^2=\boldsymbol{O}$,则 $\boldsymbol{A}=\boldsymbol{O}$;

(2)若 $\boldsymbol{A}^2=\boldsymbol{A}$,则 $\boldsymbol{A}=\boldsymbol{O}$ 或 $\boldsymbol{A}=\boldsymbol{E}$.

如果正确,证明之;如果不正确,试举反例说明.

解　上述两个命题都是错误的,分别举反例说明如下:

(1)设 $\boldsymbol{A}=\begin{pmatrix}1 & 1\\ -1 & -1\end{pmatrix}$,则有

$$\boldsymbol{A}^2=\boldsymbol{AA}=\begin{pmatrix}1 & 1\\ -1 & -1\end{pmatrix}\begin{pmatrix}1 & 1\\ -1 & -1\end{pmatrix}=\begin{pmatrix}0 & 0\\ 0 & 0\end{pmatrix}=\boldsymbol{O}$$

但 $\boldsymbol{A}\neq 0$;

(2)设 $\boldsymbol{A}=\begin{pmatrix}1 & 0\\ 0 & 0\end{pmatrix}$则有

$$\boldsymbol{A}^2=\boldsymbol{AA}=\begin{pmatrix}1 & 0\\ 0 & 0\end{pmatrix}\begin{pmatrix}1 & 0\\ 0 & 0\end{pmatrix}=\begin{pmatrix}1 & 0\\ 0 & 0\end{pmatrix}=\boldsymbol{A},$$

但 $\boldsymbol{A}\neq 0$ 且 $\boldsymbol{A}\neq\boldsymbol{E}$.

有了矩阵乘法的概念,线性变换

$$\begin{cases}y_1=a_{11}x_1+a_{12}x_2+\cdots+a_{1n}x_n\\ y_2=a_{21}x_1+a_{22}x_2+\cdots+a_{2n}x_n\\ \vdots\qquad\quad \vdots\qquad\quad \vdots\qquad \cdots\quad \vdots\\ y_m=a_{m1}x_1+a_{m2}x_2+\cdots+a_{mn}x_n\end{cases}\tag{2-12}$$

就可以用矩阵形式来表示,事实上,令矩阵 $\boldsymbol{X},\boldsymbol{Y}$、$\boldsymbol{A}$ 分别为

$$\boldsymbol{X}=\begin{bmatrix}x_1\\ x_2\\ \vdots\\ x_n\end{bmatrix},\quad \boldsymbol{Y}=\begin{bmatrix}y_1\\ y_2\\ \vdots\\ y_m\end{bmatrix},\quad \boldsymbol{A}=\begin{bmatrix}a_{11} & a_{12} & \cdots & a_{1n}\\ a_{21} & a_{22} & \cdots & a_{2n}\\ \vdots & \vdots & \cdots & \vdots\\ a_{m1} & a_{m2} & \cdots & a_{mn}\end{bmatrix}$$

则上述线性变换的矩阵形式为

$$\boldsymbol{Y}=\boldsymbol{AX}\tag{2-13}$$

2.2.4　矩阵的转置

把一个矩阵 $\boldsymbol{A}$ 的行与列互换,所得到的矩阵称为 $\boldsymbol{A}$ 的转置,确切定义如下:

定义 2.6　设有矩阵 $\boldsymbol{A}=(a_{ij})_{m\times n}$,$\boldsymbol{B}=(b_{ij})_{n\times m}$,如果 $b_{ij}=a_{ji}(i=1,2,\cdots,n;j=1,2,\cdots,m)$.则称矩阵 $\boldsymbol{B}$ 是矩阵 $\boldsymbol{A}$ 的转置矩阵,记做 $\boldsymbol{A}^{\mathrm{T}}$ 或 $\boldsymbol{A}'$.

例 7　求矩阵 $\boldsymbol{A}=\begin{pmatrix}1 & 2 & 3\\ 2 & 5 & 8\end{pmatrix}$的转置矩阵 $\boldsymbol{A}^{\mathrm{T}}$.

解
$$A^{\mathrm{T}}=\begin{pmatrix}1&2\\2&5\\3&8\end{pmatrix}$$

例 8 设 $\boldsymbol{A}=(a_{ij})_{m\times s}$，$\boldsymbol{B}=(b_{ij})_{s\times n}$，且 $\boldsymbol{C}=\boldsymbol{AB}$. 证明 $\boldsymbol{C}^{\mathrm{T}}=\boldsymbol{B}^{\mathrm{T}}\boldsymbol{A}^{\mathrm{T}}$.

证 因为 $\boldsymbol{C}=\boldsymbol{AB}$，所以 $\boldsymbol{C}$ 为 $m\times n$ 型矩阵，即 $\boldsymbol{C}=(c_{ij})_{m\times n}$，根据矩阵乘法的定义可知矩阵 $\boldsymbol{C}$ 的第 j 行第 i 列的元素为

$$c_{ji}=\sum_{k=1}^{s}a_{jk}b_{ki}\quad(i=1,2,\cdots,n;j=1,2,\cdots,m)\tag{2-14}$$

令 $\boldsymbol{D}=\boldsymbol{B}^{\mathrm{T}}\boldsymbol{A}^{\mathrm{T}}$，因为 $\boldsymbol{B}^{\mathrm{T}}$ 是 $n\times s$ 型矩阵，$\boldsymbol{A}^{\mathrm{T}}$ 是 $s\times m$ 型矩阵，所以 $\boldsymbol{D}$ 是 $n\times m$ 型矩阵，即 $\boldsymbol{D}=(d_{ij})_{n\times m}$，其中 d_{ij} 是 $\boldsymbol{B}^{\mathrm{T}}$ 的第 i 行或 $\boldsymbol{B}$ 的第 i 行元素 $b_{1i},b_{2i},\cdots,b_{si}$ 与 $\boldsymbol{A}^{\mathrm{T}}$ 的第 j 列或 $\boldsymbol{A}$ 的第 j 列元素 $a_{j1},a_{j2},\cdots,a_{js}$ 乘积之和，即 $d_{ij}=b_{1i}a_{j1}+b_{2i}a_{j2}+\cdots+a_{si}b_{js}$.（$i=1,2,\cdots,n;j=1,2,\cdots,m$）或写成

$$d_{ij}=\sum_{k=1}^{s}a_{jk}b_{ki}(i=1,2,\cdots,n;j=1,2,\cdots,m)\tag{2-15}$$

比较式(2-14)、式(2-15)两式，可知

$$d_{ij}=c_{ji}\quad(i=1,2,\cdots,n;j=1,2,\cdots,m)$$

所以 $\boldsymbol{D}=\boldsymbol{C}^{\mathrm{T}}$，即 $(\boldsymbol{AB})^{\mathrm{T}}=\boldsymbol{B}^{\mathrm{T}}\boldsymbol{A}^{\mathrm{T}}$.

关于矩阵转置，可以归纳出下列运算定律：

(1) $(\boldsymbol{A}^{\mathrm{T}})^{\mathrm{T}}=\boldsymbol{A}$；

(2) $(\boldsymbol{A}+\boldsymbol{B})^{\mathrm{T}}=\boldsymbol{A}^{\mathrm{T}}+\boldsymbol{B}^{\mathrm{T}}$；

(3) $(\boldsymbol{AB})^{\mathrm{T}}=\boldsymbol{B}^{\mathrm{T}}\boldsymbol{A}^{\mathrm{T}}$；

(4) $(\lambda\boldsymbol{A})^{\mathrm{T}}=\lambda\boldsymbol{A}^{\mathrm{T}}$.（其中 λ 为数）

容易证明，任何有限个矩阵的转置运算都有类似结论，如 $(\boldsymbol{A}+\boldsymbol{B}+\boldsymbol{C})^{\mathrm{T}}=\boldsymbol{A}^{\mathrm{T}}+\boldsymbol{B}^{\mathrm{T}}+\boldsymbol{C}^{\mathrm{T}}$，$(\boldsymbol{ABC})^{\mathrm{T}}=\boldsymbol{C}^{\mathrm{T}}\boldsymbol{B}^{\mathrm{T}}\boldsymbol{A}^{\mathrm{T}}$，等.

根据矩阵的转置可以引出对称矩阵的概念：

定义 2.7 设 $\boldsymbol{A}$ 为 n 阶方阵，如果 $\boldsymbol{A}^{\mathrm{T}}=\boldsymbol{A}$，即 $a_{ij}=a_{ji}(i=1,2,\cdots,n;j=1,2,\cdots,n)$. 则称 $\boldsymbol{A}$ 为对称矩阵.

如
$$\boldsymbol{A}=\begin{pmatrix}1&4&6\\4&2&5\\6&5&3\end{pmatrix}$$

是对称矩阵，而

$$\boldsymbol{B}=\begin{pmatrix}1&6\\7&5\end{pmatrix}$$

不是对称矩阵. 又

$$\boldsymbol{BB}^{\mathrm{T}}=\begin{pmatrix}37&37\\37&74\end{pmatrix}.$$

$$\boldsymbol{B}^{\mathrm{T}}\boldsymbol{B}=\begin{pmatrix}50&41\\41&61\end{pmatrix}$$

都是对称矩阵，这个结论对任意矩阵 $\boldsymbol{B}_{m\times n}$ 都成立.

例 9　设 $\boldsymbol{A}$、$\boldsymbol{B}$ 为 n 阶方阵，且 $\boldsymbol{A}$ 为对称矩阵，证明 $\boldsymbol{B}^{\mathrm{T}}\boldsymbol{A}\boldsymbol{B}$ 也是对称矩阵.

证　根据矩阵转置运算的运算定律及对称矩阵的性质可得

$$(\boldsymbol{B}^{\mathrm{T}}\boldsymbol{A}\boldsymbol{B})^{\mathrm{T}} = \boldsymbol{B}^{\mathrm{T}}\boldsymbol{A}^{\mathrm{T}}(\boldsymbol{B}^{\mathrm{T}})^{\mathrm{T}} = \boldsymbol{B}^{\mathrm{T}}\boldsymbol{A}^{\mathrm{T}}\boldsymbol{B}.$$

所以 $\boldsymbol{B}^{\mathrm{T}}\boldsymbol{A}\boldsymbol{B}$ 是对称矩阵.

2.2.5　矩阵的行列式

定义 2.8　由 n 阶方阵的元素（其位置不变）所构成的行列式，称为矩阵 $\boldsymbol{A}$ 的行列式，记为 $|\boldsymbol{A}|$ 或 $\det\boldsymbol{A}$.

例如　$\boldsymbol{A}=\begin{pmatrix}1 & 2\\ -2 & 3\end{pmatrix}$，则 $|\boldsymbol{A}|=\begin{vmatrix}1 & 2\\ -2 & 3\end{vmatrix}=7$.

可以证明（证略），对于任意两个 n 阶方阵 $\boldsymbol{A}$、$\boldsymbol{B}$，都有 $|\boldsymbol{A}\boldsymbol{B}|=|\boldsymbol{A}||\boldsymbol{B}|$.

例 10　设矩阵

$$\boldsymbol{A}=\begin{pmatrix}1 & 0\\ 0 & 2\end{pmatrix},\quad \boldsymbol{B}=\begin{pmatrix}0 & 1\\ 2 & 1\end{pmatrix}$$

则

$$\boldsymbol{A}\boldsymbol{B}=\begin{pmatrix}1 & 0\\ 0 & 2\end{pmatrix}\begin{pmatrix}0 & 1\\ 2 & 1\end{pmatrix}=\begin{pmatrix}0 & 1\\ 4 & 2\end{pmatrix}$$

$$\boldsymbol{B}\boldsymbol{A}=\begin{pmatrix}0 & 1\\ 2 & 1\end{pmatrix}\begin{pmatrix}1 & 0\\ 0 & 2\end{pmatrix}=\begin{pmatrix}0 & 2\\ 2 & 2\end{pmatrix}$$

显然 $\boldsymbol{A}\boldsymbol{B}\neq\boldsymbol{B}\boldsymbol{A}$，但

$$|\boldsymbol{A}\boldsymbol{B}|=\begin{vmatrix}0 & 1\\ 4 & 2\end{vmatrix}=-4,\quad |\boldsymbol{B}\boldsymbol{A}|=\begin{vmatrix}0 & 2\\ 2 & 2\end{vmatrix}=-4.$$

$$|\boldsymbol{A}|=\begin{vmatrix}1 & 0\\ 0 & 2\end{vmatrix}=2,\quad |\boldsymbol{B}|=\begin{vmatrix}0 & 1\\ 2 & 1\end{vmatrix}=-2.$$

所以

$$|\boldsymbol{A}\boldsymbol{B}|=|\boldsymbol{B}\boldsymbol{A}|=|\boldsymbol{A}||\boldsymbol{B}|=-4.$$

设 $\boldsymbol{A}$、$\boldsymbol{B}$ 均为 n 阶方阵，则有：

(1) $|\boldsymbol{A}^{\mathrm{T}}|=|\boldsymbol{A}|$；

(2) $|\lambda\boldsymbol{A}|=\lambda^{n}|\boldsymbol{A}|$（其中 λ 为数）；

(3) $|\boldsymbol{A}\boldsymbol{B}|=|\boldsymbol{B}\boldsymbol{A}|=|\boldsymbol{A}||\boldsymbol{B}|$.

习题 2.2

1. 已知两个线性变换

$$\begin{cases}x_3 = x_2 + 2z_2\\ y_3 = -y_2 + z_2\\ z_3 = 2x_2 + 3y_2 + 4z_2\end{cases} \quad 和 \quad \begin{cases}x_2 = 2x_1 - 2y_1 + 3z_1\\ y_2 = x_1 + y_1 + z_1\\ z_2 = x_1 + 3y_1 - z_1\end{cases}$$

试求从变量 x_1, y_1, z_1 到变量 x_3, y_3, z_3 的线性变换.

2. 设有两个线性变换

$$\begin{cases} z_1 = 2y_1 + y_2 + 4y_3 \\ z_2 = y_1 - y_2 + 3y_3 + 4y_4 \end{cases}, \quad \begin{cases} y_1 = x_1 + 3x_2 + x_3 \\ y_2 = \quad -x_2 + 2x_3 \\ y_3 = x_1 - 3x_2 + x_3 \\ y_4 = 4x_1 \quad -2x_3 \end{cases}$$

试求从变量 x_1, x_2, x_3 到变量 z_1, z_2 的线性变换.

3. 计算下列矩阵

(1) $(1 \quad 2 \quad 3)\begin{pmatrix} 4 \\ 5 \\ 6 \end{pmatrix}$； (2) $\begin{pmatrix} 4 \\ 5 \\ 6 \end{pmatrix}(1 \quad 2 \quad 3)$；

(3) $\begin{bmatrix} 2 & 0 & 1 \\ -2 & 3 & 2 \\ 4 & 1 & 5 \end{bmatrix}\begin{bmatrix} -3 & 1 & 0 \\ 2 & 0 & 1 \\ 0 & -1 & 3 \end{bmatrix}$；

(4) $\begin{bmatrix} 8 & 0 & -1 \\ 2 & 4 & 1 \\ -3 & -2 & 1 \end{bmatrix}\begin{bmatrix} 1 \\ -2 \\ 3 \end{bmatrix}$.

4. 已知

$$\boldsymbol{A} = \begin{bmatrix} 1 & 1 & 1 \\ -1 & 1 & 1 \\ 1 & -1 & 1 \end{bmatrix}, \quad \boldsymbol{B} = \begin{bmatrix} 1 & 2 & 1 \\ 1 & 3 & -1 \\ 2 & 1 & 4 \end{bmatrix}$$

试求(1) $\boldsymbol{A}^2 - \boldsymbol{B}^2$；(2) $(\boldsymbol{A}-\boldsymbol{B})(\boldsymbol{A}+\boldsymbol{B})$；

(3) $\boldsymbol{A}^2 + 2\boldsymbol{AB} + \boldsymbol{B}^2$；(4) $(\boldsymbol{A}+\boldsymbol{B})^2$.

5. 计算矩阵的乘积

$$(x_1 \quad x_2 \quad x_3)\begin{bmatrix} a_{11} & a_{12} & a_{13} \\ a_{21} & a_{22} & a_{23} \\ a_{31} & a_{32} & a_{33} \end{bmatrix}\begin{bmatrix} x_1 \\ x_2 \\ x_3 \end{bmatrix}$$

其中 $a_{ij} = a_{ji}(i, j = 1, 2, 3)$.

6. 设矩阵

$$\boldsymbol{A} = \begin{pmatrix} 1 & 2 \\ 3 & 4 \end{pmatrix}, \quad \boldsymbol{B} = \begin{pmatrix} 1 & 0 \\ 1 & 2 \end{pmatrix}$$，试求 $\boldsymbol{AB} - \boldsymbol{BA}$.

7. 已知矩阵

$$\boldsymbol{A} = \begin{bmatrix} \lambda & 1 & 0 \\ 0 & \lambda & 1 \\ 0 & 0 & \lambda \end{bmatrix}$$

证明

$$\boldsymbol{A}^k = \begin{bmatrix} \lambda^k & k\lambda^{k-1} & \frac{k(k-1)}{2}\lambda^{k-2} \\ 0 & \lambda^k & k\lambda^{k-1} \\ 0 & 0 & \lambda^k \end{bmatrix}$$

8. 设$A=\begin{pmatrix}1 & 2 & 0\\ 3 & -1 & 4\end{pmatrix}$,试求$AA^T$与$A^TA$.

9. 设A、B均为n阶对称矩阵,证明:AB是对称矩阵的充分必要条件是$AB=BA$.

10. 设矩阵

$$A=\begin{bmatrix}2 & -1\\ 1 & 0\\ -3 & 4\end{bmatrix},\quad B=\begin{pmatrix}1 & -2 & -5\\ 3 & 4 & 0\end{pmatrix}$$

试求$|AB|$与$|BA|$,并说明为什么$|AB|\neq|BA|$.

§2.3　逆变换与逆矩阵

设有线性变换

$$\begin{cases}y_1=a_{11}x_1+a_{12}x_2+a_{13}x_3\\ y_2=a_{21}x_1+a_{22}x_2+a_{23}x_3\\ y_3=a_{31}x_1+a_{32}x_2+a_{33}x_3\end{cases}\tag{2-16}$$

式(2-16)所对应的矩阵为

$$A=\begin{bmatrix}a_{11} & a_{12} & a_{13}\\ a_{21} & a_{22} & a_{23}\\ a_{31} & a_{32} & a_{33}\end{bmatrix}$$

当$|A|\neq0$时,对式(2-16)应用克莱姆法则,可得

$$x_1=\frac{D_1}{|A|},\quad x_2=\frac{D_2}{|A|},\quad x_3=\frac{D_3}{|A|},$$

其中$D_i=y_1A_{1i}+y_2A_{2i}+y_3A_{3i}$　$(i=1,2,3)$这里A_{ij}是$|A|$的元素a_{ij}的代数余子式,于是

$$\begin{cases}x_1=\dfrac{A_{11}}{|A|}y_1+\dfrac{A_{21}}{|A|}y_2+\dfrac{A_{31}}{|A|}y_3\\ x_2=\dfrac{A_{12}}{|A|}y_1+\dfrac{A_{22}}{|A|}y_2+\dfrac{A_{32}}{|A|}y_3\\ x_3=\dfrac{A_{13}}{|A|}y_1+\dfrac{A_{23}}{|A|}y_2+\dfrac{A_{33}}{|A|}y_3\end{cases}\tag{2-17}$$

线性变换(2-17)就是线性变换(2-16)的逆变换,它所对应的矩阵为

$$B=\frac{A^*}{|A|}=\frac{1}{|A|}\begin{bmatrix}A_{11} & A_{21} & A_{31}\\ A_{12} & A_{22} & A_{32}\\ A_{13} & A_{23} & A_{33}\end{bmatrix}$$

其中矩阵A^*称为矩阵A的伴随矩阵.

如果令

$$X=\begin{bmatrix}x_1\\ x_2\\ x_3\end{bmatrix},\quad Y=\begin{bmatrix}y_1\\ y_2\\ y_3\end{bmatrix}$$

则线性变换(2-16)与线性变换(2-17)可以分别写为

$$Y = AX, \quad X = BY$$

从而可得

$$Y = AX = A(BY) = (AB)Y$$
$$X = BY = B(AX) = (BA)X$$

上面两个线性变换均为恒等变换,故有

$$AB = BA = E = \begin{pmatrix} 1 & 0 & 0 \\ 0 & 1 & 0 \\ 0 & 0 & 1 \end{pmatrix}$$

定义 2.9 对于 n 阶方阵 A,如果有 n 阶方阵 B,使得 $AB=BA=E$,则称 B 为 A 的逆矩阵,记做 A^{-1},称矩阵 A 是可逆的或称 A 是非奇异的.

定理 2.1 如果矩阵 B、C 均为矩阵 A 的逆矩阵,则 $B=C$.

证 因为 B、C 均为 A 的逆矩阵,所以

$$AB = BA = E \text{ 且 } AC = CA = E$$

于是

$$B=BE=B(AC)=(BA)C=EC=C.$$

由定理 2.1 可知:如果矩阵 A 是可逆的,那么 A 的逆矩阵是惟一的.

定理 2.2 方阵 A 是可逆矩阵的充分必要条件为 $|A| \neq 0$.

证 必要性.设 A 是可逆矩阵,则存在矩阵 B,使 $AB=BA=E$,从而有

$$|A| \cdot |B| = |AB| = |E| = 1$$

所以 $|A| \neq 0$.

充分性.设矩阵 $A=(a_{ij})_{n\times n}$ 且 $|A| \neq 0$,则 A 与其伴随矩阵 A^* 的乘积为

$$AA^* = \begin{bmatrix} a_{11} & a_{12} & \cdots & a_{1n} \\ a_{21} & a_{22} & \cdots & a_{2n} \\ \vdots & \vdots & \cdots & \vdots \\ a_{n1} & a_{n2} & \cdots & a_{nn} \end{bmatrix} \begin{bmatrix} A_{11} & A_{21} & \cdots & A_{n1} \\ A_{12} & A_{22} & \cdots & A_{n2} \\ \vdots & \vdots & \cdots & \vdots \\ A_{1n} & A_{2n} & \cdots & A_{nn} \end{bmatrix}$$

$$= \begin{bmatrix} |A| & 0 & \cdots & 0 \\ 0 & |A| & \cdots & 0 \\ \vdots & \vdots & \cdots & \vdots \\ 0 & 0 & \cdots & |A| \end{bmatrix} = |A|^n = \begin{bmatrix} 1 & 0 & \cdots & 0 \\ 0 & 1 & \cdots & 0 \\ \vdots & \vdots & \cdots & \vdots \\ 0 & 0 & \cdots & 1 \end{bmatrix}$$

$$= |A|E$$

同理可得

$$A^*A = |A|E$$

由于 $|A| \neq 0$,所以有

$$A\left(\frac{1}{|A|}A^*\right) = \left(\frac{1}{|A|}A^*\right)A = E$$

根据定义 2.9 可知矩阵 A 可逆,且 $\frac{1}{|A|}A^*$ 就是 A 的逆矩阵,即

$$A^{-1} = \frac{1}{|A|}A^*.$$

定理 2.3 对于 n 阶方阵 A，如果有 n 阶方阵 B，使得 $AB=E$（或 $BA=E$）则 A 可逆且 $B=A^{-1}$.

证 因为 $AB=E$，所以 $|A||B|=|AB|=|E|=1\neq 0$，故 $|A|\neq 0$. 依定理 2.2 可知矩阵 A 可逆，则 A^{-1} 存在，于是

$$B = EB = (A^{-1}A)B = A^{-1}(AB) = A^{-1}E = A^{-1}.$$

应注意：若 $|A|\neq 0$，则 A 是非奇异矩阵，且 $A^{-1}=\frac{1}{|A|}A^*$ 其中 A^* 是 A 的伴随矩阵；若 $|A|=0$，则称 A 是奇异矩阵或不可逆矩阵.

例 1 求矩阵

$$A = \begin{bmatrix} 2 & 2 & 1 \\ 3 & 1 & 5 \\ 3 & 2 & 3 \end{bmatrix}$$

的逆矩阵 A^{-1}.

解

$$|A| = \begin{vmatrix} 2 & 2 & 1 \\ 3 & 1 & 5 \\ 3 & 2 & 3 \end{vmatrix} = 1 \neq 0$$

A 的伴随矩阵

$$A^* = \begin{bmatrix} A_{11} & A_{21} & A_{31} \\ A_{12} & A_{22} & A_{32} \\ A_{13} & A_{23} & A_{33} \end{bmatrix} = \begin{bmatrix} -7 & -4 & 9 \\ 6 & 3 & -7 \\ 3 & 2 & -4 \end{bmatrix}$$

所以 A 的逆矩阵为

$$A^{-1} = \frac{1}{|A|}A^* = \begin{bmatrix} -7 & -4 & 9 \\ 6 & 3 & -7 \\ 3 & 2 & -4 \end{bmatrix}$$

例 2 求线性变换

$$\begin{cases} y_1 = 2x_1 + 2x_2 + 2x_3 \\ y_2 = x_1 + 2x_2 + 3x_3 \\ y_3 = x_1 + 3x_2 + 6x_3 \end{cases}$$

的逆变换.

解 上述线性变换所对应的矩阵为

$$A = \begin{bmatrix} 2 & 2 & 2 \\ 1 & 2 & 3 \\ 1 & 3 & 6 \end{bmatrix}$$

又

$$|A| = \begin{vmatrix} 2 & 2 & 2 \\ 1 & 2 & 3 \\ 1 & 3 & 6 \end{vmatrix} = 2 \neq 0$$

故 $\boldsymbol{A}$ 可逆且

$$\boldsymbol{A}^{-1}=\frac{1}{|\boldsymbol{A}|}\boldsymbol{A}^{*}=\frac{1}{2}\begin{bmatrix}8&0&2\\1&1&1\\5&-1&1\end{bmatrix}=\begin{bmatrix}4&0&1\\\frac{1}{2}&\frac{1}{2}&\frac{1}{2}\\\frac{5}{2}&-\frac{1}{2}&\frac{1}{2}\end{bmatrix}$$

这里 $\boldsymbol{A}^{-1}$ 就是所求逆变换所对应的矩阵,于是,逆变换为

$$\begin{cases}x_1=4y_1\qquad+y_3\\x_2=\frac{1}{2}y_1+\frac{1}{2}y_2+\frac{1}{2}y_3\\x_3=\frac{5}{2}y_1-\frac{1}{2}y_2+\frac{1}{2}y_3\end{cases}.$$

例 3 设矩阵

$$\boldsymbol{A}=\begin{bmatrix}2&2&1\\3&1&5\\3&2&3\end{bmatrix},\quad \boldsymbol{B}=\begin{pmatrix}1&2\\1&3\end{pmatrix},\quad \boldsymbol{C}=\begin{bmatrix}4&1\\2&7\\1&3\end{bmatrix}$$

且 $\boldsymbol{AXB}=\boldsymbol{C}$,求矩阵 $\boldsymbol{X}$.

解 由例 1 可知 $\boldsymbol{A}$ 可逆,且

$$\boldsymbol{A}^{-1}=\begin{bmatrix}-7&-4&9\\6&3&-7\\3&2&-4\end{bmatrix}$$

又容易知 $\boldsymbol{B}$ 可逆,且

$$\boldsymbol{B}^{-1}=\begin{pmatrix}3&-2\\-1&1\end{pmatrix}$$

所以由 $\boldsymbol{AXB}=\boldsymbol{C}$,可得 $\boldsymbol{A}^{-1}\boldsymbol{A}\boldsymbol{X}\boldsymbol{B}\boldsymbol{B}^{-1}=\boldsymbol{A}^{-1}\boldsymbol{C}\boldsymbol{B}^{-1}$,即有 $\boldsymbol{X}=\boldsymbol{A}^{-1}\boldsymbol{C}\boldsymbol{B}^{-1}$. 从而

$$\boldsymbol{X}=\begin{bmatrix}-7&-4&9\\6&3&-7\\3&2&-4\end{bmatrix}\begin{bmatrix}4&1\\2&7\\1&3\end{bmatrix}\begin{pmatrix}3&-2\\-1&1\end{pmatrix}=\begin{bmatrix}-73&46\\63&-40\\31&-19\end{bmatrix}.$$

在例 3 中,如果由 $\boldsymbol{AXB}=\boldsymbol{C}$,得 $\boldsymbol{X}=\boldsymbol{A}^{-1}\boldsymbol{B}^{-1}\boldsymbol{C}$ 或 $\boldsymbol{X}=\boldsymbol{C}\boldsymbol{A}^{-1}\boldsymbol{B}^{-1}$ 等,都是错误的.

最后,如果 $\boldsymbol{A}$、$\boldsymbol{B}$ 均为 n 阶可逆矩阵,可以归纳出矩阵求逆的运算规律:

(1) $(\boldsymbol{A}^{-1})^{-1}=\boldsymbol{A}$;

(2) $(\lambda\boldsymbol{A})^{-1}=\frac{1}{\lambda}\boldsymbol{A}^{-1}$(其中 λ 为数,且 $\lambda\neq0$);

(3) $(\boldsymbol{AB})^{-1}=\boldsymbol{B}^{-1}\boldsymbol{A}^{-1}$;

(4) $(\boldsymbol{A}^{\mathrm{T}})^{-1}=(\boldsymbol{A}^{-1})^{\mathrm{T}}$.

此外,如果 $\boldsymbol{A}$、$\boldsymbol{B}$、$\boldsymbol{C}$ 均为 n 阶可逆方阵,则 $(\boldsymbol{ABC})^{-1}=\boldsymbol{C}^{-1}\boldsymbol{B}^{-1}\boldsymbol{A}^{-1}$,并且任何有限个可逆矩阵的乘积都适合该运算规律.

习题 2.3

1. 求线性变换

$$\begin{cases} x_1 = -2x_2 + y_2 \\ y_1 = -\dfrac{13}{2}x_2 + 3y_2 - \dfrac{1}{2}z_2 \\ z_1 = -16x_2 + 7y_2 - z_2 \end{cases}$$

的逆变换.

2. 求下列矩阵的逆矩阵

(1) $\begin{bmatrix} 1 & 4 \\ 5 & 2 \end{bmatrix}$；　(2) $\begin{bmatrix} 2 & 1 & -1 \\ 2 & 1 & 2 \\ 1 & -1 & 1 \end{bmatrix}$.

3. 解下列方程

(1) $\boldsymbol{X}\begin{bmatrix} 2 & 1 & -1 \\ 2 & 1 & 0 \\ 1 & -1 & 1 \end{bmatrix} = \begin{bmatrix} 1 & -1 & 3 \\ 4 & 3 & 2 \\ 1 & -2 & 5 \end{bmatrix}$；

(2) $\begin{bmatrix} 1 & 4 \\ -1 & 2 \end{bmatrix}\boldsymbol{X}\begin{bmatrix} 2 & 0 \\ -1 & 1 \end{bmatrix} = \begin{bmatrix} 3 & 1 \\ 0 & -1 \end{bmatrix}$；

(3) $\begin{bmatrix} 1 & 0 & 2 \\ 2 & -1 & 3 \\ 4 & 1 & 8 \end{bmatrix}\boldsymbol{X} = \begin{bmatrix} 1 \\ 1 \\ 1 \end{bmatrix}$.

4. 设 $\boldsymbol{A}$、$\boldsymbol{B}$ 均为 n 阶可逆矩阵，试举反例说明 $(\boldsymbol{A}+\boldsymbol{B})^{-1} = \boldsymbol{A}^{-1} + \boldsymbol{B}^{-1}$ 是错误的.

5. 已知方阵 $\boldsymbol{A}$ 满足 $\boldsymbol{A}^2 - \boldsymbol{A} - 2\boldsymbol{E} = \boldsymbol{O}$，证明 $\boldsymbol{A}$ 及 $\boldsymbol{A} + 2\boldsymbol{E}$ 都是可逆矩阵，并求 $\boldsymbol{A}^{-1}$ 及 $(\boldsymbol{A}+2\boldsymbol{E})^{-1}$.

6. 设 $\boldsymbol{A}^k = \boldsymbol{O}$（$k$ 为正整数），证明：

$$(\boldsymbol{E}-\boldsymbol{A})^{-1} = \boldsymbol{E} + \boldsymbol{A} + \boldsymbol{A}^2 + \cdots + \boldsymbol{A}^{k-1}.$$

7. 对任意 n 阶方阵 $\boldsymbol{A}$，证明：

(1) 如果 $|\boldsymbol{A}| = 0$，则 $|\boldsymbol{A}^*| = 0$；

(2) $|\boldsymbol{A}^*| = |\boldsymbol{A}|^{n-1}$.

§2.4　分块矩阵

2.4.1　分块矩阵的概念

设有矩阵

$$\boldsymbol{A} = \begin{bmatrix} a_{11} & a_{12} & a_{13} & a_{14} & a_{15} \\ a_{21} & a_{22} & a_{23} & a_{24} & a_{25} \\ a_{31} & a_{32} & a_{33} & a_{34} & a_{35} \\ a_{41} & a_{42} & a_{43} & a_{44} & a_{45} \end{bmatrix} \tag{2-18}$$

现用若干条横线和纵线将其分成许多小矩阵，例如

$$
\boldsymbol{A}=\left[\begin{array}{c|cc|c|c}
a_{11} & a_{12} & a_{13} & a_{14} & a_{15} \\
\hline
a_{21} & a_{22} & a_{23} & a_{24} & a_{25} \\
a_{31} & a_{32} & a_{33} & a_{34} & a_{35} \\
\hline
a_{41} & a_{42} & a_{43} & a_{44} & a_{45}
\end{array}\right]
$$

则

$$
\boldsymbol{A}=\begin{bmatrix}
\boldsymbol{A}_{11} & \boldsymbol{A}_{12} & \boldsymbol{A}_{13} & \boldsymbol{A}_{14} \\
\boldsymbol{A}_{21} & \boldsymbol{A}_{22} & \boldsymbol{A}_{23} & \boldsymbol{A}_{24} \\
\boldsymbol{A}_{31} & \boldsymbol{A}_{32} & \boldsymbol{A}_{33} & \boldsymbol{A}_{34}
\end{bmatrix} \tag{2-19}
$$

其中 $\boldsymbol{A}_{11}=(a_{11})$，$\boldsymbol{A}_{12}=(a_{12}\ a_{13})$，$\boldsymbol{A}_{13}=(a_{14})$，$\boldsymbol{A}_{14}=(a_{15})$，$\boldsymbol{A}_{21}=\begin{pmatrix}a_{21}\\a_{31}\end{pmatrix}$，$\boldsymbol{A}_{22}=\begin{pmatrix}a_{22} & a_{23}\\a_{32} & a_{33}\end{pmatrix}$，$\boldsymbol{A}_{23}=\begin{pmatrix}a_{24}\\a_{34}\end{pmatrix}$，$\boldsymbol{A}_{24}=\begin{pmatrix}a_{25}\\a_{35}\end{pmatrix}$，$\boldsymbol{A}_{31}=(a_{41})$，$\boldsymbol{A}_{32}=(a_{42}\ a_{43})$，$\boldsymbol{A}_{33}=(a_{44})$，$\boldsymbol{A}_{34}=(a_{45})$. 这里 $\boldsymbol{A}_{ij}$ $(i=1,2,3;$ $j=1,2,3)$ 为 $\boldsymbol{A}$ 的子块，而以 $\boldsymbol{A}_{ij}$ 为元素的矩阵(2-19)就是一个分块矩阵.

一般地，将一个行数和列数较高的矩阵 $\boldsymbol{A}$ 用若干条横线和纵线分成许多个小矩阵 $\boldsymbol{A}_{ij}$，每个小矩阵 $\boldsymbol{A}_{ij}$ 称为矩阵 $\boldsymbol{A}$ 的子块，而以 $\boldsymbol{A}_{ij}$ 为元素的矩阵称为分块矩阵.

对于同一个矩阵，如果采用不同的分块方式，可以得到不同的分块矩阵，例如，对于矩阵(2-18)，用如下分块方式

$$
\boldsymbol{A}=\left[\begin{array}{cc|ccc}
a_{11} & a_{12} & a_{13} & a_{14} & a_{15} \\
a_{21} & a_{22} & a_{23} & a_{24} & a_{25} \\
\hline
a_{31} & a_{32} & a_{33} & a_{34} & a_{35} \\
a_{41} & a_{42} & a_{43} & a_{44} & a_{45}
\end{array}\right]
$$

可得分块矩阵

$$
\boldsymbol{A}=\begin{pmatrix}\boldsymbol{A}_{11} & \boldsymbol{A}_{12}\\ \boldsymbol{A}_{21} & \boldsymbol{A}_{22}\end{pmatrix}
$$

其中 $\boldsymbol{A}$ 的子块分别为

$$
\boldsymbol{A}_{11}=\begin{pmatrix}a_{11} & a_{12}\\ a_{21} & a_{22}\end{pmatrix},\quad \boldsymbol{A}_{12}=\begin{pmatrix}a_{13} & a_{14} & a_{15}\\ a_{23} & a_{24} & a_{25}\end{pmatrix},
$$

$$
\boldsymbol{A}_{21}=\begin{pmatrix}a_{31} & a_{32}\\ a_{41} & a_{42}\end{pmatrix},\quad \boldsymbol{A}_{22}=\begin{pmatrix}a_{33} & a_{34} & a_{35}\\ a_{43} & a_{44} & a_{45}\end{pmatrix}.
$$

2.4.2 分块矩阵的简单运算

设 $\boldsymbol{A}$、$\boldsymbol{B}$ 是同型矩阵，将 $\boldsymbol{A}$、$\boldsymbol{B}$ 用相同的分块方式分成分块矩阵，即

$$
\boldsymbol{A}=\begin{bmatrix}
\boldsymbol{A}_{11} & \boldsymbol{A}_{12} & \cdots & \boldsymbol{A}_{1r} \\
\boldsymbol{A}_{21} & \boldsymbol{A}_{22} & \cdots & \boldsymbol{A}_{2r} \\
\vdots & \vdots & \cdots & \vdots \\
\boldsymbol{A}_{s1} & \boldsymbol{A}_{s2} & \cdots & \boldsymbol{A}_{sr}
\end{bmatrix},\quad
\boldsymbol{B}=\begin{bmatrix}
\boldsymbol{B}_{11} & \boldsymbol{B}_{12} & \cdots & \boldsymbol{B}_{1r} \\
\boldsymbol{B}_{21} & \boldsymbol{B}_{22} & \cdots & \boldsymbol{B}_{2r} \\
\vdots & \vdots & \cdots & \vdots \\
\boldsymbol{B}_{s1} & \boldsymbol{B}_{s2} & \cdots & \boldsymbol{B}_{sr}
\end{bmatrix}
$$

其中 $\boldsymbol{A}_{ij}$ 与 $\boldsymbol{B}_{ij}$ $(i=1,2,\cdots,s;j=1,2,\cdots,r)$ 有相同的行数和列数，那么，矩阵 $\boldsymbol{A}$ 与 $\boldsymbol{B}$ 的和为

$$A+B=\begin{bmatrix} A_{11}+B_{11} & A_{12}+B_{12} & \cdots & A_{1r}+B_{1r} \\ A_{21}+B_{21} & A_{22}+B_{22} & \cdots & A_{2r}+B_{2r} \\ \vdots & \vdots & \cdots & \vdots \\ A_{s1}+B_{s1} & A_{s2}+B_{s2} & \cdots & A_{sr}+B_{sr} \end{bmatrix}$$

如果将 A 分成分块矩阵

$$A=\begin{bmatrix} A_{11} & A_{12} & \cdots & A_{1r} \\ A_{21} & A_{22} & \cdots & A_{2r} \\ \vdots & \vdots & \cdots & \vdots \\ A_{s1} & A_{s2} & \cdots & A_{sr} \end{bmatrix}$$

则 A 与数 λ 的乘积为

$$\lambda A=\begin{bmatrix} \lambda A_{11} & \lambda A_{12} & \cdots & \lambda A_{1r} \\ \lambda A_{21} & \lambda A_{22} & \cdots & \lambda A_{2r} \\ \vdots & \vdots & \cdots & \vdots \\ \lambda A_{s1} & \lambda A_{s2} & \cdots & \lambda A_{sr} \end{bmatrix}$$

又设 $A=(a_{ij})_{m\times l}$，$B=(b_{ij})_{l\times n}$，现将 A、B 分成分块矩阵，要求对 A 的列的分法与对 B 的行的分法一致，即

$$A=\begin{bmatrix} A_{11} & A_{12} & \cdots & A_{1l} \\ A_{21} & A_{22} & \cdots & A_{2l} \\ \vdots & \vdots & \cdots & \vdots \\ A_{s1} & A_{s2} & \cdots & A_{sl} \end{bmatrix},\quad B=\begin{bmatrix} B_{11} & B_{12} & \cdots & B_{1r} \\ B_{21} & B_{22} & \cdots & B_{2r} \\ \vdots & \vdots & \cdots & \vdots \\ B_{l1} & B_{l2} & \cdots & B_{lr} \end{bmatrix}$$

其中 $A_{ik}(i=1,2,\cdots,s)$ 的列数与 $B_{kj}(j=1,2,\cdots,r)$ 的行数相同 $(k=1,2,\cdots,l)$. 那么矩阵 A、B 的分块矩阵的乘法在形式上与矩阵的乘法相同. 即

$$AB=\begin{bmatrix} A_{11} & A_{12} & \cdots & A_{1l} \\ A_{21} & A_{22} & \cdots & A_{2l} \\ \vdots & \vdots & \cdots & \vdots \\ A_{s1} & A_{s2} & \cdots & A_{sl} \end{bmatrix}\begin{bmatrix} B_{11} & B_{12} & \cdots & B_{1r} \\ B_{21} & B_{22} & \cdots & B_{2r} \\ \vdots & \vdots & \cdots & \vdots \\ B_{l1} & B_{l2} & \cdots & B_{lr} \end{bmatrix}=\begin{bmatrix} C_{11} & C_{12} & \cdots & C_{1r} \\ C_{21} & C_{22} & \cdots & C_{2r} \\ \vdots & \vdots & \cdots & \vdots \\ C_{s1} & C_{s2} & \cdots & C_{sr} \end{bmatrix}$$

这里 $C_{ij}=\sum_{k=1}^{r}A_{ik}B_{kj}\ (i=1,2,\cdots,s;j=1,2,\cdots,r)$.

关于分块矩阵的转置有如下结论，设有分块矩阵

$$A=\begin{bmatrix} A_{11} & A_{12} & \cdots & A_{1r} \\ A_{21} & A_{22} & \cdots & A_{2r} \\ \vdots & \vdots & \cdots & \vdots \\ A_{s1} & A_{s2} & \cdots & A_{sr} \end{bmatrix}$$

则

$$A^{\mathrm{T}}=\begin{bmatrix} A_{11}^{\mathrm{T}} & A_{21}^{\mathrm{T}} & \cdots & A_{s1}^{\mathrm{T}} \\ A_{12}^{\mathrm{T}} & A_{22}^{\mathrm{T}} & \cdots & A_{s2}^{\mathrm{T}} \\ \vdots & \vdots & \cdots & \vdots \\ A_{1r}^{\mathrm{T}} & A_{2r}^{\mathrm{T}} & \cdots & A_{sr}^{\mathrm{T}} \end{bmatrix}$$

例 1　设有分块矩阵

$$A=\left[\begin{array}{c:c:c}1&1&0\\1&-1&0\\1&0&1\end{array}\right]=(A_1\quad A_2\quad A_3)$$

其中

$$A_1=\begin{bmatrix}1\\1\\1\end{bmatrix},\quad A_2=\begin{bmatrix}1\\-1\\0\end{bmatrix},\quad A_3=\begin{bmatrix}0\\0\\1\end{bmatrix}$$

所以

$$A_1^{\mathrm{T}}=(1\quad 1\quad 1),\quad A_2^{\mathrm{T}}=(1\quad -1\quad 0),\quad A_3^{\mathrm{T}}=(0\quad 0\quad 1).$$

于是,可得

$$A^{\mathrm{T}}=\begin{bmatrix}A_1^{\mathrm{T}}\\A_2^{\mathrm{T}}\\A_3^{\mathrm{T}}\end{bmatrix}=\begin{bmatrix}1&1&1\\1&-1&0\\0&0&1\end{bmatrix}.$$

例 2 设 $A_i(i=1,2,\cdots,r)$ 为可逆矩阵,令 A、B 分别为分块矩阵

$$A=\begin{bmatrix}A_1&0&\cdots&0\\0&A_2&\cdots&0\\\vdots&\vdots&\cdots&\vdots\\0&0&\cdots&A_r\end{bmatrix},\quad B=\begin{bmatrix}A_1^{-1}&0&\cdots&0\\0&A_2^{-1}&\cdots&0\\\vdots&\vdots&\cdots&\vdots\\0&0&\cdots&A_r^{-1}\end{bmatrix}$$

证明 $B=A^{-1}$.

证 应用分块矩阵乘法,得

$$AB=\begin{bmatrix}A_1&0&\cdots&0\\0&A_2&\cdots&0\\\vdots&\vdots&\cdots&\vdots\\0&0&\cdots&A_r\end{bmatrix}\begin{bmatrix}A_1^{-1}&0&\cdots&0\\0&A_2^{-1}&\cdots&0\\\vdots&\vdots&\cdots&\vdots\\0&0&\cdots&A_r^{-1}\end{bmatrix}$$

$$=\begin{bmatrix}A_1A_1^{-1}&0&\cdots&0\\0&A_2A_2^{-1}&\cdots&0\\\vdots&\vdots&\cdots&\vdots\\0&0&\cdots&A_rA_r^{-1}\end{bmatrix}=\begin{bmatrix}E^{(1)}&0&\cdots&0\\0&E^{(2)}&\cdots&0\\\vdots&\vdots&\cdots&\vdots\\0&0&\cdots&E^{(r)}\end{bmatrix}$$

其中 $E^{(i)}$ 是与 A_i 同阶的单位矩阵,所以 $AB=E$,即 $B=A^{-1}$.

例 3 设 A、B 块为 n 阶可逆矩阵,试求分块矩阵 $\begin{pmatrix}0&A\\B&0\end{pmatrix}$ 的逆矩阵.

解 设

$$\begin{pmatrix}0&A\\B&0\end{pmatrix}^{-1}=\begin{pmatrix}X_{11}&X_{12}\\X_{21}&X_{22}\end{pmatrix}$$

其中 $X_{ij}(i,j=1,2)$ 均为 n 阶方阵,于是有

$$\begin{pmatrix}0&A\\B&0\end{pmatrix}\begin{pmatrix}X_{11}&X_{12}\\X_{21}&X_{22}\end{pmatrix}=\begin{pmatrix}AX_{21}&AX_{22}\\BX_{11}&BX_{12}\end{pmatrix}=\begin{pmatrix}E&0\\0&E\end{pmatrix}$$

从而可得

$$AX_{21}=E,\quad AX_{22}=0,\quad BX_{11}=0,\quad BX_{12}=E$$

因为 A、B 都是可逆矩阵，于是有

$$X_{21}=A^{-1},\quad X_{22}=0,\quad X_{11}=0,\quad X_{12}=B^{-1}.$$

最后可得

$$\begin{pmatrix}0 & A\\ B & 0\end{pmatrix}^{-1}=\begin{pmatrix}0 & B^{-1}\\ A^{-1} & 0\end{pmatrix}$$

例 4　求矩阵

$$A=\begin{bmatrix}0 & 0 & 3 & 4\\ 0 & 0 & 5 & 7\\ 3 & 1 & 0 & 0\\ 2 & 1 & 0 & 0\end{bmatrix}$$

的逆矩阵 A^{-1}.

解　将矩阵 A 写成分块矩阵，得

$$A=\left[\begin{array}{cc:cc}0 & 0 & 3 & 4\\ 0 & 0 & 5 & 7\\ \hdashline 3 & 1 & 0 & 0\\ 2 & 1 & 0 & 0\end{array}\right]=\begin{pmatrix}0 & A_{12}\\ A_{21} & 0\end{pmatrix}$$

其中子块

$$A_{12}=\begin{pmatrix}3 & 4\\ 5 & 7\end{pmatrix},\quad A_{21}=\begin{pmatrix}3 & 1\\ 2 & 1\end{pmatrix}$$

所以

$$A_{12}^{-1}=\begin{pmatrix}7 & -4\\ -5 & 3\end{pmatrix},\quad A_{21}^{-1}=\begin{pmatrix}1 & -1\\ -2 & 3\end{pmatrix}$$

根据例 3 可得 A 的逆矩阵为

$$A^{-1}=\begin{pmatrix}0 & A_{21}^{-1}\\ A_{12}^{-1} & 0\end{pmatrix}=\begin{bmatrix}0 & 0 & 1 & -1\\ 0 & 0 & -2 & 3\\ 7 & -4 & 0 & 0\\ -5 & 3 & 0 & 0\end{bmatrix}$$

例 5　设 A、B、C、D 都是 n 阶方阵，A 可逆，且 $AC=CA$. 证明

$$\begin{vmatrix}A & B\\ C & D\end{vmatrix}=|AD-CB|$$

证　由于 A 可逆，则由分块矩阵的乘法得

$$\begin{pmatrix}A^{-1} & 0\\ -C & A\end{pmatrix}\begin{pmatrix}A & B\\ C & D\end{pmatrix}=\begin{pmatrix}E & A^{-1}B\\ 0 & AD-CB\end{pmatrix}$$

两边取行列式，得

$$\begin{vmatrix}A^{-1} & 0\\ -C & A\end{vmatrix}\begin{vmatrix}A & B\\ C & D\end{vmatrix}=\begin{vmatrix}E & A^{-1}B\\ 0 & AD-CB\end{vmatrix}$$

于是

$$\left|A^{-1}\right|\left|A\right|\begin{vmatrix} A & B \\ C & D \end{vmatrix} = \left|E\right|\left|AD-CB\right|$$

所以

$$\begin{vmatrix} A & B \\ C & D \end{vmatrix} = \left|AD-CB\right|.$$

利用行列式的性质可以证明,若 A、B 都是方阵(不一定同阶),则有

$$\begin{vmatrix} A & 0 \\ C & B \end{vmatrix} = \left|A\right|\left|B\right|.$$

习题 2.4

1. 用分块矩阵乘法计算 AB,其中

$$A=\begin{bmatrix} 1 & 2 & 1 \\ 3 & 4 & 0 \\ 0 & 0 & 2 \end{bmatrix},\quad B=\begin{bmatrix} 1 & 2 & 3 & 1 \\ 4 & 5 & 6 & 1 \\ 0 & 0 & 0 & 1 \end{bmatrix}$$

2. 求矩阵

$$\begin{bmatrix} a_1 & 0 & \cdots & 0 \\ 0 & a_2 & \cdots & 0 \\ \vdots & \vdots & \cdots & \vdots \\ 0 & 0 & \cdots & a_n \end{bmatrix}$$

的逆矩阵(其中 $a_1a_2\cdots a_n\neq 0$).

3. 设 A、B、C 均为 n 阶方阵,其中 A、B 可逆,试求 $\begin{pmatrix} A & 0 \\ C & B \end{pmatrix}^{-1}$.

4. 求下列分块矩阵的逆矩阵

(1) $\begin{bmatrix} 8 & 5 & 0 & 0 \\ 3 & 2 & 0 & 0 \\ 0 & 0 & 5 & 2 \\ 0 & 0 & 2 & 1 \end{bmatrix}$;(2) $\begin{bmatrix} 1 & 1 & 2 & 1 \\ 0 & 2 & 1 & 2 \\ 0 & 0 & 3 & 1 \\ 0 & 0 & 0 & 4 \end{bmatrix}$;(3) $\begin{bmatrix} 0 & 0 & 4 & 1 \\ 0 & 0 & 6 & 2 \\ 3 & 2 & 0 & 0 \\ 4 & 5 & 0 & 0 \end{bmatrix}$.

§2.5 矩阵的初等变换与初等矩阵

2.5.1 矩阵的初等变换

例 1 用消元法求解三元一次方程组

$$\begin{cases} x_1 - x_2 - x_3 = 2 & ① \\ 2x_1 - x_2 - 3x_3 = 4 & ② \\ -3x_1 + 4x_2 + 4x_3 = 6 & ③ \end{cases}$$

解 式①乘以 -2 加到式②上,式①乘以 3 加到式③上,得

$$\begin{cases} x_1 - x_2 - x_3 = 2 & ④ \\ x_2 - x_3 = 0 & ⑤ \\ x_2 + x_3 = 12 & ⑥ \end{cases}$$

式⑤乘以 -1 加到式⑥上，得

$$\begin{cases} x_1 - x_2 - x_3 = 2 & ⑦ \\ \qquad x_2 - x_3 = 0 & ⑧ \\ \qquad\quad 2x_3 = 12 & ⑨ \end{cases}$$

式⑨乘以 $\frac{1}{2}$，得

$$\begin{cases} x_1 - x_2 - x_3 = 2 & ⑩ \\ \qquad x_2 - x_3 = 0 & ⑪ \\ \qquad\quad x_3 = 6 & ⑫ \end{cases}$$

式⑫加到式⑩上，式⑫加到式⑪上，得

$$\begin{cases} x_1 - x_2 \qquad = 8 & ⑬ \\ \qquad x_2 \qquad = 6 & ⑭ \\ \qquad\quad x_3 = 6 & ⑮ \end{cases}$$

式⑭加到式⑬上，得

$$\begin{cases} x_1 \qquad\qquad = 14 \\ \qquad x_2 \qquad = 6 \\ \qquad\quad x_3 = 6 \end{cases}$$

最后得 $\qquad x_1 = 14,\quad x_2 = 6,\quad x_3 = 6.$

现将原方程组的系数及常数项组成一个矩阵

$$A = \begin{bmatrix} 1 & -1 & -1 & 2 \\ 2 & -1 & -3 & 4 \\ -3 & 4 & 4 & 6 \end{bmatrix}$$

并给出如下定义：

定义 2.10　对矩阵施行如下变换：

(1)对换第 i 行与第 j 行(记做 $r_i \leftrightarrow r_j$)；

(2)第 i 行乘以非零常数 k(记做 $r_i \times k$)；

(3)将第 j 行的 k 倍加到第 i 行上(记做 $r_i + kr_j$)；称为矩阵的初等行变换，将上述“行”换成“列”(所用记号中的“r”换成“c”)即得矩阵的初等列变换；矩阵的初等行变换与初等列变换统称为矩阵的初等变换.

如果矩阵 $\boldsymbol{A}$ 经过有限次初等变换变成矩阵 $\boldsymbol{B}$，则称矩阵 $\boldsymbol{A}$ 与矩阵 $\boldsymbol{B}$ 等价，记为 $\boldsymbol{A} \sim \boldsymbol{B}$.

上述三种的初等变换都是可逆的，且其逆变换是同一类型的初等变换. 例如：变换 $r_i \leftrightarrow r_j$ 的逆变换就是其本身；变换 $r_i \times k (k \neq 0)$ 的逆变换为 $r_i \times \frac{1}{k}$(或记做 $r_i \div k$)；变换 $r_i + kr_j$ 的逆变换为 $r_i + (-k)r_j$(或记做 $r_i - kr_j$).

于是，上述方程组的求解过程可以表示为

$$A = \begin{bmatrix} 1 & -1 & -1 & 2 \\ 2 & -1 & -3 & 4 \\ -3 & 4 & 4 & 6 \end{bmatrix} \xrightarrow[r_3+3r_1]{r_2-2r_1} \begin{bmatrix} 1 & -1 & -1 & 2 \\ 0 & 1 & -1 & 0 \\ 0 & 1 & 1 & 12 \end{bmatrix}$$

$$\xrightarrow{r_3-r_2}\begin{bmatrix}1&-1&-1&2\\0&1&-1&0\\0&0&2&12\end{bmatrix}\xrightarrow{r_3\div 2}\begin{bmatrix}1&-1&-1&2\\0&1&-1&0\\0&0&1&6\end{bmatrix}$$

$$\xrightarrow[r_2+r_3]{r_1+r_3}\begin{bmatrix}1&-1&0&8\\0&1&0&6\\0&0&1&6\end{bmatrix}\xrightarrow{r_1+r_2}\begin{bmatrix}1&0&0&14\\0&1&0&6\\0&0&1&6\end{bmatrix}$$

即矩阵

$$A=\begin{bmatrix}1&-1&-1&2\\2&-1&-3&4\\-3&4&4&6\end{bmatrix}$$

经过有限次初等变换变成矩阵

$$B=\begin{bmatrix}1&0&0&14\\0&1&0&6\\0&0&1&6\end{bmatrix}$$

所以矩阵 A 与矩阵 B 等价、即 $A\sim B$.

这里矩阵 B 就是矩阵 A 的行最简形，矩阵 B 具有下述特性：非零行向量的第一个非零元素为 1，且含这些元素的列的其他元素都为零.

而在上述变换过程中的矩阵

$$\begin{bmatrix}1&-1&-1&2\\0&1&-1&0\\0&0&2&12\end{bmatrix}$$

则为矩阵 A 的行阶梯形，该矩阵的特点是：每个阶梯只有一行.

另外，如果 $m\times n$ 型矩阵 A 经过一系列初等变换变成矩阵 I，而 I 的左上角是一个 $r(r\leqslant m, r\leqslant n)$ 阶单位矩阵，其他元素都是零，则称 I 为矩阵 A 的最简形（或标准形）.

例如

$$A\sim\begin{bmatrix}1&0&0&14\\0&1&0&6\\0&0&1&6\end{bmatrix}\sim\begin{bmatrix}1&0&0&0\\0&1&0&0\\0&0&1&0\end{bmatrix}$$

则矩阵

$$\begin{bmatrix}1&0&0&0\\0&1&0&0\\0&0&1&0\end{bmatrix}$$

为矩阵 A 的最简形.

例 2 求矩阵

$$A=\begin{bmatrix}1&-2&-1&0&2\\-2&4&2&6&-6\\2&-1&0&2&3\\3&3&3&3&4\end{bmatrix}$$

的行阶梯形、行最简形和标准形.

解

$$A \xrightarrow[\substack{r_3-2r_1\\ r_4-3r_1}]{r_2+2r_1} \begin{bmatrix} 1 & -2 & -1 & 0 & 2 \\ 0 & 0 & 0 & 6 & -2 \\ 0 & 3 & 2 & 2 & -1 \\ 0 & 9 & 6 & 3 & -2 \end{bmatrix} \xrightarrow{r_2 \leftrightarrow r_3} \begin{bmatrix} 1 & -2 & -1 & 0 & 2 \\ 0 & 3 & 2 & 2 & -1 \\ 0 & 0 & 0 & 6 & -2 \\ 0 & 9 & 6 & 3 & -2 \end{bmatrix}$$

$$\xrightarrow{r_4-3r_2} \begin{bmatrix} 1 & -2 & -1 & 0 & 2 \\ 0 & 3 & 2 & 2 & -1 \\ 0 & 0 & 0 & 6 & -2 \\ 0 & 0 & 0 & -3 & 1 \end{bmatrix} \xrightarrow{r_4+\frac{1}{2}r_3} \begin{bmatrix} 1 & -2 & -1 & 0 & 2 \\ 0 & 3 & 2 & 2 & -1 \\ 0 & 0 & 0 & 6 & -2 \\ 0 & 0 & 0 & 0 & 0 \end{bmatrix}$$

$$\xrightarrow{r_3 \div 2} \begin{bmatrix} 1 & -2 & -1 & 0 & 2 \\ 0 & 3 & 2 & 2 & -1 \\ 0 & 0 & 0 & 3 & -1 \\ 0 & 0 & 0 & 0 & 0 \end{bmatrix}$$

于是,矩阵

$$B = \begin{bmatrix} 1 & -2 & -1 & 0 & 2 \\ 0 & 3 & 2 & 2 & -1 \\ 0 & 0 & 0 & 3 & -1 \\ 0 & 0 & 0 & 0 & 0 \end{bmatrix}$$

为矩阵 A 的行阶梯形,又

$$B \xrightarrow[r_3 \div 3]{r_2 \div 3} \begin{bmatrix} 1 & -2 & -1 & 0 & 2 \\ 0 & 1 & \frac{2}{3} & \frac{2}{3} & -\frac{1}{3} \\ 0 & 0 & 0 & 1 & -\frac{1}{3} \\ 0 & 0 & 0 & 0 & 0 \end{bmatrix} \xrightarrow{r_2-\frac{2}{3}r_3} \begin{bmatrix} 1 & -2 & -1 & 0 & 2 \\ 0 & 1 & \frac{2}{3} & 0 & -\frac{1}{9} \\ 0 & 0 & 0 & 1 & -\frac{1}{3} \\ 0 & 0 & 0 & 0 & 0 \end{bmatrix}$$

$$\xrightarrow{r_1+2r_2} \begin{bmatrix} 1 & 0 & \frac{1}{3} & 0 & \frac{16}{9} \\ 0 & 1 & \frac{2}{3} & 0 & -\frac{1}{9} \\ 0 & 0 & 0 & 1 & -\frac{1}{3} \\ 0 & 0 & 0 & 0 & 0 \end{bmatrix}$$

于是,矩阵

$$C = \begin{bmatrix} 1 & 0 & \frac{1}{3} & 0 & \frac{16}{9} \\ 0 & 1 & \frac{2}{3} & 0 & -\frac{1}{9} \\ 0 & 0 & 0 & 1 & -\frac{1}{3} \\ 0 & 0 & 0 & 0 & 0 \end{bmatrix}$$

为矩阵 A 的行最简形. 对矩阵 C 再施行初等列变换,则有

$$C \xrightarrow[\substack{c_5+\frac{1}{9}c_2 \\ c_5+\frac{1}{3}c_4}]{c_5-\frac{16}{9}c_1} \begin{bmatrix} 1 & 0 & \frac{1}{3} & 0 & 0 \\ 0 & 1 & \frac{2}{3} & 0 & 0 \\ 0 & 0 & 0 & 1 & 0 \\ 0 & 0 & 0 & 0 & 0 \end{bmatrix}$$

$$\xrightarrow[c_3-\frac{2}{3}c_2]{c_3-\frac{1}{3}c_1} \begin{bmatrix} 1 & 0 & 0 & 0 & 0 \\ 0 & 1 & 0 & 0 & 0 \\ 0 & 0 & 0 & 1 & 0 \\ 0 & 0 & 0 & 0 & 0 \end{bmatrix} \xrightarrow{c_3-c_4} \begin{bmatrix} 1 & 0 & 0 & 0 & 0 \\ 0 & 1 & 0 & 0 & 0 \\ 0 & 0 & 1 & 0 & 0 \\ 0 & 0 & 0 & 0 & 0 \end{bmatrix}$$

则矩阵

$$\boldsymbol{I}=\begin{bmatrix} 1 & 0 & 0 & 0 & 0 \\ 0 & 1 & 0 & 0 & 0 \\ 0 & 0 & 1 & 0 & 0 \\ 0 & 0 & 0 & 0 & 0 \end{bmatrix}$$

就是矩阵 $\boldsymbol{A}$ 的标准形.

2.5.2 初等矩阵

定义 2.11 由单位矩阵 $\boldsymbol{E}$ 经过一次初等变换得到的矩阵称为初等矩阵.

三种初等变换对应三种初等矩阵,引进记号如下:

(1)将单位矩阵 $\boldsymbol{E}$ 的 i、j 两行对调得到的初等矩阵记为 $\boldsymbol{E}(i,j)$;

(2)将单位矩阵 $\boldsymbol{E}$ 的第 i 行乘以非零常数 k 得到的初等矩阵记为 $\boldsymbol{E}(i(k))$;

(3)将单位矩阵 $\boldsymbol{E}$ 的第 j 行乘以常数 k 加到第 i 行上得到的初等矩阵记为 $\boldsymbol{E}(i,j(k))$.

设有矩阵

$$\boldsymbol{A}=\begin{bmatrix} a_{11} & a_{12} & a_{13} & a_{14} \\ a_{21} & a_{22} & a_{23} & a_{24} \\ a_{31} & a_{32} & a_{33} & a_{34} \end{bmatrix}$$

用初等矩阵 $\boldsymbol{E}_3(1,2)$ 左乘 $\boldsymbol{A}$,则有

$$\boldsymbol{E}_3(1,2)\boldsymbol{A}=\begin{bmatrix} 0 & 1 & 0 \\ 1 & 0 & 0 \\ 0 & 0 & 1 \end{bmatrix}\begin{bmatrix} a_{11} & a_{12} & a_{13} & a_{14} \\ a_{21} & a_{22} & a_{23} & a_{24} \\ a_{31} & a_{32} & a_{33} & a_{34} \end{bmatrix}=\begin{bmatrix} a_{21} & a_{22} & a_{23} & a_{24} \\ a_{11} & a_{12} & a_{13} & a_{14} \\ a_{31} & a_{32} & a_{33} & a_{34} \end{bmatrix}$$

这相当于将矩阵 $\boldsymbol{A}$ 的 1、2 两行对调.

用初等矩阵 $\boldsymbol{E}_3\left(2\left(\frac{1}{2}\right)\right)$ 左乘 $\boldsymbol{A}$,则有

$$\boldsymbol{E}_3\left(2\left(\frac{1}{2}\right)\right)\boldsymbol{A}=\begin{bmatrix} 1 & 0 & 0 \\ 0 & \frac{1}{2} & 0 \\ 0 & 0 & 1 \end{bmatrix}\begin{bmatrix} a_{11} & a_{12} & a_{13} & a_{14} \\ a_{21} & a_{22} & a_{23} & a_{24} \\ a_{31} & a_{32} & a_{33} & a_{34} \end{bmatrix}$$

$$
= \begin{bmatrix} a_{11} & a_{12} & a_{13} & a_{14} \\ \frac{1}{2}a_{21} & \frac{1}{2}a_{22} & \frac{1}{2}a_{23} & \frac{1}{2}a_{24} \\ a_{31} & a_{32} & a_{33} & a_{34} \end{bmatrix}
$$

这相当于矩阵 $\boldsymbol{A}$ 的第 2 行乘以常数 $\frac{1}{2}$.

而用初等矩阵 $\boldsymbol{E}_3(1(2),2)$ 左乘 $\boldsymbol{A}$，即

$$
\boldsymbol{E}_3(1(2),2)\boldsymbol{A} = \begin{bmatrix} 1 & 0 & 0 \\ 2 & 1 & 0 \\ 0 & 0 & 1 \end{bmatrix} \begin{bmatrix} a_{11} & a_{12} & a_{13} & a_{14} \\ a_{21} & a_{22} & a_{23} & a_{24} \\ a_{31} & a_{32} & a_{33} & a_{34} \end{bmatrix}
$$

$$
= \begin{bmatrix} a_{11} & a_{12} & a_{13} & a_{14} \\ a_{21}+2a_{11} & a_{22}+2a_{12} & a_{23}+2a_{13} & a_{24}+2a_{14} \\ a_{31} & a_{32} & a_{33} & a_{34} \end{bmatrix}
$$

这相当于将矩阵 $\boldsymbol{A}$ 的第 1 行乘以常数 2 加到第 2 行上.

用初等矩阵 $\boldsymbol{E}_4(3,4)$ 右乘 $\boldsymbol{A}$，则有

$$
\boldsymbol{A}\boldsymbol{E}_4(3,4) = \begin{bmatrix} a_{11} & a_{12} & a_{13} & a_{14} \\ a_{21} & a_{22} & a_{23} & a_{24} \\ a_{31} & a_{32} & a_{33} & a_{34} \end{bmatrix} \begin{bmatrix} 1 & 0 & 0 & 0 \\ 0 & 1 & 0 & 0 \\ 0 & 0 & 0 & 1 \\ 0 & 0 & 1 & 0 \end{bmatrix} = \begin{bmatrix} a_{11} & a_{12} & a_{14} & a_{13} \\ a_{21} & a_{22} & a_{24} & a_{23} \\ a_{31} & a_{32} & a_{34} & a_{33} \end{bmatrix}
$$

这相当于将矩阵 $\boldsymbol{A}$ 的第 3、4 两列对调.

根据以上运算可以得到如下结论：

定理 2.4　设有 $m\times n$ 型矩阵 $\boldsymbol{A}$，如果对 $\boldsymbol{A}$ 施行一次初等列变换，则相当于在矩阵 $\boldsymbol{A}$ 的左边乘以一个相应的 m 阶初等矩阵；如果对矩阵 $\boldsymbol{A}$ 实施一次初等列变换，则相当于在矩阵 $\boldsymbol{A}$ 的右边乘以一个相应的 n 阶初等矩阵.

根据初等矩阵的定义可知，初等矩阵的行列式不等于零，即初等矩阵是可逆的，且有

$$
\boldsymbol{E}(i,j)^{-1} = \boldsymbol{E}(i,j),\quad \boldsymbol{E}(i(k))^{-1} = \boldsymbol{E}\left(i\left(\frac{1}{k}\right)\right)
$$

$$
\boldsymbol{E}(j(k);i)^{-1} = \boldsymbol{E}(j(-k),i).
$$

显然，初等矩阵的逆矩阵仍为初等矩阵.

2.5.3　利用初等变换求逆矩阵

设 $\boldsymbol{A}$ 为 n 阶可逆矩阵，则 $\left|\boldsymbol{A}\right|\neq 0$. 由前面的讨论可知，通过一系列初等变换，可以将矩阵 $\boldsymbol{A}$ 变换成最简形 $\boldsymbol{I}$，其中 $\boldsymbol{I}$ 为 n 阶方阵且 $\boldsymbol{I}$ 的左上角为 r 阶单位矩阵，其他元素为零. 又根据定理 2.4 可知，存在若干个初等矩阵 $\boldsymbol{P}_1,\boldsymbol{P}_2,\cdots,\boldsymbol{P}_l$ 使得

$$
\boldsymbol{P}_1\boldsymbol{P}_2\cdots\boldsymbol{P}_s\boldsymbol{A}\boldsymbol{P}_{s+1}\boldsymbol{P}_{s+2}\cdots\boldsymbol{P}_l = \boldsymbol{I}
$$

从而有

$$
\left|\boldsymbol{I}\right| = \left|\boldsymbol{P}_1\right|\left|\boldsymbol{P}_2\right|\cdots\left|\boldsymbol{P}_s\right|\left|\boldsymbol{A}\right|\left|\boldsymbol{P}_{s+1}\right|\cdots\left|\boldsymbol{P}_l\right| \neq 0
$$

于是，可得 $r=n$（否则 $\left|\boldsymbol{I}\right|=0$），即 $\boldsymbol{I}$ 是一个 n 阶单位矩阵 $\boldsymbol{E}$，所以

$$
\boldsymbol{P}_1\boldsymbol{P}_2\cdots\boldsymbol{P}_s\boldsymbol{A}\boldsymbol{P}_{s+1}\cdots\boldsymbol{P}_l = \boldsymbol{E}
$$

$$A = P_s^{-1}\cdots P_2^{-1}P_1^{-1}EP_l^{-1}P_{l-1}^{-1}\cdots P_{s+1} = P_s^{-1}\cdots P_2^{-1}P_1^{-1}P_l^{-1}P_{l-1}^{-1}\cdots P_{s+1}$$

其中 $P_1^{-1},P_2^{-1},\cdots,P_l^{-1}$ 均为初等矩阵. 综上所述,可得如下定理:

定理 2.5 设 A 为可逆矩阵,则存在有限个初等矩阵 $Q_1,Q_2,\cdots,Q_l$,使得 $A=Q_1Q_2\cdots Q_l$.

因为 $A=Q_1Q_2\cdots Q_l$,所以 $Q_l^{-1}Q_{l-1}^{-1}\cdots Q_2^{-1}Q_1^{-1}=A^{-1}$. 于是得

$$Q_l^{-1}\cdots Q_2^{-1}Q_1^{-1}A = E \tag{2-20}$$

$$Q_l^{-1}\cdots Q_2^{-1}Q_1^{-1}E = A^{-1} \tag{2-21}$$

其中 $Q_1^{-1},Q_2^{-1},\cdots,Q_l^{-1}$ 均为初等矩阵. 由式(2-20)、式(2-21),并根据定理 2.4,可得如下定理:

定理 2.6 设 A 为可逆矩阵,如果对 A 施行一系列初等行(列)变换,将 A 变换成单位矩阵 E,那么,在同一系列初等行(列)变换中就将单位矩阵 E 变换成 A^{-1}.

例 3 设矩阵

$$A = \begin{bmatrix} 1 & -1 & -1 \\ 2 & -1 & -3 \\ -3 & 4 & 4 \end{bmatrix}$$

试用初等变换求 A^{-1}.

解 将 A 与单位矩阵 E 组成一个新的矩阵($A\quad E$),并对该矩阵施行一系列初等变换,最后变换为(EA^{-1}),即

$$(A\,E) = \begin{bmatrix} 1 & -1 & -1 & 1 & 0 & 0 \\ 2 & -1 & -3 & 0 & 1 & 0 \\ -3 & 4 & 4 & 0 & 0 & 1 \end{bmatrix}$$

$$\xrightarrow[r_3+3r_1]{r_2-2r_1} \begin{bmatrix} 1 & -1 & -1 & 1 & 0 & 0 \\ 0 & 1 & -1 & -2 & 1 & 0 \\ 0 & 1 & 1 & 3 & 0 & 1 \end{bmatrix}$$

$$\xrightarrow{r_3-r_2} \begin{bmatrix} 1 & -1 & -1 & 1 & 0 & 0 \\ 0 & 1 & -1 & -2 & 1 & 0 \\ 0 & 0 & 2 & 5 & -1 & 1 \end{bmatrix}$$

$$\xrightarrow{r_3\div 2} \begin{bmatrix} 1 & -1 & -1 & 1 & 0 & 0 \\ 0 & 1 & -1 & -2 & 1 & 0 \\ 0 & 0 & 1 & \frac{5}{2} & -\frac{1}{2} & \frac{1}{2} \end{bmatrix}$$

$$\xrightarrow[r_2+r_3]{r_1+r_3} \begin{bmatrix} 1 & -1 & 0 & \frac{7}{2} & -\frac{1}{2} & \frac{1}{2} \\ 0 & 1 & 0 & \frac{1}{2} & \frac{1}{2} & \frac{1}{2} \\ 0 & 0 & 1 & \frac{5}{2} & -\frac{1}{2} & \frac{1}{2} \end{bmatrix}$$

$$\xrightarrow{r_1+r_2} \begin{bmatrix} 1 & 0 & 0 & 4 & 0 & 1 \\ 0 & 1 & 0 & \frac{1}{2} & \frac{1}{2} & \frac{1}{2} \\ 0 & 0 & 1 & \frac{5}{2} & -\frac{1}{2} & \frac{1}{2} \end{bmatrix}$$

所以

$$A^{-1}=\begin{bmatrix}4 & 0 & 1\\ \frac{1}{2} & \frac{1}{2} & \frac{1}{2}\\ \frac{5}{2} & -\frac{1}{2} & \frac{1}{2}\end{bmatrix}=\frac{1}{2}\begin{bmatrix}8 & 0 & 2\\ 1 & 1 & 1\\ 5 & -1 & 1\end{bmatrix}$$

习题 2.5

1. 用初等变换求下列矩阵的逆矩阵

(1) $\begin{bmatrix}1 & 2 & -3\\ 0 & 1 & 2\\ 0 & 0 & 1\end{bmatrix}$；(2) $\begin{bmatrix}3 & -2 & 0 & -1\\ 0 & 2 & 2 & 1\\ 1 & -2 & -3 & -2\\ 0 & 1 & 2 & 1\end{bmatrix}$；(3) $\begin{bmatrix}1 & 0 & 2\\ 2 & -1 & 3\\ 4 & 1 & 8\end{bmatrix}$.

2. 解方程

$$\begin{bmatrix}0 & 1 & 0\\ 1 & 0 & 0\\ 0 & 0 & 1\end{bmatrix}X\begin{bmatrix}1 & 0 & 0\\ 0 & 0 & 1\\ 0 & 1 & 0\end{bmatrix}=\begin{bmatrix}1 & -4 & 3\\ 2 & 0 & -1\\ 1 & -2 & 0\end{bmatrix}$$

3. 将矩阵

$$A=\begin{bmatrix}1 & 3 & 3\\ 1 & 4 & 3\\ 1 & 3 & 4\end{bmatrix}$$

分解为若干个初等矩阵的乘积.

4. 求下列矩阵的行最简形及标准形.

(1) $\begin{bmatrix}6 & 3 & -4\\ -4 & 1 & -6\\ 1 & 2 & -5\end{bmatrix}$；(2) $\begin{bmatrix}1 & -2 & 3 & -1\\ 2 & -1 & 2 & 2\\ 3 & 1 & 2 & 3\end{bmatrix}$；(3) $\begin{bmatrix}0 & 1 & 3 & -2\\ 2 & 1 & -4 & 3\\ 2 & 3 & 2 & -1\end{bmatrix}$.

5. 设 A 为 n 阶方阵，P 是与 A 同阶的初等矩阵，试证 $P^{T}AP$ 相当于对 A 作一次初等行变换和一次相应的初等列变换.

第3章 向量空间

§3.1 n维向量

3.1.1 n维向量的定义及其运算

在解析几何中，我们已经接触过向量的概念. 平面上以坐标原点O为起点，以$A(a_1,a_2)$为终点的向量$\overrightarrow{OA}=a_1 i+a_2 j$也可以用二维向量$(a_1,a_2)$表示，该向量是一个有顺序的两个数的数组，在空间中，以坐标原点O为起点，以$A(a_1,a_2,a_3)$为终点的向量$\overrightarrow{OA}$也可以用三维向量(a_1,a_2,a_3)表示，该向量是一个有顺序的三个数的数组. 现在将这个概念推广到n个有序数的数组，由此就得到了n维向量的定义，但当$n>3$时，该向量已经没有了直观的几何意义了，而成为一个代数的抽象概念.

定义 3.1 将一组有顺序的n个数$x_1,x_2,x_3,\cdots,x_n$排成一列，得到数组

$$\boldsymbol{x}=(x_1,x_2,\cdots,x_n)$$

称为n维向量，其中数$x_i(i=1,2,\cdots,n)$称为该向量的第i个分量.

有时也可以将n维向量写成

$$\boldsymbol{x}=\begin{bmatrix}x_1\\x_2\\\vdots\\x_n\end{bmatrix}$$

为了区别，前者称为行向量，后者称为列向量.

本章仅讨论n个分量均为实数的实向量.

分量都是零的向量称为零向量，记为$\boldsymbol{0}$，即

$$\boldsymbol{0}=(0,0,\cdots,0)$$

并且规定，两个向量$\boldsymbol{x}=(x_1,x_2,\cdots,x_n)$和$\boldsymbol{y}=(y_1,y_2,\cdots,y_n)$，当它们的对应分量全部相等，即$x_i=y_i(i=1,2,\cdots,n)$时称它们相等，记为$\boldsymbol{x}=\boldsymbol{y}$.

在解析几何中我们已经学习过平面上两个向量相加及向量的数乘等法则，现在我们将该结果推广到n维向量，引入向量的线性运算.

定义 3.2 假定向量$\boldsymbol{x}=(x_1,x_2,\cdots,x_n)$、$\boldsymbol{y}=(y_1,y_2,\cdots,y_n)$，那么向量$(x_1+y_1,x_2+y_2,\cdots,x_n+y_n)$称为$\boldsymbol{x}$、$\boldsymbol{y}$的和，写成

$$\boldsymbol{x}+\boldsymbol{y}=(x_1+y_1,x_2+y_2,\cdots,x_n+y_n).$$

假如λ为实数，那么向量$(\lambda x_1,\lambda x_2,\cdots,\lambda x_n)$称为$\lambda$与$\boldsymbol{x}$的数乘，写成

$$\lambda\boldsymbol{x}=(\lambda x_1,\lambda x_2,\cdots,\lambda x_n)$$

这里应注意的是，只有维数相同的向量才能相加，不同维数的向量相加是没有意义的.

例1 已知向量 $\boldsymbol{x}=(1,0,2,2)$，$\boldsymbol{y}=(2,4,0,1)$，求向量 $\boldsymbol{z}$，使 $\boldsymbol{z}=3\boldsymbol{x}+2\boldsymbol{y}$.

解 由向量线性运算的定义可得

$$z=(3,0,6,6)+(4,8,0,2)=(7,8,6,8).$$

3.1.2 向量空间

前面我们讲述了 n 维向量及其线性运算，那么，由这些向量所组成的集合具有什么样的特性呢？我们将同维数的向量组成的集合称为向量组.

在解析几何中，一个平面上或空间中，由坐标原点出发的向量是用二维向量或三维向量表示的. 假设 $\mathbf{R}^2$ 是平面上所有从原点出发的二维向量的集合，$\mathbf{R}^3$ 是空间中所有从原点出发的三维向量的集合，那么在 $\mathbf{R}^2$ 或 $\mathbf{R}^3$ 中，任意两个向量的和仍在 $\mathbf{R}^2$ 或 $\mathbf{R}^3$ 中，任何实数与向量的乘积也仍然在 $\mathbf{R}^2$ 或 $\mathbf{R}^3$ 中，并且加法满足交换律、结合律，数乘满足分配律、结合律等.

下面将这种特性推广，得到向量空间的定义.

定义 3.3 设 $\boldsymbol{x},\boldsymbol{y},\boldsymbol{z},\cdots$ 为集合 V 的元素，对于集合内的元素规定了加法与数乘两种运算. V 中任意两个元素 $\boldsymbol{x}$、$\boldsymbol{y}$ 相加的和记为 $\boldsymbol{x}+\boldsymbol{y}$，任一元素 $\boldsymbol{x}$ 和任一实数 λ 的数乘记为 $\lambda\boldsymbol{x}$、$\boldsymbol{x}+\boldsymbol{y}$ 与 $\lambda\boldsymbol{x}$ 都仍为 V 中的元素，且上述两种运算满足下列八条运算定律：

(1)交换律：$\boldsymbol{x}+\boldsymbol{y}=\boldsymbol{y}+\boldsymbol{x}$；

(2)结合律：$(\boldsymbol{x}+\boldsymbol{y})+\boldsymbol{z}=\boldsymbol{x}+(\boldsymbol{y}+\boldsymbol{z})$；

(3)有元素 $\mathbf{0}$，对任一元素 $\boldsymbol{x}$，恒有 $\boldsymbol{x}+\mathbf{0}=\boldsymbol{x}$，元素 $\mathbf{0}$ 称为零元素；

(4)对于任一元素 $\boldsymbol{x}$，有一负元素记为 $-\boldsymbol{x}$，恒有 $\boldsymbol{x}+(-\boldsymbol{x})=\mathbf{0}$；

(5)$\mathbf{1}\cdot\boldsymbol{x}=x$；

(6)$\lambda(\mu\boldsymbol{x})=(\lambda\mu)\boldsymbol{x}$ （λ,μ 是实数）；

(7)
(8) 分配律：$\begin{cases}(\lambda+\mu)\boldsymbol{x}=\lambda\boldsymbol{x}+\mu\boldsymbol{x}\\ \lambda(\boldsymbol{x}+\boldsymbol{y})=\lambda\boldsymbol{x}+\lambda\boldsymbol{y}\end{cases}$.

则称具有这样线性运算的集合 V 为向量空间，也称线性空间. V 中的元素称为向量.

在定义 3.3 中，V 中任意两向量 $\boldsymbol{x}$、$\boldsymbol{y}$ 之和 $\boldsymbol{x}+\boldsymbol{y}$，任一向量 $\boldsymbol{x}$ 的数乘 $\lambda\boldsymbol{x}$ 仍在 V 中的特性，称为对线性运算封闭.

例2 由全体 n 维向量所组成的集合 $\mathbf{R}^n$ 在定义 3.2 的线性运算下形成向量空间. 显然，$\mathbf{R}^n$ 对线性运算是封闭的，而且也容易逐条验证 $\mathbf{R}^n$ 满足上述八条运算定律，所以 $\mathbf{R}^n$ 是一个向量空间.

我们继续考察集合 V 的非空子集，由定义 3.3 可以得出下述定理：

定理 3.1 设 S 是向量空间 V 的非空子集. 若 S 对 V 的线性运算封闭，则 S 是向量空间.

若向量空间 V 的子集 S，按 V 的线性运算构成向量空间时，则称 S 是 V 的子空间.

例3 试证集合 $S=\left\{\boldsymbol{x}=(x_1,x_2,\cdots,x_n)\ \middle|\ \sum_{i=1}^{n}x_i=0,x_i\in\mathbf{R}\ (i=1,2,\cdots,n)\right\}$ 构成 $\mathbf{R}^n$ 的子空间.

证 显然 S 为 $\mathbf{R}^n$ 的一个非空子集，假设 $\boldsymbol{a}=(a_1,a_2,\cdots,a_n)$，$\boldsymbol{b}=(b_1,b_2,\cdots,b_n)$，$\boldsymbol{a}$、$\boldsymbol{b}\in S$，则有

$$\boldsymbol{a}+\boldsymbol{b}=(a_1+b_1,a_2+b_2,\cdots,a_n+b_n)$$
$$\lambda\boldsymbol{a}=(\lambda a_1,\lambda a_2,\cdots,\lambda a_n)$$

而
$$(a_1+b_1)+(a_2+b_2)+\cdots+(a_n+b_n)$$
$$=(a_1+a_2+\cdots+a_n)+(b_1+b_2+\cdots+b_n)=\mathbf{0}$$
$$\lambda a_1+\lambda a_2+\cdots+\lambda a_n=\lambda(a_1+a_2+\cdots+a_n)=\lambda\cdot\mathbf{0}=\mathbf{0}.$$
故
$$\boldsymbol{a}+\boldsymbol{b}\in S,\quad \lambda\boldsymbol{a}\in S,$$
即 S 对 $\mathbf{R}^n$ 的线性运算封闭,故由定理 3.1 知,S 为 $\mathbf{R}^n$ 的子空间.

例 4 已知向量空间 V 中的一向量组 $\boldsymbol{a}_1,\boldsymbol{a}_2,\cdots,\boldsymbol{a}_k$,由该向量组生成 V 的子集 $S=\left\{x \mid x=\sum_{i=1}^{k}\lambda_i a_i,\lambda_i\in\mathbf{R}\right\}$,试证 S 为 V 的子空间.

证 对任意的 $\boldsymbol{x}$、$\boldsymbol{y}\in S$,即有 $\lambda_1,\lambda_2,\cdots,\lambda_k$ 及 $\mu_1,\mu_2,\cdots,\mu_k$ 使
$$\boldsymbol{x}=\lambda_1\boldsymbol{a}_1+\lambda_2\boldsymbol{a}_2+\cdots+\lambda_k\boldsymbol{a}_k$$
$$\boldsymbol{y}=\mu_1\boldsymbol{a}_1+\mu_2\boldsymbol{a}_2+\cdots+\mu_k\boldsymbol{a}_k$$
作线性运算,可得
$$\boldsymbol{x}+\boldsymbol{y}=(\lambda_1+\mu_1)\boldsymbol{a}_1+(\lambda_2+\mu_2)\boldsymbol{a}_2+\cdots+(\lambda_k+\mu_k)\boldsymbol{a}_k$$
$$\omega\boldsymbol{x}=(\omega\lambda_1)\boldsymbol{a}_1+(\omega\lambda_2)\boldsymbol{a}_2+\cdots+(\omega\lambda_k)\boldsymbol{a}_k$$
可知 $\boldsymbol{x}+\boldsymbol{y}\in S,\omega\boldsymbol{x}\in S$,$S$ 对 V 的线性运算封闭. 由定理 3.1 知,S 为 V 的子空间.

我们将形如例 4 中的向量子空间 S,称为由向量组 $\boldsymbol{a}_1,\boldsymbol{a}_2,\cdots,\boldsymbol{a}_k$ 张成的子空间,记为 $\mathrm{Span}(\boldsymbol{a}_1,\boldsymbol{a}_2,\cdots,\boldsymbol{a}_k)$.

但是我们也要注意,并不是任何向量空间的子集都是向量空间.

例 5 试证 $\mathbf{R}^n$ 空间的向量子集 $S=\left\{\boldsymbol{x}=(x_1,x_2,\cdots,x_n)\;\middle|\;\sum_{i=1}^{n}x_i=1,x_i\in\mathbf{R}\,(i=1,2,\cdots,n)\right\}$ 不是 $\mathbf{R}^n$ 的子空间.

证 S 虽然是 $\mathbf{R}^n$ 的子集,假设 $\boldsymbol{a}=(a_1,a_2,\cdots,a_n)\in S,\lambda=2$,则有 $\lambda\boldsymbol{a}=(\lambda a_1,\lambda a_2,\cdots,\lambda a_n)=(2a_1,2a_2,\cdots,2a_n)$,而 $2a_1+2a_2+\cdots+2a_n=2(a_1+a_2+\cdots+a_n)=2\times1=2\neq1$,故 $\lambda\boldsymbol{a}\notin S$,即 S 对线性运算不封闭,故 S 不是 $\mathbf{R}^n$ 的子空间.

习题 3.1

1. 设 $\boldsymbol{x}=(5,4,1,0),\boldsymbol{y}=(0,2,7,3),\boldsymbol{z}=(3,0,2,9)$,求 $\boldsymbol{x}+\boldsymbol{y},\boldsymbol{x}-\boldsymbol{y},3\boldsymbol{x}-\boldsymbol{y}+2\boldsymbol{z}$.
2. 设 $\boldsymbol{x}=(2,3,7),\boldsymbol{y}=(4,0,2),\boldsymbol{z}=(1,0,2)$,求 $\boldsymbol{a}$,使 $2(\boldsymbol{x}-\boldsymbol{a})+3(\boldsymbol{y}+\boldsymbol{a})=\boldsymbol{z}$.
3. 试证 $\mathbf{R}^3$ 空间的子集 $S=\{\boldsymbol{x}=(x_1,x_2,x_3)\mid x_1=x_2=x_3\}$ 构成 $\mathbf{R}^3$ 的子空间.
4. 平面上过原点,且平行于某一固定向量的全体向量的集合,是否构成一个向量空间?

§3.2 向量组的线性相关性

3.2.1 线性相关与线性无关

由 §3.1 中例 4 可知,一向量空间 V 的某一向量组 $\boldsymbol{a}_1,\boldsymbol{a}_2,\cdots,\boldsymbol{a}_k$ 和一组实数 $\lambda_1,\lambda_2,\cdots,\lambda_k$ 通过线性运算
$$\lambda_1\boldsymbol{a}_1+\lambda_2\boldsymbol{a}_2+\cdots+\lambda\boldsymbol{a}_k \tag{3-1}$$

得到V中的一个向量，并且对于任意的$\lambda_1,\lambda_2,\cdots,\lambda_k$形如式(3-1)的向量集合$S$还张成$V$中的一个子空间. 例如在三维空间$\mathbf{R}^3$中，不共线的两个向量$\boldsymbol{a}_1,\boldsymbol{a}_2$，由$\lambda_1\boldsymbol{a}_1+\lambda_2\boldsymbol{a}_2$确定了一个与$\boldsymbol{a}_1,\boldsymbol{a}_2$共面的向量. 一般地，有如下定义：

定义 3.4　设$\boldsymbol{a}_1,\boldsymbol{a}_2,\cdots,\boldsymbol{a}_k$为$V$中的一组向量，$\lambda_1,\lambda_2,\cdots,\lambda_k$为一组实数，则称式(3-1)为向量$\boldsymbol{a}_1,\boldsymbol{a}_2,\cdots,\boldsymbol{a}_k$的线性组合，实数$\lambda_1,\lambda_2,\cdots,\lambda_k$称为这个线性组合的系数，若向量$\boldsymbol{b}$能表示为向量$\boldsymbol{a}_1,\boldsymbol{a}_2,\cdots,\boldsymbol{a}_k$的线性组合形式，则称向量$\boldsymbol{b}$可以由向量组$\boldsymbol{a}_1,\boldsymbol{a}_2,\cdots,\boldsymbol{a}_k$线性表示.

例如：$\mathbf{R}^n$空间中向量

$$\boldsymbol{x}=\begin{bmatrix}x_1\\x_2\\\vdots\\x_n\end{bmatrix}$$

可以写成

$$\boldsymbol{x}=\begin{bmatrix}x_1\\x_2\\\vdots\\x_n\end{bmatrix}=x_1\begin{bmatrix}1\\0\\\vdots\\0\end{bmatrix}+x_2\begin{bmatrix}0\\1\\0\\\vdots\\0\end{bmatrix}+\cdots+x_n\begin{bmatrix}0\\\vdots\\0\\1\end{bmatrix}.$$

所以$\mathbf{R}^n$中向量$\boldsymbol{x}$可以用

$$\boldsymbol{e}_1=\begin{bmatrix}1\\0\\\vdots\\0\\0\end{bmatrix},\quad \boldsymbol{e}_2=\begin{bmatrix}0\\1\\\vdots\\0\\0\end{bmatrix},\cdots,\boldsymbol{e}_n=\begin{bmatrix}0\\0\\\vdots\\0\\1\end{bmatrix}\tag{3-2}$$

线性表示 . $\boldsymbol{e}_1,\boldsymbol{e}_2,\cdots,\boldsymbol{e}_n$也称为$\mathbf{R}^n$空间的坐标向量.

对于V中一向量组$\boldsymbol{a}_1,\boldsymbol{a}_2,\cdots,\boldsymbol{a}_k$，其中某一向量如果能用其余$k-1$个向量线性表示，不妨设该向量为$\boldsymbol{a}_k$，则$\boldsymbol{a}_k$有如下的表达式

$$\boldsymbol{a}_k=\mu_1\boldsymbol{a}_1+\mu_2\boldsymbol{a}_2+\cdots+\mu_{k-1}\boldsymbol{a}_{k-1}$$

即

$$\mu_1\boldsymbol{a}_1+\mu_2\boldsymbol{a}_2+\cdots+\mu_{k-1}\boldsymbol{a}_{k-1}+(-1)\boldsymbol{a}_k=\boldsymbol{0}\tag{3-3}$$

我们取$\lambda_1=\mu_1,\lambda_2=\mu_2,\cdots,\lambda_{k-1}=\mu_{k-1},\lambda_k=-1$，则式(3-3)又可以写成如下的形式

$$\lambda_1\boldsymbol{a}_1+\lambda_2\boldsymbol{a}_2+\cdots+\lambda_k\boldsymbol{a}_k=\boldsymbol{0}\tag{3-4}$$

由此引入线性相关的概念.

定义 3.5　给定向量组$\boldsymbol{a}_1,\boldsymbol{a}_2,\cdots,\boldsymbol{a}_k$，若存在一组不全为零的实数$\lambda_1,\lambda_2,\cdots,\lambda_k$，能使式(3-4)成立，则称向量组$\boldsymbol{a}_1,\boldsymbol{a}_2,\cdots,\boldsymbol{a}_k$线性相关；若式(3-4)只能在$\lambda_1,\lambda_2,\cdots,\lambda_k$全为零时才能成立，则称向量组$\boldsymbol{a}_1,\boldsymbol{a}_2,\cdots,\boldsymbol{a}_k$为线性无关.

例 1　含有零向量的向量组一定线性相关.

证　假设含零向量的向量组为$\boldsymbol{a}_1,\boldsymbol{a}_2,\cdots,\boldsymbol{a}_k,\boldsymbol{0}$，则一定有下式成立：

$$0\cdot\boldsymbol{a}_1+0\cdot\boldsymbol{a}_2+\cdots+0\cdot\boldsymbol{a}_k+1\cdot\boldsymbol{0}=\boldsymbol{0}$$

即存在一组不全为零的实数 0,0,…,0,1 使上式成立. 故由定义 3.5 得知该向量组线性相关.

定理 3.2 向量组线性相关的充要条件是:其中至少有一个向量能用该向量组中其余向量线性表示.

证 设有向量组 $\boldsymbol{a}_1,\boldsymbol{a}_2,\cdots,\boldsymbol{a}_k(k\geqslant 2)$.

充分性:不妨假设 $\boldsymbol{a}_k$ 能用该向量组中其余向量线性表示,即

$$\boldsymbol{a}_k=\lambda_1\boldsymbol{a}_1+\lambda_2\boldsymbol{a}_2+\cdots+\lambda_{k-1}\boldsymbol{a}_{k-1},$$

上式可以写成

$$\lambda_1\boldsymbol{a}_1+\lambda_2\boldsymbol{a}_2+\cdots+\lambda_{k-1}\boldsymbol{a}_{k-1}+(-1)\boldsymbol{a}_k=\boldsymbol{0},$$

由于至少有一个 -1 不等于零,故依定义 3.5 知该向量组线性相关.

必要性:因向量组线性相关,由定义 3.5 知必存在 k 个不全为零的实数 $\lambda_1,\lambda_2,\cdots,\lambda_k$ 使下式成立

$$\lambda_1\boldsymbol{a}_1+\lambda_2\boldsymbol{a}_2+\cdots+\lambda_k\boldsymbol{a}_k=0$$

不妨假设 $\lambda_k\neq 0$,则有

$$\boldsymbol{a}_k=\left(-\frac{\lambda_1}{\lambda_k}\right)\boldsymbol{a}_1+\left(-\frac{\lambda_2}{\lambda_k}\right)\boldsymbol{a}_2+\cdots+\left(-\frac{\lambda_{k-1}}{\lambda_k}\right)\boldsymbol{a}_{k-1}$$

即 $\boldsymbol{a}_k$ 可以由其余 $k-1$ 个向量线性表示.

以上介绍了向量组的线性相关的概念,讨论向量组 $\boldsymbol{a}_1,\boldsymbol{a}_2,\cdots,\boldsymbol{a}_k$ 线性相关或线性无关时,在一般情况下是 $k\geqslant 2$,定理 3.2 就是两个或两个以上的向量的线性相关与线性表示之间的关系.但定义 3.5 对于 $k=1$ 的情形也同样适合.由于只有一个向量,于是当 $\boldsymbol{a}=\boldsymbol{0}$ 时,就说 $\boldsymbol{a}$ 线性相关,当 $\boldsymbol{a}\neq\boldsymbol{0}$ 时,就说 $\boldsymbol{a}$ 线性无关.

例 2 讨论向量 $\boldsymbol{a}_1=(1,1,1),\boldsymbol{a}_2=(1,2,1),\boldsymbol{a}_3=(1,0,0)$ 的线性相关性.

解 设有 $\lambda_1,\lambda_2,\lambda_3$ 使下式成立

$$\lambda_1\boldsymbol{a}_1+\lambda_2\boldsymbol{a}_2+\lambda_3\boldsymbol{a}_3=\boldsymbol{0}$$

即 $\lambda_1(1,1,1)+\lambda_2(1,2,1)+\lambda_3(1,0,0)=(0,0,0)$. $\lambda_1,\lambda_2,\lambda_3$ 应满足如下方程组:

$$\begin{cases}\lambda_1+\lambda_2+\lambda_3=0\\ \lambda_1+2\lambda_2\qquad=0\\ \lambda_1+\lambda_3\qquad=0\end{cases}$$

上述三元齐次线性方程组的系数行列式为

$$0=\begin{vmatrix}1&1&1\\1&2&0\\1&1&0\end{vmatrix}=-1\neq 0.$$

故方程组仅有零解 $\lambda_1=\lambda_2=\lambda_3=0$,所以 $\boldsymbol{a}_1,\boldsymbol{a}_2,\boldsymbol{a}_3$ 线性无关.

例 3 讨论向量 $\boldsymbol{a}_1=(-2,1,1),\boldsymbol{a}_2=(1,-2,1),\boldsymbol{a}_3=(1,1,-2)$ 的线性相关性.

解 设有 $\lambda_1,\lambda_2,\lambda_3$ 使

$$\lambda_1\boldsymbol{a}_1+\lambda_2\boldsymbol{a}_2+\lambda_3\boldsymbol{a}_3=\boldsymbol{0}$$

成立,即

$$\lambda_1(-2,1,1)+\lambda_2(1,-2,1)+\lambda_3(1,1,-2)=(0,0,0)$$

$\lambda_1,\lambda_2,\lambda_3$ 应满足方程组

$$\begin{cases}-2\lambda_1+\lambda_2+\lambda_3=0\\ \lambda_1-2\lambda_2+\lambda_3=0\\ \lambda_1+\lambda_2-2\lambda_3=0\end{cases}$$

上述三元齐次线性方程组系数行列式为

$$D=\begin{vmatrix}-2 & 1 & 1\\ 1 & -2 & 1\\ 1 & 1 & -2\end{vmatrix}=0$$

方程组有非零解.易求得 $\lambda_1=\lambda_2=\lambda_3=1$ 即为一解,因此有

$$\boldsymbol{a}_1+\boldsymbol{a}_2+\boldsymbol{a}_3=0$$

故所给向量 $\boldsymbol{a}_1,\boldsymbol{a}_2,\boldsymbol{a}_3$ 线性相关.

例 4 证明向量组 $k\boldsymbol{a},\boldsymbol{a},\boldsymbol{b}$ 线性相关.

证 因为 $k\boldsymbol{a}=k\cdot\boldsymbol{a}+\boldsymbol{0}\cdot\boldsymbol{b}$,$k\boldsymbol{a}$ 可以用 $\boldsymbol{a}$、$\boldsymbol{b}$ 线性表示,由定理 3.5 即得 $k\boldsymbol{a},\boldsymbol{a},\boldsymbol{b}$ 线性相关.

例 5 设向量组 $\boldsymbol{a}_1,\boldsymbol{a}_2,\cdots,\boldsymbol{a}_m(m\geqslant 2)$,且 $\boldsymbol{a}_m\neq\boldsymbol{0}$,对于任意的实数 $k_1,k_2,\cdots,k_{m-1}$ 有向量组

$$\boldsymbol{b}_1=\boldsymbol{a}_1+k_1\boldsymbol{a}_m,\quad \boldsymbol{b}_2=\boldsymbol{a}_2+k_2\boldsymbol{a}_m\quad,\cdots,\quad \boldsymbol{b}_{m-1}=\boldsymbol{a}_{m-1}+k_{m-1}\boldsymbol{a}_m.$$

则其线性无关的充分必要条件是 $\boldsymbol{a}_1,\boldsymbol{a}_2,\cdots,\boldsymbol{a}_m$ 线性无关.

证 充分性:已知 $\boldsymbol{a}_1,\boldsymbol{a}_2,\cdots,\boldsymbol{a}_m$ 线性无关,现假设有数 $l_1,l_2,\cdots,l_{m-1}$ 使

$$l_1\boldsymbol{b}_1+l_2\boldsymbol{b}_2+\cdots+l_{m-1}\boldsymbol{b}_{m-1}=\boldsymbol{0}$$

成立,将 $\boldsymbol{b}_i(i=1,2,\cdots,m-1)$ 的表达式代入上式,并经过整理可得

$$l_1\boldsymbol{a}_1+l_2\boldsymbol{a}_2+\cdots+l_{m-1}\boldsymbol{a}_{m-1}+(l_1k_1+l_2k_2+\cdots+l_{m-1}k_{m-1})\boldsymbol{a}_m=\boldsymbol{0},$$

由 $\boldsymbol{a}_1,\boldsymbol{a}_2,\cdots,\boldsymbol{a}_m$ 线性无关,必有

$$l_1=l_2=\cdots=l_{m-1}=0.$$

即 $\boldsymbol{b}_1,\boldsymbol{b}_2,\cdots,\boldsymbol{b}_{m-1}$ 线性无关.

必要性:要证 $\boldsymbol{a}_1,\boldsymbol{a}_2,\cdots,\boldsymbol{a}_m$ 线性无关,可以用反证法.

假若 $\boldsymbol{a}_1,\boldsymbol{a}_2,\cdots,\boldsymbol{a}_m$ 线性相关,则有不全为零的数 $l_1,l_2,\cdots,l_m$,使

$$l_1\boldsymbol{a}_1+l_2\boldsymbol{a}_2+\cdots+l_m\boldsymbol{a}_m=0$$

成立,不妨设 $l_1\neq$,则上式可以改写为

$$l_1\left(\boldsymbol{a}_1+\frac{l_m}{l_1}\boldsymbol{a}_m\right)+l_2\boldsymbol{a}_2+\cdots+l_{m-1}\boldsymbol{a}_{m-1}=\boldsymbol{0} \qquad (*)$$

由已知对任意实数 $k_1,k_2,\cdots,k_{m-1}$,向量组

$$\boldsymbol{b}_1=\boldsymbol{a}_1+k_1\boldsymbol{a}_m,\quad \boldsymbol{b}_2=\boldsymbol{a}_2+k_2\boldsymbol{a}_m,\cdots,\boldsymbol{b}_{m-1}=\boldsymbol{a}_{m-1}+k_{m-1}\boldsymbol{a}_m$$

均线性无关,因此取

$$k_1=\frac{l_m}{l_1},\quad k_2=k_3=\cdots=k_{m-1}=0$$

所得向量组

$$\boldsymbol{b}_1=\boldsymbol{a}_1+\frac{l_m}{l_1}\boldsymbol{a}_m,\quad \boldsymbol{b}_2=\boldsymbol{a}_2,\cdots,\boldsymbol{b}_{m-1}=\boldsymbol{a}_{m-1}$$

也应该线性无关.

但式(*)成立且 $l_1\neq 0$,即 $l_1,l_2,\cdots,l_{m-1}$ 不全为零,使

$$l_1\boldsymbol{b}_1+l_2\boldsymbol{b}_2+\cdots+l_{m-1}\boldsymbol{b}_{m-1}=\boldsymbol{0}$$

成立,这与 $\boldsymbol{b}_1,\boldsymbol{b}_2,\cdots,\boldsymbol{b}_{m-1}$ 线性无关矛盾,所以 $\boldsymbol{a}_1,\boldsymbol{a}_2,\cdots,\boldsymbol{a}_m$ 线性无关.

定理 3.3 设 $\boldsymbol{a}_1,\boldsymbol{a}_2,\cdots,\boldsymbol{a}_n$ 是 n 个 n 维行向量,$\boldsymbol{a}_i=(a_{i1},a_{i2},\cdots,a_{in})$,$i=1,2,\cdots,n$. 那

么，向量组 $\boldsymbol{a}_1,\boldsymbol{a}_2,\cdots,\boldsymbol{a}_n$ 线性无关的充分必要条件是

$$D=\begin{vmatrix} a_{11} & a_{12} & \cdots & a_{1n} \\ a_{21} & a_{22} & \cdots & a_{2n} \\ \vdots & \vdots & \cdots & \vdots \\ a_{n1} & a_{n2} & \cdots & a_{nn} \end{vmatrix}\neq 0.$$

证 充分性：设有 $\lambda_1,\lambda_2,\cdots,\lambda_n$ 使

$$\lambda_1\boldsymbol{a}_1+\lambda_2\boldsymbol{a}_2+\cdots+\lambda_n\boldsymbol{a}_n=\boldsymbol{0}$$

成立，则用分量表示，即得

$$\begin{cases} a_{11}\lambda_1+a_{21}\lambda_2+\cdots+a_{n1}\lambda_n=0 \\ a_{12}\lambda_1+a_{22}\lambda_2+\cdots+a_{n2}\lambda_n=0 \\ \vdots \qquad \vdots \qquad \vdots \qquad \vdots \\ a_{1n}\lambda_1+a_{2n}\lambda_2+\cdots+a_{nn}\lambda_n=0 \end{cases}$$

这个以 $\lambda_1,\lambda_2,\cdots,\lambda_n$ 为未知数的线性齐次方程组的系数矩阵行列式为 D^{T}，而 $D^{\mathrm{T}}=D\neq 0$，故该方程组仅有零解，即向量组 $\boldsymbol{a}_1,\boldsymbol{a}_2,\cdots,\boldsymbol{a}_n$ 线性无关.

必要性：对 n 用归纳法，当 $n=1$ 时显然成立. 假设对 $n-1$ 也成立，下面归纳证明结论对 n 也成立.

因为 $\boldsymbol{a}_1,\boldsymbol{a}_2,\cdots,\boldsymbol{a}_n$ 线性无关，由例 1 知一定无零向量，所以 $\boldsymbol{a}_n\neq\boldsymbol{0}$，不妨设分量 $a_{n1}\neq 0$. 将 D 的前 $n-1$ 行分别减去第 n 行的 $\frac{a_{i1}}{a_{n1}}$，得到

$$D=\begin{vmatrix} 0 & & & \\ \vdots & & D_1 & \\ 0 & & & \\ a_{n1} & a_{n2} & \cdots & a_{nn} \end{vmatrix}$$

此时，D 的前 $n-1$ 个行向量是 $\boldsymbol{b}_i=\boldsymbol{a}_i-\frac{a_{i1}}{a_{n1}}\boldsymbol{a}_n(i=1,2,\cdots,n-1)$，已知 $\boldsymbol{a}_1,\boldsymbol{a}_2,\cdots,\boldsymbol{a}_n$ 线性无关，由例 5 知 $\boldsymbol{b}_1,\boldsymbol{b}_2,\cdots,\boldsymbol{b}_{n-1}$ 也线性无关，由归纳假设 $\left|D_1\right|\neq 0$，于是得到 $\left|D\right|\neq 0$.

对于 $\boldsymbol{a}_i$ 为 n 个 n 维向量，定理 3.3 也同样成立.

对 n 个 n 维向量，定理 3.3 给出了完整的结论，若要讨论 m 个 n 维向量的线性相关性，就需要研究由 n 个方程组成的 m 元齐次线性方程组是否有非零解的问题. 关于这个问题，将在后续章节再详细讨论.

下面我们对两个向量组引入等价的关系.

定义 3.6 有两个向量组 $A:\boldsymbol{a}_1,\boldsymbol{a}_2,\cdots,\boldsymbol{a}_k$；$B:\boldsymbol{b}_1,\boldsymbol{b}_2,\cdots,\boldsymbol{b}_m$. 如果向量组 A 中每一个向量能用向量组 B 中向量线性表示，则称向量组 A 能由向量组 B 线性表示. 如果向量组 A 能由向量组 B 线性表示，且向量组 B 也能由向量组 A 线性表示，则称向量组 A 与向量组 B 等价.

向量组之间的这种关系，反映到齐次线性方程组，便有：若 A 组能由 B 组线性表示，则 B 组所对应的齐次线性方程组的解一定是 A 组所对应的齐次线性方程组的解；若 A 组与 B 组等价，则所对应的两个齐次线性方程组同解.

向量组之间的等价关系具有如下性质：

(1) 反身性：A 组与 A 组自身等价；

(2) 对称性：若 A 组与 B 组等价，则 B 组与 A 组等价；

(3) 传递性：若 A 组与 B 组等价，B 组与 C 组等价，则 A 组与 C 组等价.

在数学中，将具有上述三条性质的关系称为等价关系. 当两个线性方程组同解时，也称这两个线性方程组等价；当命题 A 是命题 B 的充分必要条件时，也称这两个命题等价.

3.2.2 线性相关性的判别

前面讲述了线性相关与线性无关，下面给出几个线性相关性的判别定理.

定理 3.4 有两个向量组

$$A_1: \boldsymbol{a}_1, \boldsymbol{a}_2, \cdots, \boldsymbol{a}_k;$$

$$A_2: \boldsymbol{a}_1, \boldsymbol{a}_2, \cdots, \boldsymbol{a}_k, \cdots, \boldsymbol{a}_m;$$

即向量组 A_1 为向量组 A_2 的一个部分组，那么：

(1) 若 A_1 是线性相关的向量组，则 A_2 也是线性相关的向量组；

(2) 若 A_2 是线性无关的向量组，则 A_1 也是线性无关的向量组.

我们指出，上述命题(1) 与命题(2) 是等价命题.

定理 3.4 的证明由线性相关性的定义即可完成，请读者自行证明.

例 6 已知向量 $\boldsymbol{a}_1 = (1,0,0,2,5,1)$，$\boldsymbol{a}_2 = (0,1,0,3,2,0)$，$\boldsymbol{a}_3 = (0,0,1,1,2,5)$，试证 $\boldsymbol{a}_1, \boldsymbol{a}_2, \boldsymbol{a}_3$ 线性无关.

证 增加三个向量 $\boldsymbol{a}_4, \boldsymbol{a}_5, \boldsymbol{a}_6$，分别为

$$\boldsymbol{a}_4 = (0,0,0,1,0,0)$$

$$\boldsymbol{a}_5 = (0,0,0,0,1,0)$$

$$\boldsymbol{a}_6 = (0,0,0,0,0,1)$$

组成行列式

$$D = \begin{vmatrix} 1 & 0 & 0 & 2 & 5 & 1 \\ 0 & 1 & 0 & 3 & 2 & 0 \\ 0 & 0 & 1 & 1 & 2 & 5 \\ 0 & 0 & 0 & 1 & 0 & 0 \\ 0 & 0 & 0 & 0 & 1 & 0 \\ 0 & 0 & 0 & 0 & 0 & 1 \end{vmatrix} = 1 \neq 0$$

由定理 3.3 可知向量组 $\boldsymbol{a}_1, \boldsymbol{a}_2, \boldsymbol{a}_3, \boldsymbol{a}_4, \boldsymbol{a}_5, \boldsymbol{a}_6$ 线性无关，又由定理 3.4 知其部分组 $\boldsymbol{a}_1, \boldsymbol{a}_2, \boldsymbol{a}_3$ 也线性无关.

定理 3.5 有两个列向量组

$$A: \boldsymbol{a}_1, \boldsymbol{a}_2, \cdots, \boldsymbol{a}_k$$

$$B: \boldsymbol{b}_1, \boldsymbol{b}_1, \cdots, \boldsymbol{b}_k$$

其中

$$\boldsymbol{a}_j = \begin{bmatrix} a_{1j} \\ a_{2j} \\ \vdots \\ a_{rj} \end{bmatrix}, \quad \boldsymbol{b}_j = \begin{bmatrix} a_{1j} \\ a_{2j} \\ \vdots \\ a_{rj} \\ \vdots \\ a_{nj} \end{bmatrix}, \quad j = 1,2,\cdots,k$$

即 $\boldsymbol{b}_j$ 是由 $\boldsymbol{a}_j$ 加上 $n-r$ 个分量而得，那么：

(1) 若 A 是线性无关的向量组，则 B 也是线性无关的向量组；

(2) 若 B 是线性相关的向量组，则 A 也是线性相关的向量组.

证 (1) 记 $\boldsymbol{A}=(\boldsymbol{a}_1,\boldsymbol{a}_2,\cdots,\boldsymbol{a}_k)$，$\boldsymbol{B}=(\boldsymbol{b}_1,\boldsymbol{b}_2,\cdots,\boldsymbol{b}_k)$，$\boldsymbol{A},\boldsymbol{B}$ 均为 k 个向量组成的矩阵. 因为向量组 A 为线性无关组，故方程组 $\boldsymbol{Ax}=\boldsymbol{0}$ 只有零解，而方程组 $\boldsymbol{Bx}=\boldsymbol{0}$ 的前 r 个方程即是 $\boldsymbol{Ax}=\boldsymbol{0}$ 的 r 个方程，由 $\boldsymbol{Ax}=\boldsymbol{0}$ 只有零解，因此方程组 $\boldsymbol{Bx}=\boldsymbol{0}$ 也只有零解，即向量组 B 线性无关.

(2) 的证明请读者自证.

定理 3.5 给出的结论对于行向量组也同样成立. 定理 3.5 其实是将一个向量组的分量同时进行"截短"或"加长"，然后由"截短"或"加长"后所得的向量组的线性相关性来讨论原向量组的线性相关性.

我们可以用定理 3.5 来重新证明例 6. 将例 6 中向量 $\boldsymbol{a}_1,\boldsymbol{a}_2,\boldsymbol{a}_3$ 都分别截去第 4,5,6 个分量，得到 $\boldsymbol{b}_1=(1,0,0)$，$\boldsymbol{b}_2=(0,1,0)$，$\boldsymbol{b}_3=(0,0,1)$，显然 $\boldsymbol{b}_1,\boldsymbol{b}_2,\boldsymbol{b}_3$ 线性无关，故可以得出 $\boldsymbol{a}_1,\boldsymbol{a}_2,\boldsymbol{a}_3$ 也线性无关的结论.

定理 3.6 当 $k>n$ 时，k 个 n 维向量组必然线性相关.

证 设 k 个 n 维向量组为 $\boldsymbol{a}_1,\boldsymbol{a}_2,\cdots,\boldsymbol{a}_k$，由于 $k>n$，取前 n 个向量 $\boldsymbol{a}_1,\boldsymbol{a}_2,\cdots,\boldsymbol{a}_n$，如果线性相关，则由定理 3.4 知，$\boldsymbol{a}_1,\boldsymbol{a}_2,\cdots,\boldsymbol{a}_n,\cdots,\boldsymbol{a}_k$ 也线性相关.

如果 $\boldsymbol{a}_1,\boldsymbol{a}_2,\cdots,\boldsymbol{a}_n$ 线性无关，则考察方程组

$$(\boldsymbol{a}_1,\boldsymbol{a}_2,\cdots,\boldsymbol{a}_n)\boldsymbol{x}=\boldsymbol{a}_{n+1}$$

由定理 3.3，系数行列式不等于零而有非零解，即 $\boldsymbol{a}_{n+1}$ 可以用 $\boldsymbol{a}_1,\boldsymbol{a}_2,\cdots,\boldsymbol{a}_n$ 线性表示，故 $\boldsymbol{a}_1,\boldsymbol{a}_2,\cdots,\boldsymbol{a}_n,\boldsymbol{a}_{n+1}$ 线性相关，因此 $\boldsymbol{a}_1,\boldsymbol{a}_2,\cdots,\boldsymbol{a}_n,\cdots,\boldsymbol{a}_k$ 也线性相关.

定理 3.7 设有两个向量组

$$A:\boldsymbol{a}_1,\boldsymbol{a}_2,\cdots,\boldsymbol{a}_k$$
$$B:\boldsymbol{b}_1,\boldsymbol{b}_2,\cdots,\boldsymbol{b}_m$$

如果 A 为线性无关的向量组，且 A 组能由 B 组线性表示，则 A 所含向量个数 k 不大于 B 中所含的向量个数 m，即 $k\leqslant m$.

证 由于 A 组能用 B 组线性表示，即对于每个 $\boldsymbol{a}_j$ 有 m 个实数 $c_{1j},c_{2j},\cdots,c_{mj}$，使

$$\boldsymbol{a}_j=c_{1j}\cdot\boldsymbol{b}_1+c_{2j}\cdot\boldsymbol{b}_2+\cdots+c_{mj}\boldsymbol{b}_m \quad (j=1,2,\cdots,k)$$

成立，将 k 个线性组合表达式写成矩阵形式得

$$(\boldsymbol{a}_1,\boldsymbol{a}_2,\cdots,\boldsymbol{a}_k)=(\boldsymbol{b}_1,\boldsymbol{b}_2,\cdots,\boldsymbol{b}_m)\begin{bmatrix} c_{11} & c_{12} & \cdots & c_{1k} \\ c_{21} & c_{22} & \cdots & c_{2k} \\ \vdots & \vdots & \cdots & \vdots \\ c_{m1} & c_{m2} & \cdots & c_{mk} \end{bmatrix}$$

将矩阵 $\boldsymbol{c}$ 记为 $\boldsymbol{c}=(c_{ij})=(\boldsymbol{c}_1,\boldsymbol{c}_2,\cdots,\boldsymbol{c}_k)$.

用反证法证明. 假设 $k>m$，矩阵 $\boldsymbol{c}$ 的 k 个列向量为 m 维，且 $k>m$. 由定理 3.6，这 k 个 m 维列向量线性相关，于是存在 k 个不全为零的数 $\lambda_1,\lambda_2,\cdots,\lambda_k$ 使 $\lambda_1\boldsymbol{c}_1+\lambda_2\boldsymbol{c}_2+\cdots+\lambda_k\boldsymbol{c}_k=0$，即

$$(c_1,c_2,\cdots,c_k)\begin{bmatrix}\lambda_1\\ \lambda_2\\ \vdots\\ \lambda_k\end{bmatrix}=\mathbf{0}$$

故有

$$\lambda_1\boldsymbol{a}_1+\lambda_2\boldsymbol{a}_2+\cdots+\lambda_k\boldsymbol{a}_k=(\boldsymbol{a}_1,\boldsymbol{a}_2,\cdots,\boldsymbol{a}_k)\begin{bmatrix}\lambda_1\\ \lambda_2\\ \vdots\\ \lambda_k\end{bmatrix}$$

$$=(\boldsymbol{b}_1,\boldsymbol{b}_2,\cdots,\boldsymbol{b}_m)(c_1,c_2,\cdots,c_k)\begin{bmatrix}\lambda_1\\ \lambda_2\\ \vdots\\ \lambda_k\end{bmatrix}=\mathbf{0}$$

于是有 $\boldsymbol{a}_1,\boldsymbol{a}_2,\cdots,\boldsymbol{a}_k$ 线性相关，这与题设矛盾，因而 $k\leqslant m$.

3.2.3　最大线性无关组

向量空间 V 中任一向量集合即向量组不一定是线性无关的，例如空间 $\mathbf{R}^3$ 中一向量组 $\boldsymbol{a}_1,\boldsymbol{a}_2,\boldsymbol{a}_3,\boldsymbol{a}_4$，

$$\boldsymbol{a}_1=\begin{pmatrix}1\\0\\0\end{pmatrix},\quad \boldsymbol{a}_2=\begin{pmatrix}1\\1\\0\end{pmatrix},\quad \boldsymbol{a}_3=\begin{pmatrix}3\\3\\0\end{pmatrix},\quad \boldsymbol{a}_4=\begin{pmatrix}3\\2\\0\end{pmatrix}$$

容易看出向量组是线性相关的，并且任意三个向量的向量组也是线性相关的，但两个向量的向量组中，$\{\boldsymbol{a}_1,\boldsymbol{a}_2\}$，$\{\boldsymbol{a}_1,\boldsymbol{a}_3\}$，$\{\boldsymbol{a}_1,\boldsymbol{a}_4\}$，$\{\boldsymbol{a}_2,\boldsymbol{a}_4\}$，$\{\boldsymbol{a}_3,\boldsymbol{a}_4\}$ 均为线性无关的向量组，并且这样的线性无关组具有以下两个特点：

(1) 向量组自身线性无关；

(2) 再加上原向量组中的任一向量而形成的新向量组必线性相关.

我们称具有这两个特点的向量组为原向量组的最大线性无关组. 一般我们可以如下定义：

定义 3.7　设向量组 $B:\boldsymbol{b}_1,\boldsymbol{b}_2,\cdots,\boldsymbol{b}_r$ 是向量组 $A:\boldsymbol{a}_1,\boldsymbol{a}_2,\cdots,\boldsymbol{a}_k$ 的线性无关的部分组，并且在 A 中任取一向量加到 B 中所得到的部分组是线性相关的，则称 B 是 A 的最大线性无关组.

定理 3.8　向量组 A 中的任何向量，都能用 A 中的任一最大线性无关组的向量线性表示.

请读者由定义 3.7 自证定理 3.8.

一个向量组的最大线性无关组一般不是惟一的，前述的 $\mathbf{R}^3$ 中的向量组中，有 5 个最大线性无关组，但这些线性无关组的向量所含个数却都等于 2.

定理 3.9　对于给定的一个向量组，其所有最大线性无关组所包含的向量个数相等.

证　任取向量组中的两个最大无关组

$$A:\boldsymbol{a}_1,\boldsymbol{a}_2,\cdots,\boldsymbol{a}_r$$

与

$$B:\ \boldsymbol{b}_1,\boldsymbol{b}_2,\cdots,\boldsymbol{b}_s$$

因 A 组是最大线性无关组，又因为 B 组也是最大线性无关组，所以 A 中任一向量可以由 B 组中向量线性表示，由定理 3.7 知 $r \leqslant s$. 同理也可以得到 $s \leqslant r$，于是 $r = s$，即最大线性无关组包含的向量个数相等.

从以上讨论可见，对于一个向量组，最大线性无关组虽不止一个，但它们所含向量的个数却不变.

定义 3.8 一个向量组的最大线性无关组所包含的向量个数称为这个向量的秩，并且规定只含零向量的向量组其秩为零.

定理 3.10 两个向量组 A：$\boldsymbol{a}_1, \boldsymbol{a}_2, \cdots, \boldsymbol{a}_r$；$B$：$\boldsymbol{b}_1, \boldsymbol{b}_2, \cdots, \boldsymbol{b}_s$，若 A 组能用 B 组线性表示，则 A 组的秩 r_1 不超过 B 组的秩 r_2，即 $r_1 \leqslant r_2$.

证 设 A 组与 B 组的两个最大线性无关组分别为

$$A_1: \boldsymbol{a}_{i1}, \boldsymbol{a}_{i2}, \cdots, \boldsymbol{a}_{ir_1}$$

$$B_1: \boldsymbol{b}_{i1}, \boldsymbol{b}_{i2}, \cdots, \boldsymbol{b}_{ir_2}$$

由最大线性无关组的定义及所给的条件知，A 组可以用 B 组线性表示，即可以由 B_1 组线性表示，A_1 是 A 的部分组，所以 A_1 组可以由 B_1 组线性表示，而 A_1 组线性无关，由定理 3.7 得 $r_1 \leqslant r_2$.

下面讲述用初等变换的方法来求出有限向量组的最大线性无关组，并求出向量组的秩.

例 7 证明：由列向量组组成的矩阵，经过行初等变换后得到的矩阵的列向量组与原列向量组具有相同的线性相关性.

证 设有列向量组 $\boldsymbol{a}_1, \boldsymbol{a}_2, \cdots, \boldsymbol{a}_m$ 组成矩阵

$$\boldsymbol{A} = (\boldsymbol{a}_1, \boldsymbol{a}_2, \cdots, \boldsymbol{a}_m)$$

对矩阵 $\boldsymbol{A}$ 进行行初等变换，由 §2.4 可知，相当于对 $\boldsymbol{A}$ 左乘了一个初等方阵 $\boldsymbol{P}$，得

$$\boldsymbol{PA} = \boldsymbol{B} = (\boldsymbol{b}_1, \boldsymbol{b}_2, \cdots, \boldsymbol{b}_m)$$

向量组 $\boldsymbol{a}_1, \boldsymbol{a}_2, \cdots, \boldsymbol{a}_m$ 的线性相关性，即是齐次线性方程组 $\boldsymbol{Ax} = \boldsymbol{0}$ 是否有非零解，若有非零解，则线性相关；若仅有零解，则线性无关.

又由 $\boldsymbol{Bx} = \boldsymbol{0}$，可得 $\boldsymbol{PAx} = \boldsymbol{0}$，由于 $\boldsymbol{P}$ 为初等方阵，$\left|\boldsymbol{P}\right| \neq 0$，又可以化为 $\boldsymbol{Ax} = \boldsymbol{0}$. 所以 $\boldsymbol{Ax} = \boldsymbol{0}$ 与 $\boldsymbol{Bx} = \boldsymbol{0}$ 为同解方程，即同时为有非零解或仅有零解，可以得到向量组 $\boldsymbol{a}_1, \boldsymbol{a}_2, \cdots, \boldsymbol{a}_m$ 与向量组 $\boldsymbol{b}_1, \boldsymbol{b}_2, \cdots, \boldsymbol{b}_m$ 有相同的线性相关性.

类似地，还可以证明：由行向量组组成的矩阵，经过列的初等变换后所得矩阵的行向量组与原行向量组有相同的线性相关性.

例 8 求下列向量组的最大无关组与秩.

$$\boldsymbol{a}_1 = (1,0,0,1,4),$$
$$\boldsymbol{a}_2 = (0,1,0,2,5),$$
$$\boldsymbol{a}_3 = (0,0,1,3,6),$$
$$\boldsymbol{a}_4 = (1,2,3,14,32),$$
$$\boldsymbol{a}_5 = (4,5,6,32,77).$$

解 对以 $\boldsymbol{a}_1, \boldsymbol{a}_2, \boldsymbol{a}_3, \boldsymbol{a}_4, \boldsymbol{a}_5$ 为行向量的矩阵作行的初等变换.

$$A=\begin{bmatrix}1&0&0&1&4\\0&1&0&2&5\\0&0&1&3&6\\1&2&3&14&32\\4&5&6&32&77\end{bmatrix}\xrightarrow[r_5+(-4)r_1]{r_4+(-1)r_1}\begin{bmatrix}1&0&0&1&4\\0&1&0&2&5\\0&0&1&3&6\\0&2&3&13&28\\0&5&6&28&61\end{bmatrix}\xrightarrow[r_5+(-5)r_2]{r_4+(-2)r_2}$$

$$\begin{bmatrix}1&0&0&1&4\\0&1&0&2&5\\0&0&1&3&6\\0&0&3&9&18\\0&0&6&18&36\end{bmatrix}\xrightarrow[r_5+(-6)r_3]{r_4+(-3)r_3}\left[\begin{array}{ccc|cc}1&0&0&1&4\\0&1&0&2&5\\0&0&1&3&6\\0&0&0&0&0\\0&0&0&0&0\end{array}\right]=B$$

矩阵 A 与矩阵 B 的列向量组有完全相同的线性相关性，而矩阵 B 中 1,2,3 列线性无关，是最大无关组. 故而原向量组的一个最大无关组为 a_1,a_2,a_3，且秩为 3.

显然，从矩阵 B 中我们还可以看出最大线性无关组不是惟一的.

定理 3.11 等价的向量组有相同的秩.

由定理 3.10 与等价的定义即可证，请读者自证.

定理 3.12 向量组与其自身的最大无关组等价.

证 假设向量组为 $A:a_1,a_2,\cdots,a_n$，其中一个最大无关组为 $A_r:a_{i1},a_{i2},\cdots,a_{ir}$，$A_r$ 为 A 的部分组. 显然，A_r 组能用 A 组线性表示，又因为 A_r 是 A 的最大无关组，任取 A 中一个向量，由定理 3.8 可知该向量可以由 A_r 中向量线性表示，即 A 组能用 A_r 组线性表示，所以 A 组与 A_r 组等价.

习题 3.2

1. 判别下列向量组是否线性相关：

(1)(1,1,0),(0,1,1),(3,0,0);

(2)(1,1,3),(2,4,5),(1,−1,0),(2,2,6);

(3)(2,1),(3,4),(−1,3);

(4)(2,−1,7,3),(1,4,11,−2),(3,−6,3,8);

(5)(1,0,0,2),(2,1,0,3),(3,0,1,5).

2. 将 b 表示为 a_1,a_2,a_3 的线性组合：

(1)$a_1=(1,1,-1)$, $a_2=(1,2,1)$, $a_3=(0,0,1)$, $b=(1,0,-2)$;

(2)$a_1=(1,2,3)$, $a_2=(1,0,4)$, $a_3=(1,3,1)$, $b=(3,1,11)$;

(3)$a_1=(-1,2,3,1)$, $a_2=(1,0,2,3)$, $a_3=(-1,-1,2,2)$, $b=(0,7,11,7)$.

3. 已知 a_1,a_2,a_3 线性无关，根据定义讨论 b_1,b_2,b_3 的线性相关性：

(1)$b_1=a_2+a_3$, $b_2=a_1+2a_2+a_3$, $b_3=a_1-a_2$;

(2)$b_1=2a_1+3a_2+a_3$, $b_2=a_1+7a_3$, $b_3=5a_1+6a_2+9a_3$.

4. 设向量组 $a_1,a_2,\cdots,a_n$ 线性无关，对于向量组 $a_1+a_2,a_2+a_3,\cdots,a_{n-1}+a_n,a_n+a$，试证当 n 为奇数时线性无关；当 n 为偶数时线性相关.

5. 设向量组 A_1 与向量组 A_2，其中 A_1 为 A_2 的部分组，证明：若 A_1 组线性相关，则 A_2 组也线性相关；若 A_2 组线性无关，则 A_1 组也线性无关.

6. 设 $\boldsymbol{b}_j=(a_{1j},a_{2j},\cdots,a_{rj},\cdots,a_{nj})^{\mathrm{T}}(j=1,2,\cdots,k)$ 线性相关，若对 $\boldsymbol{b}_j$ 去掉最后 $n-r$ 个分量得到 $\boldsymbol{a}_j=(a_{1j},a_{2j},\cdots,a_{rj})^{\mathrm{T}}(j=1,2,\cdots,k)$，证明：$\boldsymbol{a}_1,\boldsymbol{a}_2,\cdots,\boldsymbol{a}_k$ 也线性相关.

7. 求向量组的最大线性无关组，并将不包含在该最大无关组中的所有向量用最大无关组表示：

(1) $\boldsymbol{a}_1=(2,3,1,0),\boldsymbol{a}_2=(0,1,7,6),\boldsymbol{a}_3=(4,5,-5,6)$；

(2) $\boldsymbol{a}_1=(1,2,-1,3),\boldsymbol{a}_2=(0,1,2,-1),\boldsymbol{a}_3=(3,7,-1,8);\boldsymbol{a}_4=(-1,0,5,-5)$.

8. 利用初等变换求下列矩阵的列向量组的一个最大无关组和列向量组的秩.

$$(1)\begin{bmatrix}6&1&1&7\\4&0&4&1\\1&2&-9&0\\-1&3&-16&-1\\2&-4&22&3\end{bmatrix};\quad(2)\begin{bmatrix}14&12&6&8&2\\6&104&12&9&17\\7&6&3&4&1\\35&30&15&20&5\end{bmatrix}.$$

9. 证明等价的向量组有相同的秩.

10. 已知两个向量组有相同的秩，且其中一组能用另一组线性表示，证明这两个向量组等价.

§3.3 基、维数与坐标

3.3.1 向量空间的基与维数

在 §3.1 中对向量空间下了定义后，在 §3.2 中我们讨论了向量之间的线性相关性，知道任何一个向量组有最大线性无关组. 这样的线性无关组虽不惟一，但所含的向量个数相同. 我们将这个结果推广到向量空间，就向量空间中的元素（也就是向量）来讨论其相关性，将向量空间中所有元素的集合看成一个向量组，讨论最大线性无关组，即得到下面基与维数的定义.

定义 3.9 向量空间 V 中，任一最大线性无关组称为向量空间的一组基，最大线性无关组中所有向量都称为基向量，所包含的向量个数称为向量空间的维数，并且规定：只含零向量的向量空间称为零空间，其维数是零.

要注意的是，向量空间的维数与向量的维数是两个完全不同的概念，向量的维数是向量所含个数或分量的个数，n 维向量表示 n 个数的数组；向量空间的维数是向量空间中最大线性无关组所包含的向量的个数，也就是基向量的个数.

显然，向量空间的基也不止一组，但向量空间的维数却是一定的.

定理 3.13 若 $\boldsymbol{a}_1,\boldsymbol{a}_2,\cdots,\boldsymbol{a}_k$ 和 $\boldsymbol{b}_1,\boldsymbol{b}_2,\cdots,\boldsymbol{b}_m$ 是向量空间 V 的任意两组基，则有 $k=m$.

证 因为 $\boldsymbol{a}_1,\boldsymbol{a}_2,\cdots,\boldsymbol{a}_k$ 和 $\boldsymbol{b}_1,\boldsymbol{b}_2,\cdots,\boldsymbol{b}_m$ 是向量空间 V 的两组基，所以，它们是 V 的最大线性无关组，由定理 3.9，它们有相同的向量个数，即 $k=m$.

例 1 求空间 $\mathbf{R}^n$ 的维数.

解 考察一个向量组 $E:\boldsymbol{e}_1,\boldsymbol{e}_2,\cdots,\boldsymbol{e}_n$，其中

$$\boldsymbol{e}_1=\begin{bmatrix}1\\0\\\vdots\\0\end{bmatrix},\quad\boldsymbol{e}_2=\begin{bmatrix}0\\1\\\vdots\\0\end{bmatrix},\cdots,\boldsymbol{e}_n=\begin{bmatrix}0\\0\\\vdots\\1\end{bmatrix}$$

以 $e_1,e_2,\cdots,e_n$ 为列向量的矩阵为单位矩阵 $\boldsymbol{E}=(e_1,e_2,\cdots,e_n)$ 而 $|\boldsymbol{E}|=1\neq 0$，所以，$\boldsymbol{E}$ 为线性无关的向量组.

又因为 $\mathbf{R}^n$ 中任一向量 $\boldsymbol{x}=(x_1,x_2,\cdots,x_n)^{\mathrm{T}}$ 可以用 $e_1,e_2,\cdots,e_n$ 线性表示为

$$\boldsymbol{x}=\begin{bmatrix}x_1\\x_2\\\vdots\\x_n\end{bmatrix}=x_1\begin{bmatrix}1\\0\\\vdots\\0\end{bmatrix}+x_2\begin{bmatrix}0\\1\\\vdots\\0\end{bmatrix}+\cdots+x_n\begin{bmatrix}0\\0\\\vdots\\1\end{bmatrix}=x_1e_1+x_2e_2+\cdots+x_ne_n$$

所以，$e_1,e_2,\cdots,e_n$ 为空间 $\mathbf{R}^n$ 的一个最大线性无关组，即是 $\mathbf{R}^n$ 的一组基，从而得到 $\mathbf{R}^n$ 的维数也是 n.

例 1 中基的取法其实是解析几何中坐标向量的推广，在 $\mathbf{R}^2$ 中 $\boldsymbol{i}=\begin{pmatrix}1\\0\end{pmatrix},\boldsymbol{j}=\begin{pmatrix}0\\1\end{pmatrix}$ 线性无关，任意向量 $\begin{pmatrix}x\\y\end{pmatrix}=x\begin{pmatrix}1\\0\end{pmatrix}+y\begin{pmatrix}0\\1\end{pmatrix}=x\boldsymbol{i}+y\boldsymbol{j}$ 为 $\boldsymbol{i}$、$\boldsymbol{j}$ 的线性组合. 在 $\mathbf{R}^3$ 中也同样，推广到 $\mathbf{R}^n$ 后即为例 1 中的向量组 $\boldsymbol{E}$，任意向量 $\boldsymbol{x}=x_1e_1+x_2e_2+\cdots+x_ne_n$，由于 $\boldsymbol{x}$ 的任一分量 x_i 恰好为第 i 个基向量 e_i 的组合系数，所以，我们也称 $e_1,e_2,\cdots,e_n$ 为 $\mathbf{R}^n$ 的标准基.

定理 3.14 任意 n 个线性无关的 n 维向量组均为空间 $\mathbf{R}^n$ 的基.

证 假设 $a_1,a_2,\cdots,a_n$ 为线性无关的 n 维向量组，即 $a_i\in\mathbf{R}^n(i=1,2,\cdots,n)$，在 $\mathbf{R}^n$ 中再任取一向量 $a_{n+1}\in\mathbf{R}^n$，组成向量组 $a_1,a_2,\cdots,a_n,a_{n+1}$，由于向量个数 $(n+1)$ 大于向量维数 n，由定理 3.6 知必定线性相关，即 a_{n+1} 可以由向量组 $a_1,a_2,\cdots,a_n$ 线性表示，所以向量组 a_1，$a_2,\cdots,a_n$ 是一最大线性无关组，也为 $\mathbf{R}^n$ 的一组基.

例 2 证明 n 维向量组

$$a_1=\begin{bmatrix}1\\0\\\cdots\\0\end{bmatrix},\quad a_2=\begin{bmatrix}1\\1\\\cdots\\0\end{bmatrix},\cdots,a_n=\begin{bmatrix}1\\1\\\vdots\\1\end{bmatrix}$$

是 $\mathbf{R}^n$ 的基.

证 因为以 $a_1,a_2,\cdots,a_n$ 为列向量组成的矩阵的行列式

$$\begin{vmatrix}1&1&\cdots&1\\0&1&\cdots&1\\\vdots&\vdots&\cdots&\vdots\\0&0&\cdots&1\end{vmatrix}=1\neq 0$$

所以，$a_1,a_2,\cdots,a_n$ 线性无关，由定理 3.14 知 $a_1,a_2,\cdots,a_n$ 必为空间 $\mathbf{R}^n$ 的基.

定理 3.15 若 S 是空间 $\mathbf{R}^n$ 的任一子空间，S 的维数记为 $\dim S$，则 $\dim S\leqslant n$.

请读者自行证明.

在 §3.1 中讲过，空间中 k 个向量的线性组合形成一子空间，我们称之为由这 k 个向量生成的子空间.

例 3 向量空间 $V_1=\mathrm{Span}(a_1,a_2,a_3)$，其中 $a_1=(1,2,1,3)$，$a_2=(4,-1,-5,-6)$，$a_3=(1,-3,-4,-7)$，试求空间 V_1 的维数与一组基.

解 由于 $V_1=\{\boldsymbol{x}\mid \boldsymbol{x}=\lambda_1\boldsymbol{a}_1+\lambda_2\boldsymbol{a}_2+\lambda_3\boldsymbol{a}_3,\lambda_1\lambda_2\lambda_3\in\mathbf{R}\}$，故知 V_1 中任一向量 $\boldsymbol{x}$ 皆可以由 $\boldsymbol{a}_1,\boldsymbol{a}_2,\boldsymbol{a}_3$ 线性表示，所以，我们只需求出 $\boldsymbol{a}_1,\boldsymbol{a}_2,\boldsymbol{a}_3$ 的最大线性无关组即为一组基，秩即为 V_1 的维数.

将 $\boldsymbol{a}_1,\boldsymbol{a}_2,\boldsymbol{a}_3$ 写成列向量矩阵，并作行的初等变换，有

$$\begin{bmatrix}1&4&1\\2&-1&-3\\1&-5&-4\\3&-6&-7\end{bmatrix}\xrightarrow[r_4+(-3)r_1]{\substack{r_2+(-2)r_1\\r_3+(-1)r_1}}\begin{bmatrix}1&4&1\\0&-9&-5\\0&-9&-5\\0&-18&-10\end{bmatrix}\xrightarrow{\substack{r_3+(-1)r_2\\r_4+(-2)r_2}}\begin{bmatrix}1&4&1\\0&-9&-5\\0&0&0\\0&0&0\end{bmatrix}$$

列向量组的秩为 2，$\boldsymbol{a}_1,\boldsymbol{a}_2$ 为最大线性无关组，故得空间 V_1 为二维空间，$\boldsymbol{a}_1,\boldsymbol{a}_2$ 为一组基.

3.3.2 向量的坐标

向量空间除了零空间只有一个零元素之外，通常都有无穷多个元素，现在我们需要将这无穷多个元素表示出来，就产生了坐标的概念，为了引进坐标的定义，我们先证明一个定理.

定理 3.16 如果空间 V 中有一组线性无关的向量 $\boldsymbol{b}_1,\boldsymbol{b}_2,\cdots,\boldsymbol{b}_m$ 和一个向量 $\boldsymbol{a}$，而 $\boldsymbol{a},\boldsymbol{b}_1,\boldsymbol{b}_2,\cdots,\boldsymbol{b}_m$ 线性相关，则 $\boldsymbol{a}$ 可以由向量组 $\boldsymbol{b}_1,\boldsymbol{b}_2,\cdots,\boldsymbol{b}_m$ 线性表示，且表示法是惟一的.

证 因为 $\boldsymbol{a},\boldsymbol{b}_1,\boldsymbol{b}_2,\cdots,\boldsymbol{b}_m$ 是线性相关的，所以存在不全为零的实数 $\lambda_0,\lambda_1,\cdots,\lambda_m$，使

$$\lambda_0\boldsymbol{a}+\lambda_1\boldsymbol{b}_1+\lambda_2\boldsymbol{b}_2+\cdots+\lambda_m\boldsymbol{b}_m=\boldsymbol{0}$$

成立. 如果 $\lambda_0=0$，则有不全为零的 $\lambda_1,\lambda_2,\cdots,\lambda_m$ 使

$$\lambda\boldsymbol{b}_1+\lambda_2\boldsymbol{b}_2+\cdots+\lambda_m\boldsymbol{b}_m=\boldsymbol{0}$$

就有 $\boldsymbol{b}_1,\boldsymbol{b}_2,\cdots,\boldsymbol{b}_m$ 线性相关，这与题设条件矛盾，因此 $\lambda_0\neq0$，故有

$$\boldsymbol{a}=-\frac{\lambda_1}{\lambda_0}\boldsymbol{b}_1-\frac{\lambda_2}{\lambda_0}\boldsymbol{b}_2-\cdots-\frac{\lambda_m}{\lambda_0}\boldsymbol{b}_m$$

下面证明表示法是惟一的.

反证法. 如果有两种表示法

$$\boldsymbol{a}=\beta_1\boldsymbol{b}_1+\beta_2\boldsymbol{b}_2+\cdots+\beta_m\boldsymbol{b}_m$$
$$\boldsymbol{a}=\gamma_1\boldsymbol{b}_1+\gamma_2\boldsymbol{b}_2+\cdots+\gamma_m\boldsymbol{b}_m$$

将以上两式相减得到

$$(\beta_1-\gamma_1)\boldsymbol{b}_1+(\beta_2-\gamma_2)\boldsymbol{b}_2+\cdots+(\beta_m-\gamma_m)\boldsymbol{b}_m=\boldsymbol{0}$$

因为 $\boldsymbol{b}_1,\boldsymbol{b}_2,\cdots,\boldsymbol{b}_m$ 线性无关. 所以 $\beta_i=\gamma_i \quad (i=1,2,\cdots,m)$ 故表示法惟一.

现在我们给出向量坐标的定义：

定义 3.10 设 $\boldsymbol{a}_1,\boldsymbol{a}_2,\cdots,\boldsymbol{a}_m$ 是向量空间 V 的一组基，对于 V 中任一元素 $\boldsymbol{a}\in V$ 有

$$\boldsymbol{a}=x_1\boldsymbol{a}_1+x_2\boldsymbol{a}_2+\cdots+x_m\boldsymbol{a}_m$$

$x_1,x_2,\cdots,x_m$ 这组有序数称为元素 a 在基 $\boldsymbol{a}_1,\boldsymbol{a}_2,\cdots,\boldsymbol{a}_m$ 下的坐标，并记为

$$\boldsymbol{a}=(x_1,x_2,\cdots,x_m).$$

由定理 3.16 可知，在某一固定的基之下，向量的坐标表示法是惟一的，反之给定一组有序数组作为坐标，在这个基下一定对应有向量空间中的一个向量，即 V 中的向量与坐标之间存在着一种一一对应的关系.

但是，向量空间中某一个向量对于不同的基的坐标却不是一样的，所以一个向量的坐标是由向量空间中的基惟一确定的.

显然，向量 $\boldsymbol{x}=(x_1,x_2,\cdots,x_n)^{\mathrm{T}}$ 在标准基 $\boldsymbol{e}_1,\boldsymbol{e}_2,\cdots,\boldsymbol{e}_n$ 下的坐标为 $(x_1,x_2,\cdots,x_n)$.

例4 在空间 $\mathbf{R}^4$ 中有一向量组 $\boldsymbol{a}_1,\boldsymbol{a}_2,\boldsymbol{a}_3,\boldsymbol{a}_4$ 及向量 $\boldsymbol{b}$ 表示如下：

$$\boldsymbol{a}_1=\begin{bmatrix}2\\1\\0\\1\end{bmatrix},\quad \boldsymbol{a}_2=\begin{bmatrix}1\\-3\\2\\4\end{bmatrix},\quad \boldsymbol{a}_3=\begin{bmatrix}-5\\0\\-1\\-7\end{bmatrix},\quad \boldsymbol{a}_4=\begin{bmatrix}1\\-6\\2\\6\end{bmatrix},\quad \boldsymbol{b}=\begin{bmatrix}8\\9\\-5\\0\end{bmatrix}$$

证明：$\boldsymbol{a}_1,\boldsymbol{a}_2,\boldsymbol{a}_3,\boldsymbol{a}_4$ 构成 $\mathbf{R}_4$ 的一组基，并求出 $\boldsymbol{b}$ 在这组基下的坐标.

证 因为由向量组 $\boldsymbol{a}_1,\boldsymbol{a}_2,\boldsymbol{a}_3,\boldsymbol{a}_4$ 的列向量组成的矩阵 $\boldsymbol{A}$ 的行列式

$$|\boldsymbol{A}|=\begin{vmatrix}2&1&-5&1\\1&-3&0&-6\\0&2&-1&2\\1&4&-7&6\end{vmatrix}=27\neq 0$$

所以 $\boldsymbol{a}_1,\boldsymbol{a}_2,\boldsymbol{a}_3,\boldsymbol{a}_4$ 四个向量线性无关，由定理3.14知 $\boldsymbol{a}_1,\boldsymbol{a}_2,\boldsymbol{a}_3,\boldsymbol{a}_4$ 是空间 $\mathbf{R}^4$ 的一组基.

又设 $\boldsymbol{b}$ 在这组基下的坐标为 (x_1,x_2,x_3,x_4)，

$$\boldsymbol{b}=x_1\boldsymbol{a}_1+x_2\boldsymbol{a}_2+x_3\boldsymbol{a}_3+x_4\boldsymbol{a}_4$$

得如下线性方程组

$$\begin{cases}2x_1+x_2-5x_3+x_4=8\\x_1-3x_2\quad-6x_4=9\\2x_2-x_3+2x_4=-5\\x_1+4x_2-7x_3+6x_4=0\end{cases}$$

由于系数行列式不为零，故一定有惟一解. 实际求得其解为

$$x_1=3,\quad x_2=-4,\quad x_3=-1,\quad x_4=1$$

故 $\boldsymbol{b}$ 在 $\boldsymbol{a}_1,\boldsymbol{a}_2,\boldsymbol{a}_3,\boldsymbol{a}_4$ 下的坐标为 $(3,-4,-1,1)$.

例5 证明 $\boldsymbol{b}_1,\boldsymbol{b}_2$ 是空间 $V=\mathrm{Span}(\boldsymbol{b}_1,\boldsymbol{b}_2,\boldsymbol{b}_3)$ 的一组基，其中

$$\boldsymbol{b}_1=\begin{bmatrix}2\\-1\\3\\3\end{bmatrix},\quad \boldsymbol{b}_2=\begin{bmatrix}0\\1\\-1\\-1\end{bmatrix},\quad \boldsymbol{b}_3=\begin{bmatrix}4\\-1\\5\\5\end{bmatrix}$$

验证向量 $\boldsymbol{a}=(6,-1,7,7)^{\mathrm{T}}\in V$，并求出相对于基 $\boldsymbol{b}_1,\boldsymbol{b}_2$ 的坐标.

证 由 $\boldsymbol{b}_1,\boldsymbol{b}_2,\boldsymbol{b}_3$ 生成的空间 V 是 $\boldsymbol{b}_1,\boldsymbol{b}_2,\boldsymbol{b}_3$ 的任意线性组合，所以 V 中任一元素都可以由 $\boldsymbol{b}_1,\boldsymbol{b}_2,\boldsymbol{b}_3$ 线性表示，只要证明 $\boldsymbol{b}_1,\boldsymbol{b}_2$ 是向量组 $\boldsymbol{b}_1,\boldsymbol{b}_2,\boldsymbol{b}_3$ 的最大线性无关组，即能说明 $\boldsymbol{b}_1,\boldsymbol{b}_2$ 是空间 V 的一组基.

设由向量组 $\boldsymbol{b}_1,\boldsymbol{b}_2,\boldsymbol{b}_3$ 组成的矩阵 $\boldsymbol{B}=(\boldsymbol{b}_1,\boldsymbol{b}_2,\boldsymbol{b}_3)$，对 $\boldsymbol{B}$ 进行行的初等变换，即得

$$\begin{bmatrix}2&0&4\\-1&1&-1\\3&-1&5\\3&-1&5\end{bmatrix}\sim\begin{bmatrix}-1&1&-1\\2&0&4\\3&-1&5\\3&-1&5\end{bmatrix}\sim\begin{bmatrix}-1&1&-1\\0&2&2\\0&2&2\\0&2&2\end{bmatrix}\sim\begin{bmatrix}-1&1&-1\\0&2&2\\0&0&0\\0&0&0\end{bmatrix}$$

可知 $\boldsymbol{b}_1,\boldsymbol{b}_2$ 是最大线性无关组，即为空间 V 的一组基.

如果向量 $\boldsymbol{a}$ 能表示成 $\boldsymbol{b}_1,\boldsymbol{b}_2$ 的线性组合，即能验证 $\boldsymbol{a}\in V$，并且组合系数即为坐标. 令

$$a = x_1 b_1 + x_2 b_2$$

即
$$\begin{cases} 2x_1 \quad\quad = 6 \\ -x_1 + x_2 = -1 \\ 3x_1 - x_2 = 7 \\ 3x_1 - x_2 = 7 \end{cases}$$

上述方程组有惟一解 $x_1 = 3, x_2 = 2$，故 $\boldsymbol{a} = 3\boldsymbol{b}_1 + 2\boldsymbol{b}_2 + 0 \cdot \boldsymbol{b}_3 \in V$，并且 $\boldsymbol{a}$ 相对于 $\boldsymbol{b}_1, \boldsymbol{b}_2$ 这组基的坐标为(3,2).

习题 3.3

1. 在向量空间 $\mathbf{R}^3$ 中，证明 $\boldsymbol{a}_1, \boldsymbol{a}_2, \boldsymbol{a}_3$ 为 $\mathbf{R}^3$ 的一组基，并求出 $\boldsymbol{b}$ 在这组基下的坐标：

(1) $\boldsymbol{a}_1 = (1,2,1), \boldsymbol{a}_2 = (1,1,1), \boldsymbol{a}_3 = (1,1,-1), \boldsymbol{b} = (1,-1,-1)$；

(2) $\boldsymbol{a}_1 = (3,7,1), \boldsymbol{a}_2 = (1,3,5), \boldsymbol{a}_3 = (6,3,2), \boldsymbol{b} = (3,1,0)$.

2. 在向量空间 $\mathbf{R}^4$ 中，证明 $\boldsymbol{a}_1, \boldsymbol{a}_2, \boldsymbol{a}_3, \boldsymbol{a}_4$ 为 $\mathbf{R}^4$ 的一组基，并求出 $\boldsymbol{b}$ 在这组基下的坐标：

(1) $\boldsymbol{a}_1 = (1,1,1,1), \boldsymbol{a}_2 = (1,1,-1,-1), \boldsymbol{a}_3 = (1,-1,1,-1)$,

$\boldsymbol{a}_4 = (1,-1,-1,1), \boldsymbol{b} = (1,2,1,1)$；

(2) $\boldsymbol{a}_1 = (1,1,0,1), \boldsymbol{a}_2 = (2,1,3,1), \boldsymbol{a}_3 = (1,1,0,0)$,

$\boldsymbol{a}_4 = (0,1,-1,-1), \boldsymbol{b} = (0,0,0,1)$.

3. 在向量空间 $\mathbf{R}^4$ 中，求由向量 $\boldsymbol{a}_1, \boldsymbol{a}_2, \boldsymbol{a}_3, \boldsymbol{a}_4$ 生成的空间的基与维数.

(1) $\boldsymbol{a}_1 = (2,1,3,1), \boldsymbol{a}_2 = (1,2,0,1), \boldsymbol{a}_3 = (-1,1,3,0), \boldsymbol{a}_4 = (1,1,1,1)$；

(2) $\boldsymbol{a}_1 = (2,1,3,-1), \boldsymbol{a}_2 = (-1,1,-3,1), \boldsymbol{a}_3 = (4,5,3,-1), \boldsymbol{a}_4 = (1,5,-3,1)$.

4. 证明：如果向量空间 V 中每个向量都可以由 V 中 n 个向量 $\boldsymbol{a}_1, \boldsymbol{a}_2, \cdots, \boldsymbol{a}_n$ 线性表示，且存在一个向量使线性表示惟一，则 V 必为 n 维空间，且向量 $\boldsymbol{a}_1, \boldsymbol{a}_2, \cdots, \boldsymbol{a}_n$ 就是一组基.

5. 设 $\mathbf{R}^3$ 中的两个子空间为 $V_1 = \mathrm{Span}(a_1, a_2, a_3)$，$V_2 = \mathrm{Span}(b_1, b_2)$，其中

$$\boldsymbol{a}_1 = \begin{pmatrix} 1 \\ 1 \\ 1 \end{pmatrix}, \quad \boldsymbol{a}_2 = \begin{pmatrix} 2 \\ 3 \\ 4 \end{pmatrix}, \quad \boldsymbol{a}_3 = \begin{pmatrix} 5 \\ 7 \\ 9 \end{pmatrix}, \quad \boldsymbol{b}_1 = \begin{pmatrix} 3 \\ 4 \\ 5 \end{pmatrix}, \quad \boldsymbol{b}_2 = \begin{pmatrix} 0 \\ 1 \\ 2 \end{pmatrix}$$

证明：$V_1 = V_2$，并指出其维数.

6. $\mathbf{R}^3$ 的子空间 $V = \{\boldsymbol{x} = x_1, x_2, x_3) \mid x_1 = x_2 = x_3\}$，试求出 V 的一组基与维数.

7. $\mathbf{R}^3$ 的子空间 $V = \{\boldsymbol{x} = (x_1, x_2, x_3) \mid x_1 + x_2 + x_3 = 0\}$，试求出 V 的一组基与维数.

§3.4 基变换与坐标变换

在向量空间中，基与坐标是相对应的，向量空间可能有很多组基，空间中的同一向量在这些不同基下的坐标是不一样的.

例如：$\boldsymbol{a}$ 是向量空间 $\mathbf{R}^n$ 中的向量，$\boldsymbol{a}_1, \boldsymbol{a}_2, \cdots, \boldsymbol{a}_n$ 是 $\mathbf{R}^n$ 的基，并且 $\boldsymbol{a} = \sum_{i=1}^{n} \alpha_i \boldsymbol{a}_i$，那么 $(\alpha_1, \alpha_2, \cdots, \alpha_n)$ 就是 $\boldsymbol{a}$ 对于这组基的坐标. 现在我们再取一向量组 $\boldsymbol{b}_1, \boldsymbol{b}_2, \cdots, \boldsymbol{b}_n$，它们分别为

$$\boldsymbol{b}_1 = \boldsymbol{a}_1, \ \boldsymbol{b}_2 = \boldsymbol{a}_1 + \boldsymbol{a}_2, \ \boldsymbol{b}_3 = \boldsymbol{a}_1 + \boldsymbol{a}_2 + \boldsymbol{a}_3, \ \cdots, \boldsymbol{b}_n = \boldsymbol{a}_1 + \boldsymbol{a}_2 + \cdots + \boldsymbol{a}_n$$

容易验证 $\boldsymbol{b}_1, \boldsymbol{b}_2, \cdots, \boldsymbol{b}_n$ 线性无关，故它们也是 $\mathbf{R}^n$ 的一组基.

由 $\boldsymbol{a}$ 在基 $\boldsymbol{a}_1,\boldsymbol{a}_2,\cdots,\boldsymbol{a}_n$ 下的坐标表示过渡到在基 $\boldsymbol{b}_1,\boldsymbol{b}_2,\cdots,\boldsymbol{b}_n$ 下的坐标表示，得到

$$\begin{aligned}\boldsymbol{a} &= \alpha_1\boldsymbol{a}_1+\alpha_2\boldsymbol{a}_2+\cdots+\alpha_n\boldsymbol{a}_n\\ &= \alpha_1\boldsymbol{b}_1+\alpha_2(\boldsymbol{b}_1+\boldsymbol{b}_2)+\alpha_3(\boldsymbol{b}_2+\boldsymbol{b}_3)+\cdots+\alpha_n(\boldsymbol{b}_{n-1}+\boldsymbol{b}_n)\\ &= (\alpha_1+\alpha_2)\boldsymbol{b}_1+(\alpha_2+\alpha_3)\boldsymbol{b}_2+\cdots+(\alpha_{n-1}+\alpha_n)\boldsymbol{b}_{n-1}+\alpha_n\boldsymbol{b}_n\end{aligned}$$

于是，$\boldsymbol{a}$ 在基 $\boldsymbol{b}_1,\boldsymbol{b}_2,\cdots,\boldsymbol{b}_n$ 下的坐标为

$$(\alpha_1+\alpha_2,\ \alpha_2+\alpha_3,\ \cdots,\ \alpha_{n-1}+\alpha_n,\ \alpha_n)$$

两组基之间和同一向量在不同基下的坐标之间存在一定的关系，这就是我们要讨论的基变换和坐标变换.

3.4.1 基变换与过渡矩阵

设有 n 维向量空间中的两组基

$$\boldsymbol{a}_1,\boldsymbol{a}_2,\cdots,\boldsymbol{a}_n;\ \boldsymbol{b}_1,\boldsymbol{b}_2,\cdots,\boldsymbol{b}_n,$$

每个 $\boldsymbol{b}_i$ 都能由 $\boldsymbol{a}_1,\boldsymbol{a}_2,\cdots,\boldsymbol{a}_n$ 线性表示，设

$$\begin{aligned}\boldsymbol{b}_1 &= c_{11}\boldsymbol{a}_1+c_{21}\boldsymbol{a}_2+\cdots+c_{n1}\boldsymbol{a}_n\\ \boldsymbol{b}_2 &= c_{12}\boldsymbol{a}_1+c_{22}\boldsymbol{a}_2+\cdots+c_{n2}\boldsymbol{a}_n\\ &\vdots\\ \boldsymbol{b}_n &= c_{1n}\boldsymbol{a}_1+c_{2n}\boldsymbol{a}_2+\cdots+c_{nn}\boldsymbol{a}_n\end{aligned}$$

再用矩阵的乘法把上式写为

$$(\boldsymbol{b}_1,\boldsymbol{b}_2,\cdots,\boldsymbol{b}_n)=(\boldsymbol{a}_1,\boldsymbol{a}_2,\cdots,\boldsymbol{a}_n)\begin{bmatrix}c_{11} & c_{12} & \cdots & c_{1n}\\ c_{21} & c_{22} & \cdots & c_{2n}\\ \vdots & \vdots & \cdots & \vdots\\ c_{n1} & c_{n2} & \cdots & c_{nn}\end{bmatrix}$$

令

$$\boldsymbol{C}=\begin{bmatrix}c_{11} & c_{12} & \cdots & c_{1n}\\ c_{21} & c_{22} & \cdots & c_{2n}\\ \vdots & \vdots & \cdots & \vdots\\ c_{n1} & c_{n2} & \cdots & c_{nn}\end{bmatrix}$$

称 $\boldsymbol{C}$ 为从基 $\boldsymbol{a}_1,\boldsymbol{a}_2,\cdots,\boldsymbol{a}_n$ 到基 $\boldsymbol{b}_1,\boldsymbol{b}_2,\cdots,\boldsymbol{b}_n$ 的过渡矩阵.

定理 3.17 在 n 维空间 V 中有一组基 $\boldsymbol{a}_1,\boldsymbol{a}_2,\cdots,\boldsymbol{a}_n$，$\boldsymbol{C}$ 为一个 n 阶方阵，且

$$(\boldsymbol{b}_1,\boldsymbol{b}_2,\cdots,\boldsymbol{b}_n)=(\boldsymbol{a}_1,\boldsymbol{a}_2,\cdots,\boldsymbol{a}_n)\boldsymbol{C},$$

则有：

(1) 如果 $\boldsymbol{b}_1,\boldsymbol{b}_2,\cdots,\boldsymbol{b}_n$ 为 V 的一组基，则 $\boldsymbol{C}$ 可逆；

(2) 如果 $\boldsymbol{C}$ 可逆，则 $\boldsymbol{b}_1,\boldsymbol{b}_2,\cdots,\boldsymbol{b}_n$ 是 V 的一组基.

证 将 $\boldsymbol{C}$ 看成一个由列向量组成的矩阵，$\boldsymbol{C}=(\boldsymbol{c}_1,\boldsymbol{c}_2,\cdots,\boldsymbol{c}_n)$，则有

$$\begin{aligned}\boldsymbol{b}_1 &= (\boldsymbol{a}_1,\boldsymbol{a}_2,\cdots,\boldsymbol{a}_n)\boldsymbol{c}_1\\ \boldsymbol{b}_2 &= (\boldsymbol{a}_1,\boldsymbol{a}_2,\cdots,\boldsymbol{a}_n)\boldsymbol{c}_2\\ &\vdots\\ \boldsymbol{b}_n &= (\boldsymbol{a}_1,\boldsymbol{a}_2,\cdots,\boldsymbol{a}_n)\boldsymbol{c}_n\end{aligned}$$

将一组数 $\lambda_1,\lambda_2,\cdots,\lambda_n$ 分别乘以上述第 $1,2,\cdots,n$ 个等式，然后全部相加，得

$$\lambda_1 \boldsymbol{b}_1 + \lambda_2 \boldsymbol{b}_2 + \cdots + \lambda_n \boldsymbol{b}_n$$
$$= \lambda_1[(\boldsymbol{a}_1, \boldsymbol{a}_2, \cdots, \boldsymbol{a}_n)\boldsymbol{c}_1] + \lambda_2[(\boldsymbol{a}_1, \boldsymbol{a}_2, \cdots, \boldsymbol{a}_n)\boldsymbol{c}_2] + \cdots + \lambda_n[(\boldsymbol{a}_1, \boldsymbol{a}_2, \cdots, \boldsymbol{a}_n)\boldsymbol{c}_n]$$
$$= (\boldsymbol{a}_1, \boldsymbol{a}_2, \cdots, \boldsymbol{a}_n)(\lambda_1 \boldsymbol{c}_1 + \lambda_2 \boldsymbol{c}_2 + \cdots + \lambda_n \boldsymbol{c}_n) \tag{3-5}$$

下面分别证明(1)与(2).

(1)反证法.假设 $\boldsymbol{C}$ 不可逆.

则 $|\boldsymbol{C}|=0$, $\boldsymbol{c}_1, \boldsymbol{c}_2, \cdots, \boldsymbol{c}_n$ 一定线性相关. 于是,存在不全为零的 n 个数 $\lambda_1, \lambda_2, \cdots, \lambda_n$ 使

$$\lambda_1 \boldsymbol{c}_1 + \lambda_2 \boldsymbol{c}_2 + \cdots + \lambda_n \boldsymbol{c}_n = \boldsymbol{0} \tag{3-6}$$

将式(3-6)代入式(3-5),得

$$\lambda_1 \boldsymbol{b}_1 + \lambda_2 \boldsymbol{b}_2 + \cdots + \lambda_n \boldsymbol{b}_n = \boldsymbol{0} \tag{3-7}$$

即 $\boldsymbol{b}_1, \boldsymbol{b}_2, \cdots, \boldsymbol{b}_n$ 线性相关,与题设矛盾,故 $\boldsymbol{C}$ 一定可逆.

(2)反证法.设 $\boldsymbol{b}_1, \boldsymbol{b}_2, \cdots, \boldsymbol{b}_n$ 线性相关,则存在不全为零的数 $\lambda_1, \lambda_2, \cdots, \lambda_n$ 使得

$$\lambda_1 \boldsymbol{b}_1 + \lambda_2 \boldsymbol{b}_2 + \cdots + \lambda_n \boldsymbol{b}_n = \boldsymbol{0} \tag{3-8}$$

由式(3-5)得

$$(\boldsymbol{a}_1, \boldsymbol{a}_2, \cdots, \boldsymbol{a}_n)(\lambda_1 \boldsymbol{c}_1 + \lambda_2 \boldsymbol{c}_2 + \cdots + \lambda_n \boldsymbol{c}_n) = \boldsymbol{0} \tag{3-9}$$

由于 $\boldsymbol{a}_1, \boldsymbol{a}_2, \cdots, \boldsymbol{a}_n$ 线性无关,其系数必全为零,故

$$\lambda_1 \boldsymbol{c}_1 + \lambda_2 \boldsymbol{c}_2 + \cdots + \lambda_n \boldsymbol{c}_n = \boldsymbol{0} \tag{3-10}$$

式(3-10)说明 $\boldsymbol{c}_1, \boldsymbol{c}_2, \cdots, \boldsymbol{c}_n$ 线性相关,必有 $|\boldsymbol{C}|=0$,即 $\boldsymbol{C}$ 不可逆,与题设矛盾,所以 $\boldsymbol{b}_1, \boldsymbol{b}_2, \cdots, \boldsymbol{b}_n$ 一定线性无关,也就是 V 的一组基.

定理 3.17 说明,向量空间中两组不同的基之间的过渡矩阵一定是可逆的,并且空间中任意一组基,可以通过一个可逆的矩阵得到空间的另一组基.

例 1 在向量空间 $\mathbf{R}^4$ 中,求由标准基 $\boldsymbol{e}_1, \boldsymbol{e}_2, \boldsymbol{e}_3, \boldsymbol{e}_4$ 到基 $\boldsymbol{b}_1, \boldsymbol{b}_2, \boldsymbol{b}_3, \boldsymbol{b}_4$ 的过渡矩阵,已知:

$$\begin{cases} \boldsymbol{e}_1 = (1,0,0,0) \\ \boldsymbol{e}_2 = (0,1,0,0) \\ \boldsymbol{e}_3 = (0,0,1,0) \\ \boldsymbol{e}_4 = (0,0,0,1) \end{cases}, \quad \begin{cases} \boldsymbol{b}_1 = (2,5,4,0) \\ \boldsymbol{b}_2 = (3,1,0,1) \\ \boldsymbol{b}_3 = (2,5,5,1) \\ \boldsymbol{b}_4 = (1,1,3,4) \end{cases}.$$

解 由于 $\boldsymbol{e}_1, \boldsymbol{e}_2, \boldsymbol{e}_3, \boldsymbol{e}_4$ 为标准基,容易得出下式:

$$\begin{cases} \boldsymbol{b}_1 = 2\boldsymbol{e}_1 + 5\boldsymbol{e}_2 + 4\boldsymbol{e}_3 \\ \boldsymbol{b}_2 = 3\boldsymbol{e}_1 + \boldsymbol{e}_2 \qquad\quad + \boldsymbol{e}_4 \\ \boldsymbol{b}_3 = 2\boldsymbol{e}_1 + 5\boldsymbol{e}_2 + 5\boldsymbol{e}_3 + \boldsymbol{e}_4 \\ \boldsymbol{b}_4 = \boldsymbol{e}_1 + \boldsymbol{e}_2 + 3\boldsymbol{e}_3 + 4\boldsymbol{e}_4 \end{cases}$$

即

$$(\boldsymbol{b}_1, \boldsymbol{b}_2, \boldsymbol{b}_3, \boldsymbol{b}_4) = (\boldsymbol{e}_1, \boldsymbol{e}_2, \boldsymbol{e}_3, \boldsymbol{e}_4)\begin{bmatrix} 2 & 3 & 2 & 1 \\ 5 & 1 & 5 & 1 \\ 4 & 0 & 5 & 3 \\ 0 & 1 & 1 & 4 \end{bmatrix}$$

故由 $\boldsymbol{e}_1, \boldsymbol{e}_2, \boldsymbol{e}_3, \boldsymbol{e}_4$ 到 $\boldsymbol{b}_1, \boldsymbol{b}_2, \boldsymbol{b}_3, \boldsymbol{b}_4$ 的过渡矩阵为

$$\boldsymbol{C} = \begin{bmatrix} 2 & 3 & 2 & 1 \\ 5 & 1 & 5 & 1 \\ 4 & 0 & 5 & 3 \\ 0 & 1 & 1 & 4 \end{bmatrix}.$$

例 2　在向量空间 $\mathbf{R}^4$ 中,求由基 $\boldsymbol{a}_1,\boldsymbol{a}_2,\boldsymbol{a}_3,\boldsymbol{a}_4$ 到基 $\boldsymbol{b}_1,\boldsymbol{b}_2,\boldsymbol{b}_3,\boldsymbol{b}_4$ 的过渡矩阵,已知:

$$\begin{cases}\boldsymbol{a}_1=(1,2,-1,0)\\ \boldsymbol{a}_2=(1,-1,1,1)\\ \boldsymbol{a}_3=(-1,2,1,1)\\ \boldsymbol{a}_4=(-1,-1,0,1)\end{cases},\quad \begin{cases}\boldsymbol{b}_1=(2,1,0,1)\\ \boldsymbol{b}_2=(0,1,2,2)\\ \boldsymbol{b}_3=(-2,1,1,2)\\ \boldsymbol{b}_4=(1,3,1,2)\end{cases}.$$

解　取空间 $\mathbf{R}^4$ 中的标准基

$$\boldsymbol{e}_1=(1,0,0,0),\qquad \boldsymbol{e}_2=(0,1,0,0)$$
$$\boldsymbol{e}_3=(0,0,1,0),\qquad \boldsymbol{e}_4=(0,0,0,1)$$

将所有向量写为列向量形式,则由例 1 知

$$(\boldsymbol{a}_1,\boldsymbol{a}_2,\boldsymbol{a}_3,\boldsymbol{a}_4)=(\boldsymbol{e}_1,\boldsymbol{e}_2,\boldsymbol{e}_3,\boldsymbol{e}_4)\begin{bmatrix}1&1&-1&-1\\2&-1&2&-1\\-1&1&1&0\\0&1&1&1\end{bmatrix}$$

$$(\boldsymbol{b}_1,\boldsymbol{b}_2,\boldsymbol{b}_3,\boldsymbol{b}_4)=(\boldsymbol{e}_1,\boldsymbol{e}_2,\boldsymbol{e}_3,\boldsymbol{e}_4)\begin{bmatrix}2&0&-2&1\\1&1&1&3\\0&2&1&1\\1&2&2&2\end{bmatrix}$$

由定理 3.17 知过渡矩阵一定可逆,则有

$$(\boldsymbol{b}_1,\boldsymbol{b}_2,\boldsymbol{b}_3,\boldsymbol{b}_4)=(\boldsymbol{a}_1,\boldsymbol{a}_2,\boldsymbol{a}_3,\boldsymbol{a}_4)\begin{bmatrix}1&1&-1&-1\\2&-1&2&-1\\-1&1&1&0\\0&1&1&1\end{bmatrix}^{-1}\begin{bmatrix}2&0&-2&1\\1&1&1&3\\0&2&1&1\\1&2&2&2\end{bmatrix}$$

$$=(\boldsymbol{a}_1,\boldsymbol{a}_2,\boldsymbol{a}_3,\boldsymbol{a}_4)\cdot\frac{1}{13}\begin{bmatrix}3&2&-6&5\\5&-1&3&4\\-2&3&4&1\\-3&-2&-7&8\end{bmatrix}\begin{bmatrix}2&0&-2&1\\1&1&1&3\\0&2&1&1\\1&2&2&2\end{bmatrix}$$

$$=(\boldsymbol{a}_1,\boldsymbol{a}_2,\boldsymbol{a}_3,\boldsymbol{a}_4)\begin{bmatrix}1&0&0&1\\1&1&0&1\\0&1&1&1\\0&0&1&0\end{bmatrix}$$

即得到由基 $\boldsymbol{a}_1,\boldsymbol{a}_2,\boldsymbol{a}_3,\boldsymbol{a}_4$ 到基 $\boldsymbol{b}_1,\boldsymbol{b}_2,\boldsymbol{b}_3,\boldsymbol{b}_4$ 的过渡矩阵

$$\boldsymbol{C}=\begin{bmatrix}1&0&0&1\\1&1&0&1\\0&1&1&1\\0&0&1&0\end{bmatrix}.$$

3.4.2　向量空间的坐标变换

向量空间中同一向量在不同的基下坐标不同,下面定理讲述了不同坐标之间的关系.

定理 3.18　假如 $\boldsymbol{a}_1,\boldsymbol{a}_2,\cdots,\boldsymbol{a}_n$ 及 $\boldsymbol{b}_1,\boldsymbol{b}_2,\cdots,\boldsymbol{b}_n$ 为向量空间 V 的两组基,过渡矩阵为 $\boldsymbol{C}$,则

$$(\boldsymbol{b}_1,\boldsymbol{b}_2,\cdots,\boldsymbol{b}_n)=(\boldsymbol{a}_1,\boldsymbol{a}_2,\cdots,\boldsymbol{a}_n)\boldsymbol{C},\ \boldsymbol{C}=(c_{ij})_{n\times n}.$$

如果 V 中的元素 $\boldsymbol{x}$ 对于这两组基的坐标分别为$(x_1,x_2,\cdots,x_n)$和$(x_1',x_2',\cdots,x_n')$，那么

$$(x_1',x_2',\cdots,x_n')=(x_1,x_2,\cdots,x_n)(\boldsymbol{C}^{\mathrm{T}})^{-1}$$

证 我们分别写出 $\boldsymbol{x}$ 在两个基下的坐标表示

$$\boldsymbol{x}=x_1\boldsymbol{a}_1+x_2\boldsymbol{a}_2+\cdots+x_n\boldsymbol{a}_n=(\boldsymbol{a}_1,\boldsymbol{a}_2,\cdots,\boldsymbol{a}_n)\begin{bmatrix}x_1\\x_2\\\vdots\\x_n\end{bmatrix}$$

$$\boldsymbol{x}=x_1'\boldsymbol{b}_1+x_2'\boldsymbol{b}_2+\cdots+x_n'\boldsymbol{b}_n=(\boldsymbol{b}_1,\boldsymbol{b}_2,\cdots,\boldsymbol{b}_n)\begin{bmatrix}x_1'\\x_2'\\\vdots\\x_n'\end{bmatrix}$$

所以

$$\boldsymbol{x}=(\boldsymbol{a}_1,\boldsymbol{a}_2,\cdots,\boldsymbol{a}_n)\begin{bmatrix}x_1\\x_2\\\vdots\\x_n\end{bmatrix}=(\boldsymbol{b}_1,\boldsymbol{b}_2,\cdots,\boldsymbol{b}_n)\begin{bmatrix}x_1'\\x_2'\\\vdots\\x_n'\end{bmatrix}=(\boldsymbol{a}_1,\boldsymbol{a}_2,\cdots,\boldsymbol{a}_n)\boldsymbol{C}\begin{bmatrix}x_1'\\x_2'\\\vdots\\x_n'\end{bmatrix}$$

由于 $\boldsymbol{a}_1,\boldsymbol{a}_2,\cdots,\boldsymbol{a}_n$ 线性无关，故表示法惟一，所以

$$\begin{bmatrix}x_1\\x_2\\\vdots\\x_n\end{bmatrix}=\boldsymbol{C}\begin{bmatrix}x_1'\\x_2'\\\vdots\\x_n'\end{bmatrix}$$

因此

$$(x_1,x_2,\cdots,x_n)=(x_1',x_2',\cdots,x_n')\boldsymbol{C}^{\mathrm{T}}$$

由于过渡矩阵一定可逆，因而得

$$(x'_1,x'_2,\cdots,x'_n)=(x_1,x_2,\cdots,x_n)(\boldsymbol{C}^{\mathrm{T}})^{-1}$$

上面的坐标变换式通常还可以写为

$$\begin{bmatrix}x_1'\\x_2'\\\vdots\\x_n'\end{bmatrix}=\boldsymbol{C}^{-1}\begin{bmatrix}x_1\\x_2\\\vdots\\x_n\end{bmatrix}.$$

由定理 3.18 我们知道，只要求出两个基的过渡矩阵就能求出坐标的变换公式，在例 2 中通过标准基的变换，直接求逆矩阵而得到过渡矩阵，下面用初等变换的方法，也能求出这个逆矩阵.

分别将基 $\boldsymbol{a}_1,\boldsymbol{a}_2,\cdots,\boldsymbol{a}_n$ 和 $\boldsymbol{b}_1,\boldsymbol{b}_2,\cdots,\boldsymbol{b}_n$ 写成列向量的矩阵. $\boldsymbol{A}=(\boldsymbol{a}_1,\boldsymbol{a}_2,\cdots,\boldsymbol{a}_n)$，$\boldsymbol{B}=(\boldsymbol{b}_1,\boldsymbol{b}_2,\cdots,\boldsymbol{b}_n)$，过渡矩阵为 $\boldsymbol{C}=(\boldsymbol{c}_1,\boldsymbol{c}_2,\cdots,\boldsymbol{c}_n)$，我们有

$$\boldsymbol{B}=\boldsymbol{AC}$$

故 $\boldsymbol{C}=\boldsymbol{A}^{-1}\boldsymbol{B}$，所以只需求出 $\boldsymbol{A}^{-1}\boldsymbol{B}$ 即为过渡矩阵. 由 §2.3，将 $\boldsymbol{A}$、$\boldsymbol{B}$ 拼成 $n\times 2n$ 的矩阵$(\boldsymbol{A},\boldsymbol{B})$，然后用行的初等变换将 $\boldsymbol{A}$ 化为 $\boldsymbol{E}$，则 $\boldsymbol{B}$ 的位置上就是 $\boldsymbol{A}^{-1}\boldsymbol{B}$，即过渡矩阵 $\boldsymbol{C}$.

如果需求出坐标变换，即 $\boldsymbol{C}^{-1}$，同样道理将 $\boldsymbol{B}$、$\boldsymbol{A}$ 矩阵拼成$(\boldsymbol{B},\boldsymbol{A})$，用行的初等变换将 $\boldsymbol{B}$ 化

为 $\boldsymbol{E}$,则 $\boldsymbol{A}$ 的位置上就是 $\boldsymbol{B}^{-1}\boldsymbol{A}$,即为 $\boldsymbol{C}^{-1}$.

例 3　求向量空间 $\mathbf{R}^3$ 中,由基 $\boldsymbol{a}_1,\boldsymbol{a}_2,\boldsymbol{a}_3$ 到基 $\boldsymbol{b}_1,\boldsymbol{b}_2,\boldsymbol{b}_3$ 的坐标变换式,其中

$$\begin{cases}\boldsymbol{a}_1=(1,2,1)\\ \boldsymbol{a}_2=(2,3,3),\\ \boldsymbol{a}_3=(3,7,1)\end{cases}\qquad \begin{cases}\boldsymbol{b}_1=(3,1,4)\\ \boldsymbol{b}_2=(5,2,1)\\ \boldsymbol{b}_3=(1,1,-6)\end{cases}.$$

解　将空间 $\mathbf{R}^3$ 中的基写成列向量矩阵

$$\boldsymbol{A}=(\boldsymbol{a}_1,\boldsymbol{a}_2,\boldsymbol{a}_3),\ \boldsymbol{B}=(\boldsymbol{b}_1,\boldsymbol{b}_2,\boldsymbol{b}_3)$$

为求坐标变换将矩阵 $\boldsymbol{B}$、$\boldsymbol{A}$ 拼成$(\boldsymbol{B},\boldsymbol{A})$,作行的初等变换如下

$$(\boldsymbol{B}\vdots\boldsymbol{A})=\left[\begin{array}{ccc:ccc}3&5&1&1&2&3\\1&2&1&2&3&7\\4&1&-6&1&3&1\end{array}\right]\xrightarrow{r_1\leftrightarrow r_2}\left[\begin{array}{ccc:ccc}1&2&1&2&3&7\\3&5&1&1&2&3\\4&1&-6&1&3&1\end{array}\right]$$

$$\xrightarrow[r_3+(-4)r_1]{r_2+(-3)r_1}\left[\begin{array}{ccc:ccc}1&2&1&2&3&7\\0&-1&-2&-5&-7&-18\\0&-7&-10&-7&-9&-27\end{array}\right]$$

$$\xrightarrow{r_2\div(-1)}\left[\begin{array}{ccc:ccc}1&2&1&2&3&7\\0&1&2&5&7&18\\0&-7&10&-7&-9&-27\end{array}\right]$$

$$\xrightarrow[r_3+7r_2]{r_1+(-2)r_2}\left[\begin{array}{ccc:ccc}1&0&-3&-8&-11&-29\\0&1&2&5&7&18\\0&0&4&28&40&99\end{array}\right]$$

$$\xrightarrow{r_3\div 4}\left[\begin{array}{ccc:ccc}1&0&-3&-8&-11&-29\\0&1&2&5&7&18\\0&0&1&7&10&\frac{99}{4}\end{array}\right]$$

$$\xrightarrow[r_1+3r_3]{r_2+(-2)r_3}\left[\begin{array}{ccc:ccc}1&0&0&13&19&\frac{181}{4}\\0&1&0&-9&-13&-\frac{63}{2}\\0&0&1&7&10&\frac{99}{4}\end{array}\right]$$

所以

$$\boldsymbol{B}^{-1}\boldsymbol{A}=\begin{bmatrix}13&19&\frac{181}{4}\\-9&-13&-\frac{63}{2}\\7&10&\frac{99}{4}\end{bmatrix}$$

即所求的坐标变换为

$$\begin{bmatrix} x_1' \\ x_2' \\ x_3' \end{bmatrix} = \begin{bmatrix} 13 & 19 & \dfrac{181}{4} \\ -9 & -13 & -\dfrac{63}{2} \\ 7 & 10 & \dfrac{99}{4} \end{bmatrix} \begin{bmatrix} x_1 \\ x_2 \\ x_3 \end{bmatrix}$$

例 4 假定 n 维向量空间 $\mathbf{R}^n$ 的坐标变换是

$$x_1' = x_1,\ x_2' = x_2 - x_1,\ x_3' = x_3 - x_2,\ \cdots,\ x_n' = x_n - x_{n-1}$$

求空间 $\mathbf{R}^n$ 的基变换.

解 将坐标变换写成矩阵形式

$$\begin{bmatrix} x_1' \\ x_2' \\ \vdots \\ x_3' \end{bmatrix} = \begin{bmatrix} 1 & 0 & \cdots & 0 & 0 & 0 \\ -1 & 1 & \cdots & 0 & 0 & 0 \\ \vdots & \vdots & \cdots & \vdots & \vdots & \vdots \\ 0 & 0 & \cdots & -1 & 1 & 0 \\ 0 & 0 & \cdots & 0 & -1 & 1 \end{bmatrix} \begin{bmatrix} x_1 \\ x_2 \\ \vdots \\ x_n \end{bmatrix}$$

设过渡矩阵为 $\boldsymbol{C}$,则

$$\boldsymbol{C}^{-1} = \begin{bmatrix} 1 & 0 & \cdots & 0 & 0 & 0 \\ -1 & 1 & \cdots & 0 & 0 & 0 \\ \vdots & \vdots & \cdots & \vdots & \vdots & \vdots \\ 0 & 0 & \cdots & -1 & 1 & 0 \\ 0 & 0 & \cdots & 0 & -1 & 1 \end{bmatrix}$$

得

$$\boldsymbol{C} = \begin{bmatrix} 1 & 0 & \cdots & 0 & 0 \\ 1 & 1 & \cdots & 0 & 0 \\ \vdots & \vdots & \cdots & \vdots & \vdots \\ 1 & 1 & \cdots & 1 & 0 \\ 1 & 1 & \cdots & 1 & 1 \end{bmatrix}$$

于是,所求的基变换为

$$(\boldsymbol{b}_1, \boldsymbol{b}_2, \cdots, \boldsymbol{b}_n) = (\boldsymbol{a}_1, \boldsymbol{a}_2, \cdots, \boldsymbol{a}_n) \begin{bmatrix} 1 & 0 & \cdots & 0 & 0 \\ 1 & 1 & \cdots & 0 & 0 \\ \vdots & \vdots & \cdots & \vdots & \vdots \\ 1 & 1 & \cdots & 1 & 0 \\ 1 & 1 & \cdots & 1 & 1 \end{bmatrix}.$$

习题 3.4

1. 在空间 $\mathbf{R}^4$ 中,求由基 $\boldsymbol{a}_1, \boldsymbol{a}_2, \boldsymbol{a}_3, \boldsymbol{a}_4$ 到基 $\boldsymbol{b}_1, \boldsymbol{b}_2, \boldsymbol{b}_3, \boldsymbol{b}_4$ 的过渡矩阵,已知:

$$\begin{cases} \boldsymbol{a}_1 = (1,1,1,1) \\ \boldsymbol{a}_2 = (1,1,-1,-1) \\ \boldsymbol{a}_3 = (1,-1,1,-1) \\ \boldsymbol{a}_4 = (1,-1,-1,1) \end{cases}, \quad \begin{cases} \boldsymbol{b}_1 = (1,1,0,1) \\ \boldsymbol{b}_2 = (2,1,3,1) \\ \boldsymbol{b}_3 = (1,1,0,0) \\ \boldsymbol{b}_4 = (0,1,-1,-1) \end{cases}.$$

并求出向量 $\boldsymbol{a}=(1,0,0,-1)$ 在基 $\boldsymbol{b}_1,\boldsymbol{b}_2,\boldsymbol{b}_3,\boldsymbol{b}_4$ 下的坐标.

2. 在空间 $\mathbf{R}^3$ 中,有两组基 $\boldsymbol{a}_1,\boldsymbol{a}_2,\boldsymbol{a}_3$ 和 $\boldsymbol{b}_1,\boldsymbol{b}_2,\boldsymbol{b}_3$ 它们之间有下列关系

$$\begin{cases}\boldsymbol{b}_1=\boldsymbol{a}_1-\boldsymbol{a}_2\\ \boldsymbol{b}_2=2\boldsymbol{a}_1+3\boldsymbol{a}_2+2\boldsymbol{a}_3\\ \boldsymbol{b}_3=\boldsymbol{a}_1+3\boldsymbol{a}_2+2\boldsymbol{a}_3\end{cases}$$

(1) 试求基 $\boldsymbol{a}_1,\boldsymbol{a}_2,\boldsymbol{a}_3$ 到基 $\boldsymbol{b}_1,\boldsymbol{b}_2,\boldsymbol{b}_3$ 的过渡矩阵;

(2) 若向量 $\boldsymbol{a}=2\boldsymbol{a}_1-\boldsymbol{a}_2+3\boldsymbol{a}_3$,试求 $\boldsymbol{a}$ 对于基 $\boldsymbol{b}_1,\boldsymbol{b}_2,\boldsymbol{b}_3$ 的坐标;

(3) 若向量 $\boldsymbol{b}=2\boldsymbol{b}_1-\boldsymbol{b}_2+3\boldsymbol{b}_3$,试求 $\boldsymbol{b}$ 对于基 $\boldsymbol{a}_1,\boldsymbol{a}_2,\boldsymbol{a}_3$ 的坐标.

3. 在 $\mathbf{R}^5$ 空间中坐标变换公式为

$$x_1'=2x_1+x_2,\ x_2'=2x_2+x_3,\ x_3'=3x_3+x_4,$$
$$x_4'=2x_4+x_5,\ x_5'=2x_5$$

试求其相应的基变换.

§3.5 线性空间的定义与性质

在 §3.1 中,我们把有序数组叫做向量,讨论了向量的许多性质,并介绍了向量空间的概念。在这里,我们把这些概念推广,使向量及向量的概念更具一般性、更加抽象.

定义 3.11 设 V 是一个非空集合,$\mathbf{R}$ 为实数域,如果对于任意两个元素 $\boldsymbol{\alpha},\boldsymbol{\beta}\in V$,总有惟一的一个元素 $\boldsymbol{\gamma}\in V$ 与之对应,称为 $\boldsymbol{\alpha}$ 与 $\boldsymbol{\beta}$ 的和,记作 $\boldsymbol{\gamma}=\boldsymbol{\alpha}+\boldsymbol{\beta}$;又对于任一数 $k\in\mathbf{R}$ 与任一元素 $\boldsymbol{\alpha}\in V$,总有惟一的一个元素 $\boldsymbol{\delta}\in V$ 与之对应,称为 k 与 α 的积,记为 $\boldsymbol{\delta}=k\boldsymbol{\alpha}$;并且这两种运算满足以下八条运算规律(对任意 $\boldsymbol{\alpha},\boldsymbol{\beta},\boldsymbol{\gamma}\in V$;$k,\lambda\in\mathbf{R}$):

(1) $\boldsymbol{\alpha}+\boldsymbol{\beta}=\boldsymbol{\beta}+\boldsymbol{\alpha}$;

(2) $(\boldsymbol{\alpha}+\boldsymbol{\beta})+\boldsymbol{\gamma}=\boldsymbol{\alpha}+(\boldsymbol{\beta}+\boldsymbol{\gamma})$;

(3) 在 V 中有一个元素 $\mathbf{0}$(叫做零元素),使对任何 $\boldsymbol{\alpha}\in V$,都有 $\boldsymbol{\alpha}+\mathbf{0}=\boldsymbol{\alpha}$;

(4) 对任何 $\boldsymbol{\alpha}\in V$,都有 V 中的元素 $\boldsymbol{\beta}$,使 $\boldsymbol{\alpha}+\boldsymbol{\beta}=\mathbf{0}$($\boldsymbol{\beta}$ 称为 $\boldsymbol{\alpha}$ 的负元素);

(5) $1\boldsymbol{\alpha}=\boldsymbol{\alpha}$;

(6) $k(\lambda\boldsymbol{\alpha})=(k\lambda)\boldsymbol{\alpha}$;

(7) $(k+\lambda)\boldsymbol{\alpha}=k\boldsymbol{\alpha}+\lambda a$;

(8) $k(\boldsymbol{\alpha}+\boldsymbol{\beta})=k\boldsymbol{\alpha}+k\boldsymbol{\beta}$.

那么,V 就称为(实数域 $\mathbf{R}$ 上的)线性空间(或向量空间),V 中的元素称为(实)向量(上面的实数域 $\mathbf{R}$ 也可以为一般数域).

简言之,凡满足上面八条运算规律的加法及数量乘法称为线性运算;凡定义了线性运算的集合称为线性空间(或向量空间).

注意:向量不一定是有序数组;线性空间 V 对加法与数量乘法(数乘)封闭;线性空间中的运算只要求满足八条运算规律,不一定是有序数组的加法及数乘运算.

例 1 实数域 $\mathbf{R}$ 上次数不超过 n 的多项式的全体,我们记做 $P[x]_n$,即

$$P[x]_n=\{a_nx^n+a_{n-1}x^{n-1}+\cdots+a_1x+a_0\mid a_n,a_{n-1},\cdots,a_1,a_0\in\mathbf{R}\},$$

对于通常的多项式加法、多项式数乘构成 $\mathbf{R}$ 上的线性空间.

例 2 实数域 $\mathbf{R}$ 上 n 次多项式的全体,记做 W,即

$$W=\{a_nx^n+a_{n-1}x^{n-1}+\cdots+a_1x+a_0 \mid a_n,a_{n-1},\cdots,a_1,a_0\in \mathbf{R},且\ a_n\neq 0\}.$$

W 对于通常的多项式加法、多项式数乘不构成 $\mathbf{R}$ 上的线性空间.

因为 $0(a_nx^n+a_{n-1}x^{n-1}+\cdots+a_1x+a_0)=0\notin W$,即 W 对数乘不封闭.

例 3 实数域 $\mathbf{R}$ 上所有 $m\times n$ 矩阵的全体 $\mathbf{R}^{m\times n}$,对于矩阵的加法和数乘构成 $\mathbf{R}$ 上的线性空间.

例 4 全体实函数,按函数的加法、数与函数的乘法,构成 $\mathbf{R}$ 上的线性空间.

例 5 n 个有序实数组成的数组的全体

$$S^n=\{x=(x_1,x_2,\cdots,x_n)\mid x_1,x_2,\cdots,x_n\in \mathbf{R}\}$$

对于通常的有序数组的加法及如下定义的数乘

$$k\circ(x_1,x_2,\cdots,x_n)=(0,0,\cdots,0)$$

不构成 $\mathbf{R}$ 上的线性空间,因为 $1\circ x=0$,不满足运算规律(5).

例 6 正实数的全体记作 $\mathbf{R}^+$,定义加法、数乘运算为

$$a\oplus b=ab\quad(a,b\in\mathbf{R}^+),$$
$$k\circ a=a^k\quad(k\in\mathbf{R},a\in\mathbf{R}^+).$$

验证 $\mathbf{R}^+$ 对上述加法与数乘运算构成 $\mathbf{R}$ 上的线性空间.

证 实际上要验证满足定义 3.11 中的 10 个条件

对加法封闭:对任意 $a,b\in\mathbf{R}^+$,有 $a\oplus b=ab\in\mathbf{R}^+$;

对数乘封闭:对任意 $k\in\mathbf{R},a\in\mathbf{R}^+$,有 $k\circ a=a^k\in\mathbf{R}^+$;

(1) $a\oplus b=ab=ba=b\oplus a$;

(2) $(a\oplus b)\oplus c=(ab)\oplus c=(ab)c=a(bc)=a\oplus(b\oplus c)$;

(3) $\mathbf{R}^+$ 中的元素 1 满足:$a\oplus 1=a\cdot 1=a$ (1 叫做 $\mathbf{R}^+$ 的零元素);

(4) 对任何 $a\in\mathbf{R}^+$,有 $a\oplus a^{-1}=a\cdot a^{-1}=1$ (a^{-1} 叫做 a 的负元素);

(5) $1\circ a=a^1=a$;

(6) $k\circ(\lambda\circ a)=k\circ a^\lambda=(a^\lambda)^k=a^{k\lambda}=(k\lambda)\circ a$;

(7) $(k+\lambda)\circ a=a^{(k+\lambda)}=a^k\cdot a^\lambda=a^k\oplus a^\lambda=k\circ a\oplus\lambda\circ a$;

(8) $k\circ(a\oplus b)=k\circ(ab)=(ab)^k=a^k\cdot b^k=a^k\oplus b^k=k\circ a\oplus k\circ b$.

因此,$\mathbf{R}^+$ 对于上面定义的运算构成 $\mathbf{R}$ 上的线性空间.

下面我们根据线性空间的定义来证明线性空间的一些简单性质.

性质 3.1 零元素是惟一的.

证 假设 $\mathbf{0}_1,\mathbf{0}_2$ 是线性空间 V 中的两个零元素,即对任何 $\alpha\in V$,有 $\alpha+\mathbf{0}_1=\alpha,\alpha+\mathbf{0}_2=\alpha$,于是有

$$\mathbf{0}_2+\mathbf{0}_1=\mathbf{0}_2,\ \mathbf{0}_1+\mathbf{0}_2=\mathbf{0}_1,$$

故
$$\mathbf{0}_1=\mathbf{0}_1+\mathbf{0}_2=\mathbf{0}_2+\mathbf{0}_1=\mathbf{0}_2.$$

性质 3.2 任一元素的负元素是惟一的(α 的负元素记做 $-\boldsymbol{\alpha}$).

证 假设 $\boldsymbol{\alpha}$ 有两个负元素 $\boldsymbol{\beta}$ 与 $\boldsymbol{\gamma}$,即 $\boldsymbol{\alpha}+\boldsymbol{\beta}=\mathbf{0},\ \boldsymbol{\alpha}+\boldsymbol{\gamma}=\mathbf{0}$. 于是

$$\boldsymbol{\beta}=\boldsymbol{\beta}+0=\boldsymbol{\beta}+(\boldsymbol{\alpha}+\boldsymbol{\gamma})=(\boldsymbol{\beta}+\boldsymbol{\alpha})+\boldsymbol{\gamma}=\mathbf{0}+\boldsymbol{\gamma}=\boldsymbol{\gamma}.$$

性质 3.3 $0\boldsymbol{\alpha}=\mathbf{0}$; $(-1)\boldsymbol{\alpha}=-\boldsymbol{\alpha}$; $k\mathbf{0}=\mathbf{0}$.

证 因为 $\boldsymbol{\alpha}+0\boldsymbol{\alpha}=1\boldsymbol{\alpha}+0\boldsymbol{\alpha}=(1+0)\boldsymbol{\alpha}=1\boldsymbol{\alpha}=\boldsymbol{\alpha}$,所以 $0\boldsymbol{\alpha}=\mathbf{0}$;

又因为 $\boldsymbol{\alpha}+(-1)\boldsymbol{\alpha}=1\boldsymbol{\alpha}+(-1)\boldsymbol{\alpha}=[1+(-1)]\boldsymbol{\alpha}=0\boldsymbol{\alpha}=\mathbf{0}$,所以 $(-1)\boldsymbol{\alpha}=-\boldsymbol{\alpha}$;而

$$k0=k[\boldsymbol{\alpha}+(-1)\boldsymbol{\alpha}]=k\boldsymbol{\alpha}+(-k)\boldsymbol{\alpha}=[k+(-k)]\boldsymbol{\alpha}=0\boldsymbol{\alpha}=0.$$

性质 3.4 如果 $k\boldsymbol{\alpha}=\mathbf{0}$，那么 $k=0$ 或者 $\boldsymbol{\alpha}=\mathbf{0}$.

证 假设 $k\neq 0$，那么

$$\boldsymbol{\alpha}=1\boldsymbol{\alpha}=\left(\frac{1}{k}\cdot k\right)\boldsymbol{\alpha}=\frac{1}{k}(k\boldsymbol{\alpha})=\frac{1}{k}\mathbf{0}=\mathbf{0}.$$

§3.1中子空间的概念也可以推广到一般线性空间中.

定义 3.12 **R**上线性空间 V 的一个非空子集合 W 如果对于 V 的两种运算也构成数域**R**上的线性空间，称 W 为 V 的线性子空间(简称子空间).

一个非空子集要满足什么条件才构成子空间?因为 W 是 V 的一部分，V 中运算对 W 而言，规律(1)、(2)、(5)、(6)、(7)、(8)显然被满足，因此只要 W 对运算封闭且满足规律(3)、(4)即可，但由线性空间的性质3.3知，若 W 对运算封闭，则能满足规律(3)、(4)，因此有下述定理.

定理 3.19 线性空间 V 的非空子集 W 构成 V 的子空间的充分必要条件是 W 对于 V 中的两种运算封闭.

例 7 在全体实函数组成的线性空间中，所有实系数多项式组成 V 的一个子空间.

例 8 实数域**R**上所有 n 阶方阵组成的线性空间 $\mathbf{R}^{n\times n}$ 中，所有对称矩阵组成 $\mathbf{R}^{n\times n}$ 的一个子空间.

在3.3节，我们讨论了 n 维数组向量之间的关系，介绍了一些重要概念，如线性组合、线性相关与线性无关等，这些概念及有关性质只涉及线性运算，因此，对于一般的线性空间中的元素(向量)仍然适用，同样基与维数的概念也适用于一般的线性空间.

我们讨论了 n 维向量空间的基与维数的概念，它们同样适用于一般的线性空间.

例 9 在线性空间 $P[x]_3$ 中，$\alpha_1=1,\alpha_2=x,\alpha_3=x^2,\alpha_4=x^3$ 线性无关，$P[x]_3$ 中的任一多项式

$$f(x)=a_3x^3+a_2x^2+a_1x+a_0$$

可以写成

$$f(x)=a_3\alpha_4+a_2\alpha_3+a_1\alpha_2+a_0\alpha_1,$$

因此，$\alpha_1,\alpha_2,\alpha_3,\alpha_4$ 是 $P[x]_3$ 的一个基，$P[x]_3$ 的维数是4，而 $f(x)$ 在基 $\alpha_1,\alpha_2,\alpha_3,\alpha_4$ 下的坐标为 (a_0,a_1,a_2,a_3).

易见 $\beta_1=1,\beta_2=1+x,\beta_3=2x^2,\beta_4=x^3$ 也是 $P[x]_3$ 的一个基，而

$$f(x)=(a_0-a_1)\beta_1+a_1\beta_2+\frac{a_2}{2}\beta_3+a_3\beta_4,$$

因此 $f(x)$ 在基 $\beta_1,\beta_2,\beta_3,\beta_4$ 下的坐标为 $\left(a_0-a_1,a_1,\dfrac{a_2}{2},a_3\right)$.

n 维线性空间中基变换与坐标变换也可以推广到一般的线性空间.

例 10 在例9中，有 $(\beta_1,\beta_2,\beta_3,\beta_4)=(\alpha_1,\alpha_2,\alpha_3,\alpha_4)\begin{pmatrix}1&1&0&0\\0&1&0&0\\0&0&2&0\\0&0&0&1\end{pmatrix}$，从基 $\alpha_1,\alpha_2,\alpha_3,\alpha_4$ 到 $\beta_1,\beta_2,\beta_3,\beta_4$ 的过渡矩阵为

$$P=\begin{pmatrix}1&1&0&0\\0&1&0&0\\0&0&2&0\\0&0&0&1\end{pmatrix},\ P^{-1}=\begin{pmatrix}1&1&0&0\\0&1&0&0\\0&0&2&0\\0&0&0&1\end{pmatrix}^{-1}=\begin{pmatrix}1&-1&0&0\\0&1&0&0\\0&0&\frac{1}{2}&0\\0&0&0&1\end{pmatrix}.$$

$f(x)$ 在 $\alpha_1,\alpha_2,\alpha_3,\alpha_4$ 下的坐标为(a_0,a_1,a_2,a_3)，在 $\beta_1,\beta_2,\beta_3,\beta_4$ 下的坐标为

$$P^{-1}\begin{pmatrix}a_0\\a_1\\a_2\\a_3\end{pmatrix}=\begin{pmatrix}1&-1&0&0\\0&1&0&0\\0&0&\frac{1}{2}&0\\0&0&0&1\end{pmatrix}\begin{pmatrix}a_0\\a_1\\a_2\\a_3\end{pmatrix}=\begin{pmatrix}a_0-a_1\\a_1\\\frac{1}{2}a_2\\a_3\end{pmatrix}.$$

习题 3.5

1. 检验以下集合对于所指的线性运算是否构成实数域上的线性空间.

(1) 二阶反对称(上三角)矩阵，对于矩阵的加法和数量乘法；

(2) 平面上全体向量，对于通常的加法和如下定义的数量乘法

$$k\circ\alpha=\alpha;$$

(3) 二阶可逆矩阵的全体，对于通常矩阵的加法与数量乘法；

(4) 与向量$(1,1,0)$不平行的全体 3 维数组向量，对于数组向量的加法与数量乘法.

2. 求 $\mathbf{R}^{2\times3}$ 的一个基，并求在这个基下矩阵 $A=\begin{pmatrix}-1&1&5\\2&-3&0\end{pmatrix}$的坐标.

3. 在线性空间 $\mathbf{R}^{2\times2}$ 中，设有两组基.

(Ⅰ) $E_{11}=\begin{pmatrix}1&0\\0&0\end{pmatrix},E_{12}=\begin{pmatrix}0&1\\0&0\end{pmatrix},E_{21}=\begin{pmatrix}0&0\\1&0\end{pmatrix},E_{22}=\begin{pmatrix}0&0\\0&1\end{pmatrix}$；

(Ⅱ) $E'_{11}=\begin{pmatrix}1&1\\1&1\end{pmatrix},E'_{12}=\begin{pmatrix}1&1\\1&0\end{pmatrix},E'_{21}=\begin{pmatrix}1&1\\0&0\end{pmatrix},E'_{22}=\begin{pmatrix}1&0\\0&0\end{pmatrix}$.

试求：(1) 基(Ⅰ)到基(Ⅱ)的过渡矩阵；

(2) 矩阵 $A=\begin{pmatrix}1&2\\3&4\end{pmatrix}$在基(Ⅰ)和基(Ⅱ)下的坐标.

4. 在 $P[x]_2$ 中取两个基：

(Ⅰ) $\alpha_1=1+x+x^2,\ \alpha_2=x+x^2,\ \alpha_3=x^2$；

(Ⅱ) $\beta_1=1,\ \beta_2=-1+x,\ \beta_3=-1-x+x^2$；

试求坐标变换公式.

5. 在 $\mathbf{R}^{2\times2}$ 中取

$$\alpha_1=\begin{pmatrix}1&2\\3&4\end{pmatrix},\quad\alpha_2=\begin{pmatrix}3&1\\9&12\end{pmatrix},\quad\alpha_3=\begin{pmatrix}2&5\\6&8\end{pmatrix},\quad\alpha_4=\begin{pmatrix}1&6\\2&3\end{pmatrix}.$$

试求 $L(\alpha_1,\alpha_2,\alpha_3,\alpha_4)$ 的维数与基.

6. 证明三阶对称矩阵的全体 S 构成线性空间，且 S 的维数为 6.

§3.6 线性变换及其基下的矩阵

第2章介绍了向量空间中的线性变换,本节介绍一般线性空间中的线性变换.

定义3.13 线性空间 V 中的一个变换 T 称为线性变换,如果 T 满足

(1) $\forall \boldsymbol{\alpha},\boldsymbol{\beta} \in V,\ T(\boldsymbol{\alpha}+\boldsymbol{\beta}) = T(\boldsymbol{\alpha}) + T(\boldsymbol{\beta})$;

(2) $\forall k \in \mathbf{R},\boldsymbol{\alpha} \in V, T(k\boldsymbol{\alpha}) = kT(\boldsymbol{\alpha})$.

例1 第2章定义的向量空间中的线性变换

$$T\boldsymbol{\alpha} = A\boldsymbol{\alpha},(\boldsymbol{\alpha} \in \mathbf{R}^n,\ A \in \mathbf{R}^{n\times n})$$

满足以上线性变换的定义,是线性变换.

例2 n 维向量空间 $\mathbf{R}^n$ 中的平移变换

$$T\boldsymbol{\alpha} = \boldsymbol{\alpha} + \boldsymbol{\alpha}_0,(\text{其中 } \boldsymbol{\alpha}_0 \text{ 是 } \mathbf{R}^n \text{ 中的一个固定向量})$$

不是线性变换.

例3 在线性空间 $P[x]$ 中,微分运算 D 是一个线性变换.

因为

$$D[f(x)+g(x)] = [f(x)+g(x)]' = f'(x)+g'(x) = Df(x)+Dg(x),$$
$$D[kf(x)] = [kf(x)]' = kf'(x) = kDf(x).$$

线性变换具有下述性质:

性质3.5 (1) $T(0) = 0,\ T(-\boldsymbol{\alpha}) = -T(\boldsymbol{\alpha})$;

(2) 若 $\boldsymbol{\beta} = k_1\boldsymbol{\alpha}_1 + k_2\boldsymbol{\alpha}_2 + \cdots + k_n\boldsymbol{\alpha}_n$,则

$$T\boldsymbol{\beta} = k_1 T\boldsymbol{\alpha}_1 + k_2 T\boldsymbol{\alpha}_2 + \cdots + k_n T\boldsymbol{\alpha}_n;$$

(3) 若 $\boldsymbol{\alpha}_1,\boldsymbol{\alpha}_2,\cdots,\boldsymbol{\alpha}_n$ 线性相关,则 $T\boldsymbol{\alpha}_1,T\boldsymbol{\alpha}_2,\cdots,T\boldsymbol{\alpha}_n$ 也线性相关.

(4) 线性变换 T 的像集是 V 的子空间,称为 T 的像空间,用 $T(V)$ 表示.

证 设 $\boldsymbol{\beta}_1,\boldsymbol{\beta}_2 \in T(V)$,那么,存在 $\boldsymbol{\alpha}_1,\boldsymbol{\alpha}_2 \in V$ 使

$$\boldsymbol{\beta}_1 = T\boldsymbol{\alpha}_1,\ \boldsymbol{\beta}_2 = T\boldsymbol{\alpha}_2,$$

从而

$$\boldsymbol{\beta}_1 + \boldsymbol{\beta}_2 = T\boldsymbol{\alpha}_1 + T\boldsymbol{\alpha}_2 = T(\boldsymbol{\alpha}_1+\boldsymbol{\alpha}_2) \in T(V) \quad (\text{因 } \boldsymbol{\alpha}_1+\boldsymbol{\alpha}_2 \in V);$$
$$k\boldsymbol{\beta}_1 = kT\boldsymbol{\alpha}_1 = T(k\boldsymbol{\alpha}_1) \in T(V) \quad (\text{因 } k\boldsymbol{\alpha}_1 \in V).$$

因此,$T(V)$ 是 V 的子空间.

(5) 使 $T\boldsymbol{\alpha} = 0$ 的 $\boldsymbol{\alpha}$ 的全体

$$\{\boldsymbol{\alpha} \mid \boldsymbol{\alpha} \in V,\ T\boldsymbol{\alpha} = 0\}$$

也是 V 的子空间,称为线性变换 T 的核,记为 $T^{-1}(0)$.

证 设 $\boldsymbol{\alpha}_1,\boldsymbol{\alpha}_2 \in T^{-1}(0)$,那么 $T\boldsymbol{\alpha}_1 = T\boldsymbol{\alpha}_2 = 0$,

从而

$$T(\boldsymbol{\alpha}_1+\boldsymbol{\alpha}_2) = T\boldsymbol{\alpha}_1 + T\boldsymbol{\alpha}_2 = 0+0 = 0,\ \text{即 } \boldsymbol{\alpha}_1+\boldsymbol{\alpha}_2 \in T^{-1}(0),$$
$$T(k\boldsymbol{\alpha}_1) = kT(\boldsymbol{\alpha}_1) = k\cdot 0 = 0,\ \text{即 } k\boldsymbol{\alpha}_1 \in T^{-1}(0).$$

因此,$T^{-1}(0)$ 是 V 的子空间.

例 4 设 $\boldsymbol{A}=(\boldsymbol{\alpha}_1,\boldsymbol{\alpha}_2,\cdots,\boldsymbol{\alpha}_n)\in\mathbf{R}^{n\times n}$，$\boldsymbol{\alpha}_i\in\mathbf{R}^n(i=1,2,\cdots,n)$，$x=\begin{pmatrix}x_1\\x_2\\\vdots\\x_n\end{pmatrix}\in\mathbf{R}^n$，

$T\boldsymbol{x}=\boldsymbol{A}\boldsymbol{x}$，则

$$T\boldsymbol{x}=\boldsymbol{A}\boldsymbol{x}=(\boldsymbol{\alpha}_1,\boldsymbol{\alpha}_2,\cdots,\boldsymbol{\alpha}_n)\begin{pmatrix}x_1\\x_2\\\vdots\\x_n\end{pmatrix}=x_1\boldsymbol{\alpha}_1+x_2\boldsymbol{\alpha}_2+\cdots+x_n\boldsymbol{\alpha}_n,$$

可见：

T 的像空间是由 $\boldsymbol{\alpha}_1,\boldsymbol{\alpha}_2,\cdots,\boldsymbol{\alpha}_n$ 生成的向量空间 $L(\boldsymbol{\alpha}_1,\boldsymbol{\alpha}_2,\cdots,\boldsymbol{\alpha}_n)$；

T 的核 $T^{-1}(\mathbf{0})$ 是齐次线性方程组 $\boldsymbol{A}\boldsymbol{x}=\mathbf{0}$ 的解空间.

我们在第 2 章学习过的线性变换中，关系式

$$T(\boldsymbol{x})=\boldsymbol{A}\boldsymbol{x},\ (\boldsymbol{x}\in\mathbf{R}^n,\ \boldsymbol{A}\in\mathbf{R}^{n\times n})$$

简单明了地表示出 $\mathbf{R}^n$ 中的一个线性变换，我们当然希望任意的一个 n 维线性空间 V_n 中任何一个线性变换都能用这样的关系式来表示.

设 $\varepsilon_1,\varepsilon_2,\cdots,\varepsilon_n$ 是线性空间 V_n 的一个基，T 是 V_n 的一个线性变换，基向量的像仍是 V_n 中的向量，故可以被基线性表出

$$\begin{cases}T\varepsilon_1=a_{11}\varepsilon_1+a_{21}\varepsilon_2+\cdots+a_{n1}\varepsilon_n,\\T\varepsilon_2=a_{12}\varepsilon_1+a_{22}\varepsilon_2+\cdots+a_{n2}\varepsilon_n,\\\vdots\qquad\vdots\qquad\vdots\qquad\vdots\\T\varepsilon_n=a_{1n}\varepsilon_1+a_{2n}\varepsilon_2+\cdots+a_{nn}\varepsilon_n.\end{cases}$$

用矩阵来表示就是：

$$T(\varepsilon_1,\varepsilon_2,\cdots,\varepsilon_n)=(T\varepsilon_1,T\varepsilon_2,\cdots,T\varepsilon_n)=(\varepsilon_1,\varepsilon_2,\cdots,\varepsilon_n)\boldsymbol{A},$$

其中

$$\boldsymbol{A}=\begin{pmatrix}a_{11}&a_{12}&\cdots&a_{1n}\\a_{21}&a_{22}&\cdots&a_{2n}\\\vdots&\vdots&\cdots&\vdots\\a_{n1}&a_{n2}&\cdots&a_{nn}\end{pmatrix}.$$

因 $\varepsilon_1,\varepsilon_2,\cdots,\varepsilon_n$ 线性无关，上式中的 a_{ij} 是由 T 惟一确定的，即可见 $\boldsymbol{A}$ 由 T 惟一确定.

定义 3.14 设 $\varepsilon_1,\varepsilon_2,\cdots,\varepsilon_n$ 是线性空间 V_n 的一个基，T 是 V_n 的一个线性变换，由等式

$$T(\varepsilon_1,\varepsilon_2,\cdots,\varepsilon_n)=(\varepsilon_1,\varepsilon_2,\cdots,\varepsilon_n)A$$

所确定的 n 阶方阵 A 称为线性变换 T 在基 $\varepsilon_1,\varepsilon_2,\cdots,\varepsilon_n$ 下的矩阵.

反过来，给定一个方阵 A，定义变换 T

$$T\boldsymbol{\alpha}=T\left[(\varepsilon_1,\varepsilon_2,\cdots,\varepsilon_n)\begin{pmatrix}x_1\\x_2\\\vdots\\x_n\end{pmatrix}\right]=(\varepsilon_1,\varepsilon_2,\cdots,\varepsilon_n)\boldsymbol{A}\begin{pmatrix}x_1\\x_2\\\vdots\\x_n\end{pmatrix}$$

这里 $\boldsymbol{\alpha}=x_1\varepsilon_1+x_2\varepsilon_2+\cdots+x_n\varepsilon_n$. 易见 T 是由 n 阶矩阵 A 确定的线性变换，且 T 在基 $\varepsilon_1,\varepsilon_2$，

$\cdots,\varepsilon_n$ 下的矩阵是 $\boldsymbol{A}$.

这样,在 V_n 中取定一个基后,V_n 中的线性变换与 n 阶矩阵之间,有一一对应的关系.

由线性变换 T 的关系式容易看出,$\boldsymbol{\alpha}$ 与 $T\boldsymbol{\alpha}$ 在基 $\varepsilon_1,\varepsilon_2,\cdots,\varepsilon_n$ 下的坐标分别为

$$\begin{pmatrix} x_1 \\ x_2 \\ \vdots \\ x_n \end{pmatrix}, \quad \boldsymbol{A}\begin{pmatrix} x_1 \\ x_2 \\ \vdots \\ x_n \end{pmatrix}.$$

例 5　在 $P[x]_3$ 中,取基 $\varepsilon_1=1,\varepsilon_2=x,\varepsilon_3=x^2,\varepsilon_4=x^3$,求微分运算 D(线性变换)在这个基下的矩阵.

解

$$\begin{aligned} D\varepsilon_1 &= 0 = 0\varepsilon_1+0\varepsilon_2+0\varepsilon_3+0\varepsilon_4 \\ D\varepsilon_2 &= 1 = 1\varepsilon_1+0\varepsilon_2+0\varepsilon_3+0\varepsilon_4 \\ D\varepsilon_3 &= 2x = 0\varepsilon_1+2\varepsilon_2+0\varepsilon_3+0\varepsilon_4 \\ D\varepsilon_4 &= 3x^2 = 0\varepsilon_1+0\varepsilon_2+3\varepsilon_3+0\varepsilon_4 \end{aligned}$$

所以 $\boldsymbol{D}$ 在这个基下的矩阵为

$$\boldsymbol{D}=\begin{pmatrix} 0 & 1 & 0 & 0 \\ 0 & 0 & 2 & 0 \\ 0 & 0 & 0 & 3 \\ 0 & 0 & 0 & 0 \end{pmatrix}.$$

例 6　在 $\mathbf{R}^3$ 中,取基 $\boldsymbol{e}_1=(1,0,0),\boldsymbol{e}_2=(0,1,0),\boldsymbol{e}_3=(0,0,1)$,$T$ 表示将向量投影到 yOz 平面的线性变换,即

$$T(x\boldsymbol{e}_1+y\boldsymbol{e}_2+z\boldsymbol{e}_3)=y\boldsymbol{e}_2+z\boldsymbol{e}_3.$$

(1) 求 T 在基 $\boldsymbol{e}_1,\boldsymbol{e}_2,\boldsymbol{e}_3$ 下的矩阵;

(2) 取基为 $\boldsymbol{\varepsilon}_1=2\boldsymbol{e}_1,\boldsymbol{\varepsilon}_2=\boldsymbol{e}_1-2\boldsymbol{e}_2,\boldsymbol{\varepsilon}_3=\boldsymbol{e}_3$,求 T 在该基下的矩阵.

解　(1)

$$\begin{aligned} T\boldsymbol{e}_1 &= T(\boldsymbol{e}_1+0\boldsymbol{e}_2+0\boldsymbol{e}_3)=0, \\ T\boldsymbol{e}_2 &= T(0\boldsymbol{e}_1+\boldsymbol{e}_2+0\boldsymbol{e}_3)=\boldsymbol{e}_2, \\ T\boldsymbol{e}_3 &= T(0\boldsymbol{e}_1+0\boldsymbol{e}_2+\boldsymbol{e}_3)=\boldsymbol{e}_3, \end{aligned}$$

即

$$T(\boldsymbol{e}_1,\boldsymbol{e}_2,\boldsymbol{e}_3)=(\boldsymbol{e}_1,\boldsymbol{e}_2,\boldsymbol{e}_3)\begin{pmatrix} 0 & 0 & 0 \\ 0 & 1 & 0 \\ 0 & 0 & 1 \end{pmatrix}.$$

所以 T 在基 $\boldsymbol{e}_1,\boldsymbol{e}_2,\boldsymbol{e}_3$ 下的矩阵为:$\begin{pmatrix} 0 & 0 & 0 \\ 0 & 1 & 0 \\ 0 & 0 & 1 \end{pmatrix}$.

(2)

$$T\boldsymbol{\varepsilon}_1=T(2\boldsymbol{e}_1)=2T\boldsymbol{e}_1=0,$$

$$T\boldsymbol{\varepsilon}_2=T(\boldsymbol{e}_1-2\boldsymbol{e}_2)=T\boldsymbol{e}_1-2T\boldsymbol{e}_2=-2\boldsymbol{e}_2=-\boldsymbol{e}_1+\boldsymbol{e}_1-2\boldsymbol{e}_2=-\frac{1}{2}\boldsymbol{\varepsilon}_1+\boldsymbol{\varepsilon}_2,$$

$$T\boldsymbol{\varepsilon}_3=T\boldsymbol{e}_3=\boldsymbol{e}_3=\boldsymbol{\varepsilon}_3.$$

即

$$T(\boldsymbol{\varepsilon}_1,\boldsymbol{\varepsilon}_2,\boldsymbol{\varepsilon}_3)=(\boldsymbol{\varepsilon}_1,\boldsymbol{\varepsilon}_2,\boldsymbol{\varepsilon}_3)\begin{pmatrix} 0 & -\frac{1}{2} & 0 \\ 0 & 1 & 0 \\ 0 & 0 & 1 \end{pmatrix}.$$

由上例可见,同一个线性变换在不同基下的矩阵一般是不同的,一般地,我们有下述定理.

定理 3.20 设线性空间 V_n 中的线性变换 T 在两组基

$$(\mathrm{I})\ \boldsymbol{\varepsilon}_1,\boldsymbol{\varepsilon}_2,\cdots,\boldsymbol{\varepsilon}_n;$$

$$(\mathrm{II})\ \eta_1,\eta_2,\cdots,\eta_n,$$

下的矩阵分别为 $\boldsymbol{A}$ 和 $\boldsymbol{B}$,从基(Ⅰ)到基(Ⅱ)的过渡矩阵为 $\boldsymbol{P}$,则 $\boldsymbol{B}=\boldsymbol{P}^{-1}\boldsymbol{AP}$(此时,称 $\boldsymbol{A}$ 与 $\boldsymbol{B}$ 相似).

证 由假设,有 $(\eta_1,\eta_2,\cdots,\eta_n)=(\boldsymbol{\varepsilon}_1,\boldsymbol{\varepsilon}_2,\cdots,\boldsymbol{\varepsilon}_n)P$, P 可逆;及

$$T(\boldsymbol{\varepsilon}_1,\boldsymbol{\varepsilon}_2,\cdots,\boldsymbol{\varepsilon}_n)=(\boldsymbol{\varepsilon}_1,\boldsymbol{\varepsilon}_2,\cdots,\boldsymbol{\varepsilon}_n)A,$$

$$T(\eta_1,\eta_2,\cdots,\eta_n)=(\eta_1,\eta_2,\cdots,\eta_n)B.$$

于是

$$\begin{aligned}(\eta_1,\eta_2,\cdots,\eta_n)B&=T(\eta_1,\eta_2,\cdots,\eta_n)=T[(\boldsymbol{\varepsilon}_1,\boldsymbol{\varepsilon}_2,\cdots,\boldsymbol{\varepsilon}_n)P]\\&=[T(\boldsymbol{\varepsilon}_1,\boldsymbol{\varepsilon}_2,\cdots,\boldsymbol{\varepsilon}_n)]P=(\boldsymbol{\varepsilon}_1,\boldsymbol{\varepsilon}_2,\cdots,\boldsymbol{\varepsilon}_n)AP\\&=(\eta_1,\eta_2,\cdots,\eta_n)P^{-1}AP.\end{aligned}$$

因 $\eta_1,\eta_2,\cdots,\eta_n$ 线性无关,所以

$$B=P^{-1}AP.$$

例 7 在例 16 中

$$(\boldsymbol{\varepsilon}_1,\boldsymbol{\varepsilon}_2,\boldsymbol{\varepsilon}_3)=(\boldsymbol{e}_1,\boldsymbol{e}_2,\boldsymbol{e}_3)\begin{pmatrix}2&1&0\\0&-2&0\\0&0&1\end{pmatrix},$$

基 $\boldsymbol{e}_1,\boldsymbol{e}_2,\boldsymbol{e}_3$ 到基 $\boldsymbol{\varepsilon}_1,\boldsymbol{\varepsilon}_2,\boldsymbol{\varepsilon}_3$ 的过渡矩阵 $P=\begin{pmatrix}2&1&0\\0&-2&0\\0&0&1\end{pmatrix}$,

T 在基 $\boldsymbol{e}_1,\boldsymbol{e}_2,\boldsymbol{e}_3$ 下矩阵为 $A=\begin{pmatrix}0&0&0\\0&1&0\\0&0&1\end{pmatrix}$. 由定理 3.20,$T$ 在基 $\boldsymbol{\varepsilon}_1,\boldsymbol{\varepsilon}_2,\boldsymbol{\varepsilon}_3$ 下的矩阵为

$$\begin{aligned}P^{-1}AP&=\begin{pmatrix}2&1&0\\0&-2&0\\0&0&1\end{pmatrix}^{-1}\begin{pmatrix}0&0&0\\0&1&0\\0&0&1\end{pmatrix}\begin{pmatrix}2&1&0\\0&-2&0\\0&0&1\end{pmatrix}\\&=\begin{pmatrix}\frac{1}{2}&\frac{1}{4}&0\\0&-\frac{1}{2}&0\\0&0&1\end{pmatrix}\begin{pmatrix}0&0&0\\0&1&0\\0&0&1\end{pmatrix}\begin{pmatrix}2&1&0\\0&-2&0\\0&0&1\end{pmatrix}\\&=\begin{pmatrix}0&\frac{1}{4}&0\\0&-\frac{1}{2}&0\\0&0&1\end{pmatrix}\begin{pmatrix}2&1&0\\0&-2&0\\0&0&1\end{pmatrix}=\begin{pmatrix}0&-\frac{1}{2}&0\\0&1&0\\0&0&1\end{pmatrix}\end{aligned}$$

这与例 16 的结论是一致的.

定义 3.15　线性变换 T 的像空间 $T(V_n)$ 的维数，称为 T 的秩；T 的核 $T^{-1}(0)$ 的维数，称为 T 的零度.

显然，若 $\boldsymbol{A}$ 是 T 在一个基下的矩阵，则 T 的秩就是 $\mathbf{R}(\boldsymbol{A})$. 若 T 的秩为 r，则 T 的零度为 $n-r$.

习题 3.6

1. 判别下面定义的变换，哪些是线性变换，哪些不是：

(1) 在线性空间 V 中，$T(\boldsymbol{\alpha})=\boldsymbol{\alpha}_0$，其中 $\boldsymbol{\alpha}_0$ 是 V 的一个固定向量；

(2) 在 $\mathbf{R}[x]$ 中，$T(f(x))=f(x+1)$；

(3) 在 $\mathbf{R}[x]$ 中，$T(f(x))=f(x_0)$，其中 x_0 是 $\mathbf{R}$ 中一固定的数；

(4) 在 $\mathbf{R}^3$ 中，$T(x,y,z)=(x^2,x+y,z^2)$；

(5) 在 $\mathbf{R}^3$ 中，$T(x,y,z)=(2x-y,y+z,x)$.

2. 设 V 是 n 阶对称矩阵的全体构成线性空间$\left(\text{维数为}\dfrac{n(n+1)}{2}\right)$，给定 n 阶方阵 P，变换

$$T(\boldsymbol{A})=\boldsymbol{P}'\boldsymbol{A}\boldsymbol{P},\ \forall\,\boldsymbol{A}\in V$$

称为合同变换，试证合同变换 T 是 V 中的线性变换.

3. 函数集合

$$V_3=\{\boldsymbol{\alpha}=(a_2x^2+a_1x+a_0)e^x \mid a_2,a_1,a_0\in\mathbf{R}\}$$

对于函数的加法与数乘构成三维线性空间，在其中取一个基

$$\boldsymbol{\alpha}_1=x^2e^x,\ \boldsymbol{\alpha}_2=2xe^x,\ \boldsymbol{\alpha}_3=3e^x,$$

试求微分运算 D 在这个基下的矩阵.

4. 二阶对称矩阵的全体

$$V_3=\left\{\boldsymbol{A}=\begin{pmatrix}a_1 & a_2\\ a_2 & a_3\end{pmatrix}\middle|\, a_1,a_2,a_3\in\mathbf{R}\right\}$$

对于矩阵的加法与数乘构成三维线性空间，在 V_3 中取一个基

$$\boldsymbol{A}_1=\begin{pmatrix}1 & 0\\ 0 & 0\end{pmatrix},\ \boldsymbol{A}_2=\begin{pmatrix}0 & 1\\ 1 & 0\end{pmatrix},\ \boldsymbol{A}_3=\begin{pmatrix}0 & 0\\ 0 & 1\end{pmatrix}.$$

在 V_3 中定义线性变换

$$T(\boldsymbol{A})=\begin{pmatrix}1 & 1\\ 1 & 1\end{pmatrix}\boldsymbol{A}\begin{pmatrix}1 & 1\\ 1 & 1\end{pmatrix},\ \forall\,\boldsymbol{A}\in V_3,$$

试求 T 在基 $\boldsymbol{A}_1,\boldsymbol{A}_2,\boldsymbol{A}_3$ 下的矩阵及 T 的像空间与 T 的核.

5. 在线性空间 $\mathbf{R}^3$ 中，给定两组基：

(Ⅰ) $\boldsymbol{\alpha}_1=(1,0,1),\ \boldsymbol{\alpha}_2=(2,1,0),\ \boldsymbol{\alpha}_3=(1,1,1)$.

(Ⅱ) $\boldsymbol{\beta}_1=(1,2,-1),\ \boldsymbol{\beta}_2=(2,2,-1),\ \boldsymbol{\beta}_3=(2,-1,-1)$.

且定义 T 为 $T(\boldsymbol{\alpha}_i)=\boldsymbol{\beta}_i,\ i=1,2,3$.

试求(1) 基(Ⅰ)到基(Ⅱ)的过渡矩阵；

(2) T 关于基(Ⅰ)的矩阵 $\boldsymbol{A}$；

(3) T 关于基(Ⅱ)的矩阵 $\boldsymbol{B}$.

第4章 线性方程组

在第1章里,我们曾用行列式作为工具,根据克莱姆法则求解线性方程组;在第3章中又介绍了用求逆矩阵的方法来求解线性方程组.这都要求方程组中的方程个数和未知量的个数相同,且方程组的系数行列式不为零.下面我们来讨论含 n 个未知量、m 个方程的线性方程组的求解问题.为此,我们引入矩阵秩的概念.

§4.1 矩阵的秩

在 $m\times n$ 矩阵 $\boldsymbol{A}$ 中,任取 k 行、k 列相交处的元素,按原来相对位置构成的 k 阶行列式,称为 $\boldsymbol{A}$ 的 k 阶子式.其中 $k\leqslant\min\{m,n\}$,$\boldsymbol{A}$ 中共有 $C_m^k\cdot C_n^k$ 个 k 阶子式.

例如,在矩阵

$$\boldsymbol{A}=\begin{bmatrix}3&2&1&1\\1&2&-3&2\\4&4&-2&3\end{bmatrix}$$

中,取第二、三两行和第三、四两列相交处的元素得二阶行列式

$$\begin{vmatrix}-3&2\\-2&3\end{vmatrix}$$

是 $\boldsymbol{A}$ 的一个二阶子式;取第一、二、三行,第一、三、四列相交处的元素构成三阶行列式

$$\begin{vmatrix}3&1&1\\1&-3&2\\4&-2&3\end{vmatrix}$$

是 $\boldsymbol{A}$ 的一个三阶子式.

定义 4.1 如果矩阵 $\boldsymbol{A}$ 中存在不等于0的 r 阶子式,而 $\boldsymbol{A}$ 的所有 $r+1$ 阶子式(如果存在)都等于0,则称矩阵 $\boldsymbol{A}$ 的秩为 r,记做 $R(\boldsymbol{A})=r$.特别地,当矩阵 $\boldsymbol{A}$ 为方阵时,若 $|\boldsymbol{A}|\neq 0$,则称 $\boldsymbol{A}$ 为满秩矩阵.并且规定零矩阵的秩为零.

例如,在上述矩阵 $\boldsymbol{A}$ 中的一个二阶子式

$$\begin{vmatrix}3&2\\1&2\end{vmatrix}=4\neq 0$$

且 $\boldsymbol{A}$ 的4个三阶子式都为零,所以矩阵 $\boldsymbol{A}$ 的秩等于2,即 $R(\boldsymbol{A})=2$.

用定义求矩阵的秩是不方便的,下面介绍用初等变换求矩阵的秩.

定理 4.1 矩阵经初等变换后,其秩不变.

证 矩阵的初等变换有三种,我们分别来讨论:

(1) 由行列式性质1.2知,交换矩阵 $\boldsymbol{A}$ 的任意两行(或两列),则变换后的矩阵 $\boldsymbol{B}$ 的每一

个子式与原来矩阵中对应的子式或者相等，或者只改变正负号，故矩阵的秩不变.

(2) 由行列式性质1.3知，变换后的矩阵 $\boldsymbol{B}$ 的子式与原来矩阵 $\boldsymbol{A}$ 对应的子式或者相等，或者改变 $k(k\neq 0)$ 倍，故矩阵的秩不变.

(3) 设用数 k 乘矩阵 $\boldsymbol{A}$ 的第 i 行加到第 j 行上，得到矩阵 $\boldsymbol{B}$，并假定 $\boldsymbol{A}$ 的秩为 r.

易知 $\boldsymbol{B}$ 中任意一个 $r+1$ 阶子式 $\boldsymbol{B}_1$ 若不含 $\boldsymbol{B}$ 的第 j 行，$\boldsymbol{B}_1$ 就是 $\boldsymbol{A}$ 的一个 $r+1$ 阶子式，因此，$|\boldsymbol{B}_1|=0$；若 $r+1$ 阶子式 $\boldsymbol{B}_1$ 含 $\boldsymbol{B}$ 的第 j 行同时又含 $\boldsymbol{B}$ 的第 i 行元素，由 §1.3 中的行列式性质1.6知，$\boldsymbol{B}_1$ 与 $\boldsymbol{A}$ 中一个 $r+1$ 阶子式相等，所以这时也有 $|\boldsymbol{B}|_1=0$；若 $\boldsymbol{B}_1$ 含 $\boldsymbol{B}$ 的第 j 行但不含 $\boldsymbol{B}$ 的第 i 行，根据行列式的性质1.5，有 $\boldsymbol{B}_1=\boldsymbol{A}_1+k\boldsymbol{A}_2$，这里 $\boldsymbol{A}_1$、$\boldsymbol{A}_2$ 都是 $\boldsymbol{A}$ 的 $r+1$ 阶子式，所以也得到 $|\boldsymbol{B}_1|=0$. 因为 $\boldsymbol{B}_1$ 在矩阵 $\boldsymbol{B}$ 中的位置只有这三种情形，所以 $\boldsymbol{B}$ 的任意 $r+1$ 阶子式都是零. 这说明

$$R(\boldsymbol{B})\leqslant R(\boldsymbol{A}).$$

由于用 $-k$ 乘 $\boldsymbol{B}$ 的第 i 行加到第 j 行所得的矩阵显然就是 $\boldsymbol{A}$，于是，仿上所述，又可知

$$R(\boldsymbol{A})\leqslant R(\boldsymbol{B}).$$

因此，$\boldsymbol{A}$ 的秩等于 $\boldsymbol{B}$ 的秩，定理4.1获证.

例1　用矩阵的初等变换求

$$\boldsymbol{A}=\begin{bmatrix}3&2&1&1\\1&2&-3&2\\4&4&-2&3\end{bmatrix}$$

的秩，

解
$$\xrightarrow[r_3+2r_1]{r_2+3r_1}\begin{bmatrix}3&2&1&1\\10&8&0&5\\10&8&0&5\end{bmatrix}\xrightarrow{r_3+(-1)r_2}\begin{bmatrix}3&2&1&1\\10&8&0&5\\0&0&0&0\end{bmatrix}\xrightarrow{c_2\leftrightarrow c_5}\begin{bmatrix}1&2&3&1\\0&8&10&5\\0&0&0&0\end{bmatrix}$$

所以，$R(\boldsymbol{A})=2$.

如果将矩阵中的每一行看做一向量，则称为行向量. 同样将每一列看做列向量. 矩阵 $\boldsymbol{A}$ 的秩与其行向量组的秩及列向量组的秩有如下关系：

定理4.2　$m\times n$ 矩阵

$$\boldsymbol{A}=\begin{bmatrix}a_{11}&a_{12}&\cdots&a_{1n}\\a_{21}&a_{22}&\cdots&a_{2n}\\\vdots&\vdots&\cdots&\vdots\\a_{m1}&a_{m2}&\cdots&a_{mn}\end{bmatrix}$$

的秩等于 $\boldsymbol{A}$ 的 m 个 n 维行向量(或 n 个 m 维列向量)所组成的向量组的秩.

证　只证列向量的情形. 因为初等变换不改变矩阵的秩，所以对调矩阵 $\boldsymbol{A}$ 的行或列，矩阵 $\boldsymbol{A}$ 的秩不变，又向量组中各分量的位置交换不改变向量组的线性相关性. 所以，当矩阵 $\boldsymbol{A}$ 的秩为 r 时，为不失证明的一般性，可以设其左上角的 r 阶子式不为0，即

$$D=|(\boldsymbol{a}_1,\boldsymbol{a}_2,\cdots,\boldsymbol{a}_r)|=\begin{vmatrix}a_{11}&a_{12}&\cdots&a_{1r}\\a_{21}&a_{22}&\cdots&a_{2r}\\\vdots&\vdots&\cdots&\vdots\\a_{r1}&a_{r2}&\cdots&a_{rr}\end{vmatrix}\neq 0$$

根据 §3.2 定理3.2可知，$\boldsymbol{a}_1,\boldsymbol{a}_2,\cdots,\boldsymbol{a}_r$ 线性无关. 又由 §3.2 定理3.5知

$$\boldsymbol{a}_1=\begin{pmatrix}a_{11}\\a_{21}\\\vdots\\a_{r1}\\\vdots\\a_{m1}\end{pmatrix},\boldsymbol{a}_2=\begin{pmatrix}a_{12}\\a_{22}\\\vdots\\a_{r2}\\\vdots\\a_{m2}\end{pmatrix},\cdots,\boldsymbol{a}_r=\begin{pmatrix}a_{1r}\\a_{2r}\\\vdots\\a_{rr}\\\vdots\\a_{mr}\end{pmatrix}$$

线性无关.又因为$\boldsymbol{A}$的秩为r,所以$\boldsymbol{A}$的$r+1$阶子式均为0,令

$$\boldsymbol{B}=\begin{vmatrix}a_{11}&\cdots&a_{1r}&a_{1j}\\\vdots&\cdots&\vdots&\vdots\\a_{r1}&\cdots&a_{rr}&a_{rj}\\a_{i1}&\cdots&a_{ir}&a_{ij}\end{vmatrix},\begin{pmatrix}j=r+1,r+2,\cdots,n\\i=1,2,\cdots,m\end{pmatrix}$$

则当$1\leqslant i\leqslant r$时,矩阵$\boldsymbol{B}$有两行相同;当$r<i\leqslant m$时,根据假定,$\boldsymbol{A}$的秩是r,因此对于任一个i,都有

$$|\boldsymbol{B}|=0$$

将行列式按最后一行展开得

$$a_{i1}\boldsymbol{A}_{i1}+a_{i2}\boldsymbol{A}_{i2}+\cdots+a_{ir}\boldsymbol{A}_{ir}+a_{ij}D=0 \tag{4-1}$$

当j相对固定时,$\boldsymbol{A}_{i1},\boldsymbol{A}_{i2},\cdots,\boldsymbol{A}_{ir}$与$i$无关,所以记$\boldsymbol{A}_{i1}=\boldsymbol{A}_1,\boldsymbol{A}_{i2}=\boldsymbol{A}_2,\cdots,\boldsymbol{A}_{ir}=\boldsymbol{A}_r$,于是式(4-1)为

$$a_{i1}\boldsymbol{A}_1+a_{i2}\boldsymbol{A}_2+\cdots+a_{ir}\boldsymbol{A}_r+a_{ij}D=0 \tag{4-2}$$

当i分别由1取到m时,有

$$\begin{cases}a_{11}\boldsymbol{A}_1+\cdots+a_{1r}\boldsymbol{A}_r+a_{1j}D=0\\a_{21}\boldsymbol{A}_1+\cdots+a_{2r}\boldsymbol{A}_r+a_{2j}D=0\\\quad\vdots\qquad\qquad\vdots\qquad\quad\vdots\qquad\vdots\\a_{r1}\boldsymbol{A}_1+\cdots+a_{rr}\boldsymbol{A}_r+a_{rj}D=0\\\quad\vdots\qquad\qquad\qquad\qquad\qquad\vdots\\a_{m1}\boldsymbol{A}_1+\cdots+a_{mr}\boldsymbol{A}_r+a_{mj}D=0\end{cases}$$

即

$$\begin{pmatrix}a_{11}\\a_{21}\\\vdots\\a_{r1}\\\vdots\\a_{m1}\end{pmatrix}\boldsymbol{A}_1+\cdots+\begin{pmatrix}a_{1r}\\a_{2r}\\\vdots\\a_{rr}\\\vdots\\a_{mr}\end{pmatrix}\boldsymbol{A}_r+\begin{pmatrix}a_{1j}\\a_{2j}\\\vdots\\a_{rj}\\\vdots\\a_{mj}\end{pmatrix}D=0$$

因为$D\neq0$,于是

$$\boldsymbol{a}_j=-\frac{\boldsymbol{A}_1}{D}\boldsymbol{a}_1-\cdots-\frac{\boldsymbol{A}_r}{D}\boldsymbol{a}_r$$

而$\boldsymbol{a}_j(r+1\leqslant j\leqslant n)$是矩阵$\boldsymbol{A}$的列向量,从而可知$\boldsymbol{A}$的任意一个列向量都可以由$\boldsymbol{a}_1,\boldsymbol{a}_2,\cdots,\boldsymbol{a}_r$线性表示.

综上所述,$\boldsymbol{a}_1,\boldsymbol{a}_2,\cdots,\boldsymbol{a}_r$是$\boldsymbol{A}$的$n$个$m$维列向量的最大线性无关组,即$\boldsymbol{A}$的列向量组的秩等于$r$.

将上面的结果应用于 $\boldsymbol{A}$ 的转置矩阵，可得行向量的情形.

定理 4.2 告诉我们，今后计算向量组的秩都可以转化为计算这些向量组构成的矩阵的秩.因此，前面提出计算向量组的秩就变得简单一些了.

例 2　求向量组

$$\boldsymbol{a}_1=\begin{pmatrix}1\\2\\1\\3\end{pmatrix},\quad \boldsymbol{a}_2=\begin{pmatrix}4\\-1\\-5\\-6\end{pmatrix},\quad \boldsymbol{a}=\begin{pmatrix}1\\-3\\-4\\-7\end{pmatrix}$$

的秩.

解　因为

$$\boldsymbol{A}=(\boldsymbol{a}_1,\boldsymbol{a}_2,\boldsymbol{a}_3)=\begin{pmatrix}1&4&1\\2&-1&-3\\1&-5&-4\\3&-6&-7\end{pmatrix}\xrightarrow[r_4+(-3)r_1]{\substack{r_2+(-2)r_1\\r_3+(-1)r_1}}\begin{pmatrix}1&4&1\\0&-9&-5\\0&-9&-5\\0&-18&-10\end{pmatrix}\xrightarrow[r_4+r_2]{\substack{(-1)r_2\\r_3+r_2}}\begin{pmatrix}1&4&1\\0&9&5\\0&0&0\\0&0&0\end{pmatrix}$$

所以 $\boldsymbol{A}$ 的秩为 2，由定理 4.2 知，向量组 $\boldsymbol{a}_1,\boldsymbol{a}_2,\boldsymbol{a}_3$ 的秩为 2.

如果把所给向量组作为矩阵的行向量，同样可以计算矩阵的秩是 2.

例 3　求矩阵

$$\boldsymbol{A}=\begin{pmatrix}1&1&2&2&1\\0&2&1&5&-1\\2&0&3&-1&3\\1&1&0&4&-1\end{pmatrix}$$

的行向量组的一个最大无关组.

解

$$\boldsymbol{A}\xrightarrow{\substack{r_3+(-2)r_1\\r_4+(-1)r_1}}\begin{pmatrix}1&1&2&2&1\\0&2&1&5&-1\\0&-2&-1&-5&1\\0&0&-2&2&-2\end{pmatrix}$$

$$\xrightarrow[r_4\div(-2)]{r_3+r_2}\begin{pmatrix}1&1&2&2&1\\0&2&1&5&-1\\0&0&0&0&0\\0&0&1&-1&1\end{pmatrix}\xrightarrow{r_3\leftrightarrow r_4}\begin{pmatrix}1&1&2&2&1\\0&2&1&5&-1\\0&0&1&-1&1\\0&0&0&0&0\end{pmatrix}$$

所以 $\boldsymbol{A}$ 的秩为 3. 取 $\boldsymbol{A}$ 的第一、二、四行，第一、二、三列相交处的三阶子式为

$$\begin{vmatrix}1&1&2\\0&2&1\\1&1&0\end{vmatrix}=-4$$

所以，这个三阶子式所在的行向量

$$\boldsymbol{\alpha}_1=(1,1,2,2,1)$$
$$\boldsymbol{\alpha}_2=(0,2,1,5,-1)$$
$$\boldsymbol{\alpha}_4=(1,1,0,4,-1)$$

线性无关,且为 A 的行向量的一个最大无关组.

习题 4.1

1. 求下列矩阵的秩

(1) $\begin{pmatrix} 1 & 4 & -1 & 2 & 2 \\ 2 & -2 & 1 & 1 & 0 \\ -2 & -1 & 3 & 2 & 0 \end{pmatrix}$; (2) $\begin{pmatrix} 2 & 1 & -1 & 1 & 1 \\ 3 & -2 & 1 & -3 & 4 \\ 1 & 4 & -3 & 5 & -2 \end{pmatrix}$;

(3) $\begin{pmatrix} 1 & 1 & 1 & 1 & 1 \\ a_1 & a_2 & a_3 & a_4 & a_5 \\ a_1^2 & a_2^2 & a_3^2 & a_4^2 & a_5^2 \\ a_1^3 & a_2^3 & a_3^3 & a_4^3 & a_5^3 \\ (a_1+1)^3 & (a_2+1)^3 & (a_3+1)^3 & (a_4+1)^3 & (a_5+1)^3 \end{pmatrix}$

其中 a_1,a_2,a_3,a_4 为互不相同的数;

(4) $\begin{pmatrix} 1 & a & \cdots & a \\ a & 1 & \cdots & a \\ \vdots & \vdots & \cdots & \vdots \\ a & a & \cdots & 1 \end{pmatrix}$

2. 用初等列变换求下列矩阵的行向量组的一个最大无关组.

(1) $\begin{pmatrix} 25 & 31 & 17 & 43 \\ 75 & 94 & 53 & 132 \\ 75 & 94 & 54 & 132 \\ 25 & 32 & 20 & 48 \end{pmatrix}$; (2) $\begin{pmatrix} 1 & 2 & 3 \\ 1 & 0 & 4 \\ 1 & 3 & 1 \\ 3 & 1 & 11 \end{pmatrix}$.

3. 求下列向量组的秩,并求一个最大无关组.

(1) $\boldsymbol{\alpha}_1 = \begin{pmatrix} 1 \\ 2 \\ -1 \\ 4 \end{pmatrix}$, $\boldsymbol{\alpha}_2 = \begin{pmatrix} 9 \\ 100 \\ 10 \\ 4 \end{pmatrix}$, $\boldsymbol{\alpha}_3 = \begin{pmatrix} -2 \\ -4 \\ 2 \\ -8 \end{pmatrix}$;

(2) $\boldsymbol{\alpha}_1 = \begin{pmatrix} 1 \\ 1 \\ 0 \end{pmatrix}$, $\boldsymbol{\alpha}_2 = \begin{pmatrix} 0 \\ 2 \\ 0 \end{pmatrix}$, $\boldsymbol{\alpha}_3 = \begin{pmatrix} 0 \\ 0 \\ 3 \end{pmatrix}$.

4. 在秩为 r 的矩阵中,有没有等于 0 的 $r-1$ 阶子式?有没有等于 0 的 r 阶子式?

5. 从矩阵 $\boldsymbol{A}$ 中去掉一行(或一列) 得矩阵 $\boldsymbol{B}$,试问 $\boldsymbol{A}$、$\boldsymbol{B}$ 的秩的关系怎样?

6. 证明 $R(\boldsymbol{AB}) \leqslant \min\{R(\boldsymbol{A}),R(\boldsymbol{B})\}$.

§4.2 齐次线性方程组解的结构

设齐次线性方程组为

$$\begin{cases} a_{11}x_1 + a_{12}x_2 + \cdots + a_{1n}x_n = 0 \\ a_{21}x_1 + a_{22}x_2 + \cdots + a_{2n}x_n = 0 \\ \vdots \qquad \vdots \qquad\qquad \vdots \qquad \vdots \\ a_{m1}x_1 + a_{m2}x_2 + \cdots + a_{mn}x_n = 0 \end{cases} \tag{4-3}$$

令

$$\boldsymbol{A} = \begin{pmatrix} a_{11} & a_{12} & \cdots & a_{1n} \\ a_{21} & a_{22} & \cdots & a_{2n} \\ \vdots & \vdots & \cdots & \vdots \\ a_{m1} & a_{m2} & \cdots & a_{mn} \end{pmatrix}, \quad \boldsymbol{x} = \begin{pmatrix} x_1 \\ x_2 \\ \vdots \\ x_n \end{pmatrix}$$

则式(4-3)可以写成

$$\boldsymbol{Ax} = \boldsymbol{0} \tag{4-4}$$

如果 ξ_1, ξ_2 是式(4-4)的解，即

$$\boldsymbol{A\xi}_1 = \boldsymbol{0}, \quad \boldsymbol{A\xi}_2 = \boldsymbol{0}$$

则

$$\boldsymbol{A}(\boldsymbol{\xi}_1 + \boldsymbol{\xi}_2) = \boldsymbol{A\xi}_1 + \boldsymbol{A\xi}_2 = \boldsymbol{0} + \boldsymbol{0} = \boldsymbol{0}$$

所以 $\boldsymbol{\xi}_1 + \boldsymbol{\xi}_2$ 也是式(4-4)的解；又

$$\boldsymbol{A}(k\boldsymbol{\xi}_1) = k(\boldsymbol{A\xi}_1) = k \cdot \boldsymbol{0} = \boldsymbol{0}, k \in \mathbf{R}$$

所以 $k\boldsymbol{\xi}_1$ 也是方程(4-4)的解. 于是，若用 N_A 表示方程(4-4)的全体解所组成的集合，则 N_A 具有如下性质：

性质 4.1　若 $\boldsymbol{\xi}_1, \boldsymbol{\xi}_2 \in N_A$，则 $\boldsymbol{\xi}_1 + \boldsymbol{\xi}_2 \in N_A$；

性质 4.2　若 $\boldsymbol{\xi} \in N_A, k \in \mathbf{R}$，则 $k\boldsymbol{\xi} \in N_A$.

从而可知集合 N_A 是一个向量空间，并称 N_A 为方程(4-4)的解空间. 下面求解空间 N_A 的一个基，即线性方程组(4-3)的基础解系.

如果齐次线性方程组(4-3)的系数矩阵

$$\boldsymbol{A} = \begin{pmatrix} a_{11} & a_{12} & \cdots & a_{1n} \\ a_{21} & a_{22} & \cdots & a_{2n} \\ \vdots & \vdots & \cdots & \vdots \\ a_{m1} & a_{m2} & \cdots & a_{mn} \end{pmatrix}$$

的秩为 r，即 $\boldsymbol{A}$ 中至少有一个 r 阶非零子式，不妨设 $\boldsymbol{A}$ 的左上角的 r 阶子式的行列式不等于 0(若 r 阶非零子式不在左上角，请读者考虑该怎么办)，即

$$D = \begin{vmatrix} a_{11} & a_{12} & \cdots & a_{1r} \\ a_{21} & a_{22} & \cdots & a_{2r} \\ \vdots & \vdots & \cdots & \vdots \\ a_{r1} & a_{r2} & \cdots & a_{rr} \end{vmatrix} \neq 0$$

于是，可知 $\boldsymbol{A}$ 的行向量组的秩为 r，且其最大无关组就是 $\boldsymbol{A}$ 的前 r 个行向量，即后面 $m-r$ 个行向量可以由前 r 个行向量线性表示，表明这 $m-r$ 个方程可以由前 r 个方程线性表示，故都是多余的. 这时，我们将前 r 个方程写成

$$\begin{cases} a_{11}x_1+\cdots+a_{1r}x_r=-a_{1,r+1}x_{r+1}-\cdots-a_{1n}x_n \\ a_{21}x_1+\cdots+a_{2r}x_r=-a_{2,r+1}x_{r+1}-\cdots-a_{2n}x_n \\ \vdots \qquad\qquad \vdots \qquad\qquad \vdots \qquad\qquad \vdots \\ a_{r1}x_1+\cdots+a_{rr}x_r=-a_{r,r+1}x_{r+1}-\cdots-a_{rn}x_n \end{cases} \tag{4-5}$$

由克莱姆法则知方程组(4-5)有惟一解，假定其解的形式为

$$\begin{cases} x_1=d_{11}x_{r+1}+\cdots+d_{1,n-r}x_n \\ x_2=d_{21}x_{r+1}+\cdots+d_{2,n-r}x_n \\ \vdots \qquad \vdots \qquad\qquad \vdots \\ x_r=d_{r1}x_{r+1}+\cdots+d_{r,n-r}x_n \end{cases} \tag{4-6}$$

于是有

$$\begin{cases} x_1=d_{11}x_{r+1}+d_{12}x_{r+2}+\cdots+d_{1,n-r}x_n \\ x_2=d_{21}x_{r+1}+d_{22}x_{r+2}+\cdots+d_{2,n-r}x_n \\ \vdots \qquad \vdots \qquad\qquad \vdots \qquad\qquad \vdots \\ x_r=d_{r1}x_{r+1}+d_{r2}x_{r+2}+\cdots+d_{r,n-r}x_n \\ x_{r+1}=x_{r+1} \\ x_{r+2}=\qquad x_{r+2} \\ \vdots \\ x_n=\qquad\qquad\qquad x_n \end{cases}$$

或

$$\begin{pmatrix} x_1 \\ x_2 \\ \vdots \\ x_r \\ x_{r+1} \\ x_{r+2} \\ \vdots \\ x_n \end{pmatrix} = x_{r+1}\begin{pmatrix} d_{11} \\ d_{21} \\ \vdots \\ d_{r1} \\ 1 \\ 0 \\ \vdots \\ 0 \end{pmatrix} + x_{r+2}\begin{pmatrix} d_{12} \\ d_{22} \\ \vdots \\ d_{r2} \\ 0 \\ 1 \\ \vdots \\ 0 \end{pmatrix} + \cdots + x_n\begin{pmatrix} d_{1,n-r} \\ d_{2,n-r} \\ \vdots \\ d_{r,n-r} \\ 0 \\ 0 \\ \vdots \\ 1 \end{pmatrix}$$

其中 $x_{r+1},x_{r+2},\cdots,x_n$ 可以取任意一组数值，不妨令

$$x_{r+1}=k_1,x_{r+2}=k_2,\cdots,x_n=k_{n-r}$$

记

$$\boldsymbol{\xi}_1=\begin{pmatrix} d_{11} \\ \vdots \\ d_{r1} \\ 1 \\ 0 \\ \vdots \\ 0 \end{pmatrix},\quad \boldsymbol{\xi}_2=\begin{pmatrix} d_{12} \\ \vdots \\ d_{r2} \\ 0 \\ 1 \\ \vdots \\ 0 \end{pmatrix},\cdots,\boldsymbol{\xi}_{n-r}=\begin{pmatrix} d_{1,n-r} \\ \vdots \\ d_{r,n-r} \\ 0 \\ 0 \\ \vdots \\ 1 \end{pmatrix}$$

则线性方程组(4-3)的解为

$$\boldsymbol{x}=k_1\boldsymbol{\xi}_1+k_2\boldsymbol{\xi}_2+\cdots+k_{n-r}\boldsymbol{\xi}_{n-r}$$

因为 $n-r$ 个 $n-r$ 维向量

$$\begin{pmatrix}1\\0\\\vdots\\0\end{pmatrix},\ \begin{pmatrix}0\\1\\\vdots\\0\end{pmatrix},\cdots,\begin{pmatrix}0\\0\\\vdots\\1\end{pmatrix}$$

线性无关,所以 $\boldsymbol{\xi}_1,\boldsymbol{\xi}_2,\cdots,\boldsymbol{\xi}_{n-r}$ 线性无关.

又当

$$k_1=0,\cdots,k_{i-1}=0,\ k_i=1,k_{i+1}=0,\cdots,k_{n-r}=0$$

时,线性方程组(4-3) 的解 $\boldsymbol{x}=\boldsymbol{\xi}_i(i=1,2,\cdots,n-r)$,所以

$$\boldsymbol{\xi}_1,\boldsymbol{\xi}_2,\cdots,\boldsymbol{\xi}_{n-r}$$

是方程组(4-3) 的 $n-r$ 个线性无关的解.

又设方程组(4-3) 的任意解 $\boldsymbol{x}$ 为

$$\boldsymbol{x}=\begin{pmatrix}\lambda_1\\\vdots\\\lambda_r\\\lambda_{r+1}\\\vdots\\\lambda_n\end{pmatrix}$$

令 $\boldsymbol{\eta}=\lambda_{r+1}\boldsymbol{\xi}_1+\lambda_{r+2}\boldsymbol{\xi}_2+\cdots+\lambda_n\boldsymbol{\xi}_{n-r}$,则 $\boldsymbol{\eta}$ 也是方程组(4-3) 的解,且

$$\boldsymbol{\eta}=\begin{pmatrix}c_1\\\vdots\\c_r\\\lambda_{r+1}\\\vdots\\\lambda_n\end{pmatrix}$$

其中 $c_1,c_2,\cdots,c_r$ 为常数. 因为 $\boldsymbol{\eta}$ 与 $\boldsymbol{x}$ 的后面 $n-r$ 个分量对应相等,所以由式(4-6) 可知 $\boldsymbol{\eta}$ 与 $\boldsymbol{x}$ 的前 r 个分量也对应相等. 即 $\boldsymbol{\eta}=\boldsymbol{x}$,从而有

$$\boldsymbol{x}=\boldsymbol{\eta}=\lambda_{r+1}\boldsymbol{\xi}_1+\lambda_{r+2}\boldsymbol{\xi}_2+\cdots+\lambda_n\boldsymbol{\xi}_{n-r}$$

即方程组(4-3) 的任意解 $\boldsymbol{x}$ 可以表示为 $\boldsymbol{\xi}_1,\boldsymbol{\xi}_2,\cdots,\boldsymbol{\xi}_{n-r}$ 的线性组合. 此时称

$$\boldsymbol{x}=k_1\boldsymbol{\xi}_1+k_2\boldsymbol{\xi}_2+\cdots+k_{n-r}\boldsymbol{\xi}_{n-r},k_1,k_2,\cdots,k_{n-r}\in\mathbf{R}$$

为齐次线性方程组(4-3) 的通解. 而 $\boldsymbol{\xi}_1,\boldsymbol{\xi}_2,\cdots,\boldsymbol{\xi}_{n-r}$ 是方程组(4-3) 的解空间 N_A 的基. 即是齐次线性方程组(4-3) 的基础解系. 显然,N_A 是 $n-r$ 维向量空间,可以表示为

$$N_A=\{\boldsymbol{x}=k_1\boldsymbol{\xi}_1+k_2\boldsymbol{\xi}_2+\cdots+k_{n-r}\boldsymbol{\xi}_{n-r}\mid k_1,\cdots,k_{n-r}\in\mathbf{R}\}$$

综上所述,可以归纳为下述定理.

定理 4.3　如果齐次线性方程组(4-3) 的系数矩阵的秩为 r,且 $r<n$,则方程组的基础解系存在,且在每个基础解系中,恰含有 $n-r$ 个解向量.

上面的叙述提供了一种求解空间的基的方法. 请读者注意,求解空间的基的方法很多,而解空间的基不是惟一的. 例如,$x_{r+1},\cdots,x_n$ 可以任取 $n-r$ 个线性无关的 $n-r$ 维向量,由此即可以相应地求得解空间的一个基. 又如方程组(4-3) 的任何 $n-r$ 个线性无关的解向

量,都可以作为解空间 N_A 的基.

例 1 求方程组

$$\begin{cases} x_1+x_2+x_3+x_4=0 \\ x_1+3x_2+2x_3+4x_4=0 \\ 2x_1+x_3-x_4=0 \end{cases}$$

的基础解系.

解 对系数矩阵施行行变换化为行最简形

$$\boldsymbol{A}=\begin{pmatrix}1&1&1&1\\1&3&2&4\\2&0&1&-1\end{pmatrix}\overset{\substack{r_2+(-1)r_1\\r_3+(-2)r_1}}{\sim}\begin{pmatrix}1&1&1&1\\0&2&1&3\\0&-2&-1&-3\end{pmatrix}$$

$$\overset{r_3+r_2}{\sim}\begin{pmatrix}1&1&1&1\\0&2&1&3\\0&0&0&0\end{pmatrix}\overset{r_2\div 2}{\sim}\begin{pmatrix}1&1&1&1\\0&1&\frac{1}{2}&\frac{3}{2}\\0&0&0&0\end{pmatrix}\overset{r_1+(-1)r_2}{\sim}\begin{pmatrix}1&0&\frac{1}{2}&-\frac{1}{2}\\0&1&\frac{1}{2}&\frac{3}{2}\\0&0&0&0\end{pmatrix}$$

因此,$R(\boldsymbol{A})=2,n-r=2$,即方程组的基础解系中含两个解向量. 原方程组化为

$$\begin{cases} x_1+\frac{1}{2}x_3-\frac{1}{2}x_4=0 \\ x_2+\frac{1}{2}x_3+\frac{3}{2}x_4=0 \end{cases}$$

由此即得

$$\begin{cases} x_1=-\frac{1}{2}x_3+\frac{1}{2}x_4 \\ x_2=-\frac{1}{2}x_3-\frac{3}{2}x_4 \\ x_3=x_3 \\ x_4=x_4 \end{cases}$$

写成向量形式

$$\begin{pmatrix}x_1\\x_2\\x_3\\x_4\end{pmatrix}=-\frac{1}{2}x_3\begin{pmatrix}1\\1\\-2\\0\end{pmatrix}+\frac{1}{2}x_4\begin{pmatrix}1\\-3\\0\\2\end{pmatrix}$$

其中 x_3、x_4 为任意常数,所以基础解系为

$$\boldsymbol{\xi}_1=\begin{pmatrix}1\\1\\-2\\0\end{pmatrix},\quad \boldsymbol{\xi}_2=\begin{pmatrix}1\\-3\\0\\2\end{pmatrix}.$$

例 2 求方程组

$$\begin{cases} 2x_1-x_2+x_3-2x_4=0 \\ -x_1+x_2+2x_3+x_4=0 \\ x_1-x_2-2x_3+2x_4=0 \end{cases}$$

的通解.

解　对方程组的系数矩阵施行行变换

$$A=\begin{pmatrix}2&-1&1&-2\\-1&1&2&1\\1&-1&-2&2\end{pmatrix}\xrightarrow{r_1\leftrightarrow r_3}\begin{pmatrix}1&-1&-2&2\\-1&1&2&1\\2&-1&1&-2\end{pmatrix}$$

$$\xrightarrow[r_3+(-2)r_1]{r_2+r_1}\begin{pmatrix}1&-1&-2&2\\0&0&0&3\\0&1&5&-6\end{pmatrix}\xrightarrow{r_2\leftrightarrow r_3}\begin{pmatrix}1&-1&-2&2\\0&1&5&-6\\0&0&0&3\end{pmatrix}$$

$$\xrightarrow[r_1+(-2)r_3]{\substack{r_3\div 3\\ r_2+6r_3}}\begin{pmatrix}1&-1&-2&0\\0&1&5&0\\0&0&0&1\end{pmatrix}\xrightarrow{r_1+r_2}\begin{pmatrix}1&0&3&0\\0&1&5&0\\0&0&0&1\end{pmatrix}$$

所以，$R(A)=3$. 方程组的基础解系中含有 $n-r=1$ 个解向量，原方程化为

$$\begin{cases}x_1+3x_3=0\\x_2+5x_3=0\\x_4=0\end{cases}$$

即得

$$\begin{cases}x_1=-3x_3\\x_2=-5x_3\\x_3=x_3\\x_4=0\end{cases}$$

写成向量形式为

$$\begin{pmatrix}x_1\\x_2\\x_3\\x_4\end{pmatrix}=x_3\begin{pmatrix}-3\\-5\\1\\0\end{pmatrix}$$

其中 x_3 可以取任意值. 方程组的基础解系为

$$\boldsymbol{\xi}=\begin{pmatrix}-3\\-5\\1\\0\end{pmatrix}$$

通解是　$\overline{x}=k_1\boldsymbol{\xi}_1,\ k_1\in\mathbf{R}$.

习题 4.2

求下列方程组的基础解系，并写出其通解

(1) $\begin{cases}x_1+x_2+2x_3-x_4=0\\2x_1+x_2+x_3-x_4=0\\2x_1+2x_2+x_3+2x_4=0\end{cases}$；　(2) $\begin{cases}x_1+x_2+x_3+x_4=0\\2x_1+3x_2+x_3+x_4=0\\4x_1+5x_2+3x_3+3x_4=0\end{cases}$；

$$(3)\begin{cases}x_1+x_2-3x_4-x_5=0\\x_1-x_2+2x_3-x_4=0\\4x_1-2x_2+6x_3+3x_4-4x_5=0\\2x_1+4x_2-2x_3+4x_4-7x_5=0\end{cases};\quad(4)\begin{cases}3x_1+4x_2-5x_3+7x_4=0\\2x_1-3x_2+3x_3-2x_4=0\\4x_1+11x_2-13x_3+16x_4=0\\7x_1-2x_2+x_3+3x_4=0\end{cases}.$$

§4.3 非齐次线性方程组的解

设非齐次线性方程组

$$\begin{cases}a_{11}x_1+a_{12}x_2+\cdots+a_{1n}x_n=b_1\\a_{21}x_1+a_{22}x_2+\cdots+a_{2n}x_n=b_2\\\quad\vdots\qquad\quad\vdots\qquad\qquad\quad\vdots\quad\ \ \vdots\\a_{m1}x_1+a_{m2}x_2+\cdots+a_{mn}x_n=b_m\end{cases}\tag{4-7}$$

或

$$\boldsymbol{A}\boldsymbol{x}=\boldsymbol{b}\tag{4-8}$$

当 $\boldsymbol{b}=\boldsymbol{0}$ 时,即为齐次线性方程组

$$\boldsymbol{A}\boldsymbol{x}=\boldsymbol{0}\tag{4-9}$$

若将方程组(4-7)的常数项并在系数矩阵 $\boldsymbol{A}$ 的最后一列,构成了另一个 $m\times(n+1)$ 矩阵,即

$$\boldsymbol{B}=\begin{pmatrix}a_{11}&a_{12}&\cdots&a_{1n}&b_1\\a_{21}&a_{22}&\cdots&a_{2n}&b_2\\\vdots&\vdots&\cdots&\vdots&\vdots\\a_{m1}&a_{m2}&\cdots&a_{mn}&b_m\end{pmatrix}\tag{4-10}$$

则称式(4-10)为方程组(4-7)的增广矩阵.

引入向量

$$\boldsymbol{a}_j=\begin{pmatrix}a_{1j}\\a_{2j}\\\vdots\\a_{mj}\end{pmatrix}\ (j=1,2,\cdots,n),\quad \boldsymbol{b}=\begin{pmatrix}b_1\\b_2\\\vdots\\b_m\end{pmatrix}$$

于是线性方程组(4-7)可以写成向量方程

$$x_1\boldsymbol{a}_1+x_2\boldsymbol{a}_2+\cdots+x_n\boldsymbol{a}_n=\boldsymbol{b}\tag{4-11}$$

显然线性方程组(4-7)有解的充要条件为向量 $\boldsymbol{b}$ 可以表示成向量 $\boldsymbol{a}_1,\boldsymbol{a}_2,\cdots,\boldsymbol{a}_n$ 的线性组合.用秩的概念,方程组有解的条件可以叙述如下:

定理 4.4 线性方程组(4-7)有解的充分必要条件是其系数矩阵 $\boldsymbol{A}$ 的秩等于其增广矩阵 $\boldsymbol{B}$ 的秩.

下面讨论非齐次线性方程组解的结构.

性质 4.3 设 $\boldsymbol{\eta}_1$、$\boldsymbol{\eta}_2$ 是方程组(4-8)的解,则 $\boldsymbol{\eta}_1-\boldsymbol{\eta}_2$ 是对应齐次方程组(4-9)的解.

证 $\boldsymbol{A}(\boldsymbol{\eta}_1-\boldsymbol{\eta}_2)=\boldsymbol{A}\boldsymbol{\eta}_1-\boldsymbol{A}\boldsymbol{\eta}_2=\boldsymbol{b}-\boldsymbol{b}=\boldsymbol{0}$

即 $\boldsymbol{\eta}_1-\boldsymbol{\eta}_2$ 是方程组(4-9)的解.

性质 4.4 设 $\boldsymbol{\xi}$ 是方程组(4-9)的解,$\boldsymbol{\eta}$ 是方程组(4-8)的解,则 $\boldsymbol{\xi}+\boldsymbol{\eta}$ 是方程组(4-8)

的解.

证　$$A(\boldsymbol{\xi}+\boldsymbol{\eta})=A\boldsymbol{\xi}+A\boldsymbol{\eta}=\mathbf{0}+\boldsymbol{b}=\boldsymbol{b}$$

即 $\boldsymbol{\xi}+\boldsymbol{\eta}$ 是方程组(4-8) 的解.

定理 4.5　设 $\boldsymbol{\xi}$ 是齐次线性方程组 $\boldsymbol{Ax}=\mathbf{0}$ 的通解，$\boldsymbol{\eta}^*$ 是非齐次线性方程组 $\boldsymbol{Ax}=\boldsymbol{b}$ 的一个解，则非齐次线性方程组 $\boldsymbol{Ax}=\boldsymbol{b}$ 的通解是

$$\boldsymbol{x}=\boldsymbol{\xi}+\boldsymbol{\eta}^*.$$

证　设 $\boldsymbol{x}$ 是 $\boldsymbol{Ax}=\boldsymbol{b}$ 的任意解，$\boldsymbol{\eta}^*$ 是 $\boldsymbol{Ax}=\boldsymbol{b}$ 的一个解，则由上述性质知

$$\boldsymbol{\xi}=\boldsymbol{x}-\boldsymbol{\eta}^*$$

是 $\boldsymbol{Ax}=\mathbf{0}$ 的解；反之，若 ξ 是 $\boldsymbol{Ax}=\mathbf{0}$ 的任意解，$\boldsymbol{\eta}^*$ 是 $\boldsymbol{Ax}=\boldsymbol{b}$ 的一个解，则

$$\boldsymbol{x}=\boldsymbol{\xi}+\boldsymbol{\eta}^*$$

是 $\boldsymbol{Ax}=\boldsymbol{b}$ 的解. 所以 $\boldsymbol{Ax}=\boldsymbol{b}$ 的通解可以表示为

$$\boldsymbol{x}=\boldsymbol{\xi}+\boldsymbol{\eta}^*$$

可见，若求方程组(4-8) 的通解，只需求出该方程组对应的齐次线性方程组(4-9) 的通解及方程组(4-8) 的一个特解，再由定理 4.5 即得.

例 1　判别方程组

$$\begin{cases}x_1-2x_2+3x_3-x_4=1\\3x_1-x_2+5x_3-3x_4=2\\2x_1+x_2+2x_3-2x_4=3\end{cases}$$

是否有解？

解　对增广矩阵 $\boldsymbol{B}$ 施行行变换

$$\boldsymbol{B}=\begin{pmatrix}1&-2&3&-1&1\\3&-1&5&-3&2\\2&1&2&-2&3\end{pmatrix}\xrightarrow[r_3+(-2)r_1]{r_2+(-3)r_1}\begin{pmatrix}1&-2&3&-1&1\\0&5&-4&0&-1\\0&5&-4&0&1\end{pmatrix}$$

$$\xrightarrow{r_3+(-1)r_2}\begin{pmatrix}1&-2&3&-1&1\\0&5&-4&0&-1\\0&0&0&0&2\end{pmatrix}$$

可见 $R(\boldsymbol{A})=2$，$R(\boldsymbol{B})=3$，故方程组无解.

例 2　求解方程组

$$\begin{cases}x_1+5x_2-x_3-x_4=-1\\x_1-2x_2+x_3+3x_4=3\\3x_1+8x_2-x_3+x_4=1\\x_1-9x_2+3x_3+7x_4=7\end{cases}$$

解　对增广矩阵 $\boldsymbol{B}$ 进行行变换，即

$$\boldsymbol{B}=\begin{pmatrix}1&5&-1&-1&1\\1&-2&1&3&3\\3&8&-1&1&1\\1&-9&3&7&7\end{pmatrix}\xrightarrow[r_4+(-1)r_1]{\substack{r_2+(-1)r_1\\r_3+(-3)r_1}}\begin{pmatrix}1&5&-1&-1&-1\\0&-7&2&4&4\\0&-7&2&4&4\\0&-14&4&8&8\end{pmatrix}$$

$$\xrightarrow[r_4+(-2)r_2]{r_3+(-1)r_2}\begin{pmatrix}1 & 5 & -1 & -1 & -1\\0 & -7 & 2 & 4 & 4\\0 & 0 & 0 & 0 & 0\\0 & 0 & 0 & 0 & 0\end{pmatrix}\xrightarrow{r_2\div(-7)}\begin{pmatrix}1 & 5 & -1 & -1 & -1\\0 & 1 & -\frac{2}{7} & -\frac{4}{7} & -\frac{4}{7}\\0 & 0 & 0 & 0 & 0\\0 & 0 & 0 & 0 & 0\end{pmatrix}$$

$$\xrightarrow{r_1+(-5)r_2}\begin{pmatrix}1 & 0 & \frac{3}{7} & \frac{13}{7} & \frac{13}{7}\\0 & 1 & -\frac{2}{7} & -\frac{4}{7} & -\frac{4}{7}\\0 & 0 & 0 & 0 & 0\\0 & 0 & 0 & 0 & 0\end{pmatrix}$$

可见 $R(A)=R(B)=2$,故方程组有解,并有

$$\begin{cases}x_1=-\frac{3}{7}x_3-\frac{13}{7}x_4+\frac{13}{7}\\x_2=\frac{2}{7}x_3+\frac{4}{7}x_4-\frac{4}{7}\end{cases}$$

或

$$\begin{cases}x_1=-\frac{3}{7}x_3-\frac{13}{7}x_4+\frac{13}{7}\\x_2=\frac{2}{7}x_3+\frac{4}{7}x_4-\frac{4}{7}\\x_3=x_3\\x_4=x_4\end{cases}$$

其中 x_3、x_4 可以取任意常数. 令 $x_3=k_1,x_4=k_2$,则原方程的通解为

$$\begin{pmatrix}x_1\\x_2\\x_3\\x_4\end{pmatrix}=k_1\begin{pmatrix}-\frac{3}{7}\\\frac{2}{7}\\1\\0\end{pmatrix}+k_2\begin{pmatrix}-\frac{13}{7}\\\frac{4}{7}\\0\\1\end{pmatrix}+\begin{pmatrix}\frac{13}{7}\\-\frac{4}{7}\\0\\0\end{pmatrix},k_1、k_2\in\mathbf{R}.$$

例 3 解方程组

$$\begin{cases}x_1-x_2+x_3=1\\x_2+3x_3=0\\2x_1+x_2+12x_3=0\end{cases}$$

解 对增广矩阵 B 施行行初等变换

$$B=\begin{pmatrix}1 & -1 & 1 & 1\\0 & 1 & 3 & 0\\2 & 1 & 12 & 0\end{pmatrix}\xrightarrow{r_3+(-2)r_1}\begin{pmatrix}1 & -1 & 1 & 1\\0 & 1 & 3 & 0\\0 & 3 & 10 & -2\end{pmatrix}$$

$$\xrightarrow[r_3+(-3)r_2]{r_1+r_2}\begin{pmatrix}1 & 0 & 4 & 1\\0 & 1 & 3 & 0\\0 & 0 & 1 & -2\end{pmatrix}\xrightarrow[r_1+(-4)r_3]{r_2+(-3)r_3}\begin{pmatrix}1 & 0 & 0 & 9\\0 & 1 & 0 & 6\\0 & 0 & 1 & -2\end{pmatrix}$$

可见 $R(A)=R(B)=3=n$,故方程组有惟一解,即

$$\begin{cases} x_1 = 9 \\ x_2 = 6 \\ x_3 = -2 \end{cases}.$$

习题 4.3

1. 判别下列非齐次线性方程组是否有解？若有解，求出其通解.

(1) $\begin{cases} 2x_1 + x_2 - x_3 + x_4 = 1 \\ 3x_1 - 2x_2 + x_3 - 3x_4 = 4 \\ x_1 + 4x_2 - 3x_3 + 5x_4 = -2 \end{cases}$；　(2) $\begin{cases} 2x_1 + 3x_2 + x_3 = 1 \\ x_1 + x_2 - 2x_3 = 2 \\ 4x_1 + 7x_2 + 7x_3 = -1 \\ x_1 + 3x_2 + 8x_3 = -4 \end{cases}$；　(3) $\begin{cases} 2x_1 + x_2 - x_3 = 1 \\ 3x_1 - 2x_2 + x_3 = 4 \\ x_1 + 4x_2 - 3x_3 = 7 \\ x_1 + 2x_2 + x_3 = 4 \end{cases}$.

2. 当 λ 取何值时，非齐次线性方程组

$$\begin{cases} \lambda x_1 + x_2 + x_3 = 1 \\ x_1 + \lambda x_2 + x_3 = \lambda \\ x_1 + x_2 + \lambda x_3 = \lambda^2 \end{cases}$$

(1) 有惟一解；(2) 无解；(3) 有无穷多个解？

3. 试问 a、b 为何值时，非齐次线性方程组

$$\begin{cases} x_1 + x_2 + x_3 + x_4 = 0 \\ x_2 + 2x_3 + 2x_4 = 1 \\ -x_2 + (a-3)x_3 - 2x_4 = b \\ 3x_1 + 2x_2 + x_3 + ax_4 = -1 \end{cases}$$

(1) 有惟一解；(2) 无解；(3) 有无穷多组解？并求出其惟一解和通解.

4. 设 $\boldsymbol{\eta}^*$ 是非齐次线性方程组 $\boldsymbol{Ax} = \boldsymbol{b}$ 的一个解，$\boldsymbol{\xi}_1, \boldsymbol{\xi}_2, \cdots, \boldsymbol{\xi}_{n-r}$ 是对应的齐次方程组的一个基础解系. 证明：

(1) $\boldsymbol{\eta}^*, \boldsymbol{\xi}_1, \boldsymbol{\xi}_2, \cdots, \boldsymbol{\xi}_{n-r}$ 线性无关；

(2) $\boldsymbol{\eta}^*, \boldsymbol{\eta}^* + \boldsymbol{\xi}_1, \boldsymbol{\eta}^* + \boldsymbol{\xi}_2, \cdots, \boldsymbol{\eta}^* + \boldsymbol{\xi}_{n-r}$ 线性无关.

5. 设非齐次线性方程组 $\boldsymbol{Ax} = \boldsymbol{b}$ 的系数矩阵的秩为 r，$\boldsymbol{\eta}_1, \boldsymbol{\eta}_2, \cdots, \boldsymbol{\eta}_{n-r+1}$ 是该方程组的 $n-r+1$ 个线性无关的解. 试证该方程组的任一解可以表示为

$$\boldsymbol{x} = k_1\boldsymbol{\eta}_1 + k_2\boldsymbol{\eta}_2 + \cdots + k_{n-r+1}\boldsymbol{\eta}_{n-r+1} \text{（其中 } k_1 + k_2 + \cdots + k_{n-r+1} = 1\text{）}.$$

第5章 矩阵特征值问题

§5.1 向量的内积与向量的正交性

5.1.1 向量的内积与正交

在空间解析几何中，我们已经知道两个向量 $\boldsymbol{a}$、$\boldsymbol{b}$ 的内积 $\boldsymbol{a}$、$\boldsymbol{b}$ 或($\boldsymbol{a}$、$\boldsymbol{b}$)为

$$(\boldsymbol{a},\boldsymbol{b}) = |\boldsymbol{a}||\boldsymbol{b}|\cos\theta$$

其中，$|\boldsymbol{a}|$、$|\boldsymbol{b}|$分别为向量 $\boldsymbol{a}$ 与 $\boldsymbol{b}$ 的长度，θ 为向量 $\boldsymbol{a}$ 与 $\boldsymbol{b}$ 的夹角，以及向量 $\boldsymbol{a}$ 与 $\boldsymbol{b}$ 垂直的充分必要条件是$(\boldsymbol{a},\boldsymbol{b})=0$. 并且，对任意向量 $\boldsymbol{a}$、$\boldsymbol{b}$、$\boldsymbol{c}$ 及数 λ，向量内积具有下列运算律：

(1)$(\boldsymbol{a},\boldsymbol{b})=(\boldsymbol{b},\boldsymbol{a})$；

(2)$(\lambda\boldsymbol{a},\boldsymbol{b})=\lambda(\boldsymbol{a},\boldsymbol{b})$；

(3)$(\boldsymbol{a}+\boldsymbol{b},\boldsymbol{c})=(\boldsymbol{a},\boldsymbol{c})+(\boldsymbol{b},\boldsymbol{c})$.

如果将向量 $\boldsymbol{a}$,$\boldsymbol{b}$ 表示成

$$\boldsymbol{a} = a_x\boldsymbol{i} + a_y\boldsymbol{j} + a_z\boldsymbol{k}, \quad \boldsymbol{b} = b_x\boldsymbol{i} + b_y\boldsymbol{j} + b_z\boldsymbol{k}$$

的形式(其中 $\boldsymbol{i}$,$\boldsymbol{j}$,$\boldsymbol{k}$ 分别为沿 Ox 轴、Oy 轴、Oz 轴正向的单位向量)，则有

$$(\boldsymbol{a},\boldsymbol{b}) = a_xb_x + a_yb_y + a_zb_z$$

$$(\boldsymbol{a},\boldsymbol{a}) = a_x^2 + a_y^2 + a_z^2$$

于是向量 $\boldsymbol{a}$ 的长度

$$|\boldsymbol{a}| = \sqrt{a_x{}^2 + a_y{}^2 + a_z{}^2} = \sqrt{(\boldsymbol{a},\boldsymbol{a})}.$$

上述概念及结论可以推广到 n 维空间．

定义 5.1 设有 n 维向量

$$\boldsymbol{x} = \begin{bmatrix} x_1 \\ x_2 \\ \vdots \\ x_n \end{bmatrix}, \quad \boldsymbol{y} = \begin{bmatrix} y_1 \\ y_2 \\ \vdots \\ y_n \end{bmatrix}$$

称 $x_1y_1+x_2y_2+\cdots+x_ny_n$ 为向量 $\boldsymbol{x}$ 与 $\boldsymbol{y}$ 的内积，记为$(\boldsymbol{x},\boldsymbol{y})$即

$$(\boldsymbol{x},\boldsymbol{y}) = x_1y_1 + x_2y_2 + \cdots + x_ny_n.$$

根据上述定义可以看出，内积可以表示成两个矩阵的乘积，即

$$(\boldsymbol{x},\boldsymbol{y}) = (x_1x_2\cdots x_n)\begin{bmatrix} y_1 \\ y_2 \\ \vdots \\ y_n \end{bmatrix}$$

所以，若将 x,y 均看成是 $n\times1$ 矩阵，则有

$$(x,y)=x^{\mathrm{T}}y$$

不难证明，对于任意 n 维向量 x,y,z 及数 λ，关于内积有如下基本性质：

(1) $(x,y)=(y,x)$；

(2) $(\lambda x,y)=\lambda(x,y)$；

(3) $(x+y,z)=(x,z)+(y,z)$.

关于向量 x 的长度，我们有下述定义.

定义 5.2　设 x 为 n 维空间的向量，则称 $\sqrt{(x,x)}$ 为向量 x 的长度，记为 $|x|$，即

$$|x|=\sqrt{(x,x)}$$

如果 $|x|=1$，则称 x 为单位向量.

在 n 维空间内，关于两个向量的"垂直"有如下定义.

定义 5.3　设 x,y 为 n 维空间的两个向量，如果 $(x,y)=0$，则称向量 x 与 y 正交.

例 1　设有三维空间中的两个向量

$$a_1=\begin{bmatrix}1\\1\\1\end{bmatrix},\quad a_2=\begin{bmatrix}1\\1\\0\end{bmatrix}$$

求一个非零的三维向量 a_3，使 a_3 与 a_1,a_2 都正交.

解　设向量

$$a_3=\begin{bmatrix}x_1\\x_2\\x_3\end{bmatrix}$$

那么，要使 a_3 与 a_1,a_2 正交，则有

$$(a_1,a_3)=0,\quad (a_2,a_3)=0$$

或

$$a_1^{\mathrm{T}}a_3=(1\quad1\quad1)\begin{bmatrix}x_1\\x_2\\x_3\end{bmatrix}=0,a_2^{\mathrm{T}}a_3=(1\quad1\quad0)\begin{bmatrix}x_1\\x_2\\x_3\end{bmatrix}=0$$

所以有

$$\begin{pmatrix}1&1&1\\1&1&0\end{pmatrix}\begin{bmatrix}x_1\\x_2\\x_3\end{bmatrix}=\begin{pmatrix}0\\0\end{pmatrix}$$

解之得

$$\begin{cases}x_1=-x_2\\x_2=x_2\\x_3=0\end{cases}$$

其中 x_2 为任意常数，令 $x_2=1$ 可得所求向量

$$a_3=\begin{bmatrix}x_1\\x_2\\x_3\end{bmatrix}=\begin{bmatrix}-1\\1\\0\end{bmatrix}$$

例 2 设向量组 a_1,a_2,a_3 线性无关，令

$$b_1=a_1;$$

$$b_2=a_2-\frac{(b_1,a_2)}{(b_1,b_1)}b_1;$$

$$b_3=a_3-\frac{(b_1,a_3)}{(b_1,b_1)}b_1-\frac{(b_2,a_3)}{(b_2,b_2)}b_2.$$

证明：向量 b_1,b_2,b_3 是两两正交的非零向量．

证 因为 a_1,a_2,a_3 线性无关，所以 b_1,b_2,b_3 均为非零向量，再证 b_1,b_2,b_3 两两正交．

$$(b_1,b_2)=\left(b_1,a_2-\frac{(b_1,a_2)}{(b_1,b_1)}b_1\right)=(b_1,a_2)-\frac{(b_1,a_2)}{(b_1,b_1)}(b_1,b_1)=0$$

所以 b_1 与 b_2 正交；

$$\begin{aligned}(b_1,b_3)&=\left(b_1,a_3-\frac{(b_1,a_3)}{(b_1,b_1)}b_1-\frac{(b_2,a_3)}{(b_2,b_2)}b_2\right)\\&=(b_1,a_3)-\frac{(b_1,a_3)}{(b_1,b_1)}(b_1,b_1)-\frac{(b_2,a_3)}{(b_2,b_2)}(b_1,b_2)=0\end{aligned}$$

所以 b_1 与 b_3 正交；

$$\begin{aligned}(b_2,b_3)&=\left(b_2,a_3-\frac{(b_1,a_3)}{(b_1,b_1)}b_1-\frac{(b_2,a_3)}{(b_2,b_2)}b_2\right)\\&=(b_2,a_3)-\frac{(b_1,a_3)}{(b_1,b_1)}(b_2,b_1)-\frac{(b_2,a_3)}{(b_2,b_2)}(b_2,b_2)=0\end{aligned}$$

所以 b_2 与 b_3 正交．故 b_1,b_2,b_3 两两正交．

定义 5.4 如果 n 维空间中的一组非零向量 $a_1,a_2,\cdots,a_m$ 两两正交，则称 $a_1,a_2,\cdots,a_m$ 为正交向量组．

定理 5.1 设 $a_1,a_2,\cdots,a_m$ 为正交向量组，则 $a_1,a_2,\cdots,a_m$ 线性无关．

证 设有一组数 $k_1,k_2,\cdots,k_m$ 使得

$$k_1a_1+k_2a_2+\cdots+k_ma_m=\mathbf{0}$$

则有

$$\begin{aligned}(a_1,\mathbf{0})&=(a_1,k_1a_1+k_2a_2+\cdots+k_ma_m)\\&=k_1(a_1,a_1)+k_2(a_2,a_2)+\cdots+k_m(a_1,a_m)\\&=k_1|a_1|^2\end{aligned}$$

所以 $k_1|a_1|^2=0$，从而 $k_1=0$.

同理可得 $k_2=k_3=\cdots=k_m=0$. 故 $a_1,a_2,\cdots,a_m$ 线性无关．

根据定理 5.1 可知，n 维空间中的任何一个正交向量组 $a_1,a_2,\cdots,a_n$ 一定是这个空间的基．更进一步有下述定义．

定义 5.5 在 n 维空间中，如果 $e_1,e_2,\cdots,e_n$ 为正交向量组，且 $|e_i|=1\quad(i=1,2,\cdots,n)$，则称 $e_1,e_2,\cdots,e_n$ 为这个空间的标准正交基．

下面介绍施密特(Schmidt)正交化方法，设向量空间 V 中的一组向量 $a_1,a_2,\cdots,a_r$ 线性无关，令

$$b_1=a_1;$$

$$b_2=a_2-\frac{(b_1,a_2)}{(b_1,b_1)}b_1;$$

$$\vdots \qquad \vdots \qquad \vdots$$

$$b_r = a_r - \frac{(b_1, a_r)}{(b_1, b_1)} b_1 - \frac{(b_2, a_r)}{(b_2, b_2)} b_2 - \cdots - \frac{(b_{r-1}, a_r)}{(b_{r-1}, b_{r-1})} b_{r-1}$$

则 $b_1, b_2, \cdots, b_r$ 是向量空间 V 中的正交向量组，将其单位化，即取

$$e_1 = \frac{b_1}{|b_1|}, \quad e_2 = \frac{b_2}{|b_2|}, \quad \cdots, \quad e_r = \frac{b_r}{|b_r|}$$

则 $e_1, e_2, \cdots, e_r$ 是 V 中两两正交的单位向量．

例 3　设三维向量空间 V_3 的一个基底为

$$a_1 = \begin{bmatrix} 1 \\ -1 \\ 0 \end{bmatrix}, \quad a_2 = \begin{bmatrix} 1 \\ 1 \\ 1 \end{bmatrix}, \quad a_3 = \begin{bmatrix} 1 \\ 1 \\ 0 \end{bmatrix}$$

试求 V_3 的一个标准正交基．

解　用施密特正交化方法，得

$$b_1 = a_1 = \begin{bmatrix} 1 \\ -1 \\ 0 \end{bmatrix},$$

$$b_2 = a_2 - \frac{(b_1, a_2)}{(b_1, b_1)} b_1 = \begin{bmatrix} 1 \\ 1 \\ 1 \end{bmatrix} - \frac{0}{2} \begin{bmatrix} 1 \\ -1 \\ 0 \end{bmatrix} = \begin{bmatrix} 1 \\ 1 \\ 1 \end{bmatrix}.$$

$$b_3 = a_3 - \frac{(b_1, a_3)}{(b_1, b_1)} b_1 - \frac{(b_2, a_3)}{(b_2, b_2)} b_2$$

$$= \begin{bmatrix} 1 \\ 1 \\ 0 \end{bmatrix} - \frac{0}{2} \begin{bmatrix} 1 \\ -1 \\ 0 \end{bmatrix} - \frac{2}{3} \begin{bmatrix} 1 \\ 1 \\ 1 \end{bmatrix} = \begin{bmatrix} \frac{1}{3} \\ \frac{1}{3} \\ -\frac{2}{3} \end{bmatrix}$$

故 b_1, b_2, b_3 两两正交，再将其单位化，得

$$e_1 = \frac{b_1}{|b_1|} = \frac{1}{\sqrt{2}} \begin{bmatrix} 1 \\ -1 \\ 0 \end{bmatrix} = \begin{bmatrix} \frac{1}{\sqrt{2}} \\ -\frac{1}{\sqrt{2}} \\ 0 \end{bmatrix},$$

$$e_2 = \frac{b_2}{|b_2|} = \frac{1}{\sqrt{3}} \begin{bmatrix} 1 \\ 1 \\ 1 \end{bmatrix} = \begin{bmatrix} \frac{1}{\sqrt{3}} \\ \frac{1}{\sqrt{3}} \\ \frac{1}{\sqrt{3}} \end{bmatrix},$$

$$e_3 = \frac{b_3}{|b_3|} = \frac{3}{\sqrt{6}}\begin{bmatrix} \frac{1}{3} \\ \frac{1}{3} \\ -\frac{2}{3} \end{bmatrix} = \begin{bmatrix} \frac{1}{\sqrt{6}} \\ \frac{1}{\sqrt{6}} \\ -\frac{2}{\sqrt{6}} \end{bmatrix},$$

则 e_1, e_2, e_3 就是 V_3 的一个标准正交基.

5.1.2 正交矩阵与正交变换

设有 n 维向量空间 V_n 中的向量 x, y 以及从 x 到 y 的线性变换

$$y = Px$$

其中 P 是 n 阶方阵,则向量 y 的长度可以表示为

$$|y| = \sqrt{y^T y} = \sqrt{(Px)^T(Px)} = \sqrt{x^T(P^T P)x}$$

所以,当 $P^T P = E$ 时,有

$$|y| = \sqrt{x^T x} = |x|$$

此时线性变换 $y = Px$ 保持向量长度不变,即

$$|y| = |x|.$$

定义 5.6 设 P 为 n 阶方阵,如果

$$P^T P = E \quad (\text{即 } P^{-1} = P^T)$$

则称 P 为正交矩阵.

定义 5.7 设 P 为正交矩阵,x, y 为 n 维向量,则称线性变换 $y = Px$ 为正交变换.

显然正交变换不改变向量的长度.

如果将正交矩阵 P 用列向量表示,即

$$P = (p_1 p_2 \cdots p_n)$$

根据分块矩阵的转置运算,得

$$P^T = \begin{bmatrix} p_1^T \\ p_2^T \\ \vdots \\ p_n^T \end{bmatrix}$$

所以

$$P^T P = \begin{bmatrix} p_1^T \\ p_2^T \\ \vdots \\ p_n^T \end{bmatrix} (p_1 p_2 \cdots p_n) = \begin{bmatrix} p_1^T p_1 & p_1^T p_2 & \cdots & p_1^T p_n \\ p_2^T p_1 & p_2^T p_2 & \cdots & p_2^T p_n \\ \vdots & \vdots & \cdots & \vdots \\ p_n^T p_1 & p_n^T p_2 & \cdots & p_n^T p_n \end{bmatrix} = E$$

从而可得

$$p_i^T p_j = \begin{cases} 1, i = j \\ 0, i \neq j \end{cases} \quad (i, j = 1, 2, \cdots, n)$$

也就是说,正交矩阵 p 的 n 个列向量 $p_1, p_2, \cdots, P_n$ 是两两正交的单位向量.

容易证明:如果一个矩阵 P 的 n 个列向量是两两正交的单位向量,那么 P 一定是正交

矩阵，即 $\boldsymbol{P}^{\mathrm{T}}\boldsymbol{P}=\boldsymbol{E}$.

由于 $\boldsymbol{P}^{\mathrm{T}}\boldsymbol{P}=\boldsymbol{E}$ 与 $\boldsymbol{P}\boldsymbol{P}^{\mathrm{T}}=\boldsymbol{E}$ 等价．所以上述结论对 $\boldsymbol{P}$ 的行向量也适合．于是有如下结论.

定理 5.2　n 阶方阵 $\boldsymbol{P}$ 是正交矩阵的充分必要条件是：$\boldsymbol{P}$ 的 n 个列(行)向量是两两正交的单位向量．

例 4　验证矩阵

$$\boldsymbol{A}=\begin{bmatrix}\frac{1}{\sqrt{2}} & \frac{1}{\sqrt{3}} & \frac{1}{\sqrt{6}}\\ -\frac{1}{\sqrt{2}} & \frac{1}{\sqrt{3}} & \frac{1}{\sqrt{6}}\\ 0 & \frac{1}{\sqrt{3}} & -\frac{2}{\sqrt{6}}\end{bmatrix}$$

为正交矩阵．

证法一　由例 3 可知，$\boldsymbol{A}$ 的三个列向量是两两正交的单位向量．所以 $\boldsymbol{A}$ 是正交矩阵．

证法二　因为

$$\boldsymbol{A}^{\mathrm{T}}\boldsymbol{A}=\begin{bmatrix}\frac{1}{\sqrt{2}} & -\frac{1}{\sqrt{2}} & 0\\ \frac{1}{\sqrt{3}} & \frac{1}{\sqrt{3}} & \frac{1}{\sqrt{3}}\\ \frac{1}{\sqrt{6}} & \frac{1}{\sqrt{6}} & -\frac{2}{\sqrt{6}}\end{bmatrix}\begin{bmatrix}\frac{1}{\sqrt{2}} & \frac{1}{\sqrt{3}} & \frac{1}{\sqrt{6}}\\ -\frac{1}{\sqrt{2}} & \frac{1}{\sqrt{3}} & \frac{1}{\sqrt{6}}\\ 0 & \frac{1}{\sqrt{3}} & -\frac{2}{\sqrt{6}}\end{bmatrix}=\begin{bmatrix}1 & 0 & 0\\ 0 & 1 & 0\\ 0 & 0 & 1\end{bmatrix}=\boldsymbol{E}$$

所以 $\boldsymbol{A}$ 为正交矩阵．

例 5　验证

$$\boldsymbol{A}=\begin{pmatrix}\cos\theta & \sin\theta\\ -\sin\theta & \cos\theta\end{pmatrix}$$

为正交矩阵．

证　因为

$$\boldsymbol{A}^{\mathrm{T}}\boldsymbol{A}=\begin{pmatrix}\cos\theta & -\sin\theta\\ \sin\theta & \cos\theta\end{pmatrix}\begin{pmatrix}\cos\theta & \sin\theta\\ -\sin\theta & \cos\theta\end{pmatrix}=\begin{pmatrix}1 & 0\\ 0 & 1\end{pmatrix}=\boldsymbol{E}$$

所以 $\boldsymbol{A}$ 是正交矩阵．从而可知线性变换

$$\begin{pmatrix}x_2\\ y_2\end{pmatrix}=\begin{pmatrix}\cos\theta & \sin\theta\\ -\sin\theta & \cos\theta\end{pmatrix}=\begin{pmatrix}x_1\\ y_1\end{pmatrix}$$

或

$$\begin{cases}x_2=x_1\cos\theta+y_1\sin\theta\\ y_2=-x_1\sin\theta+y_1\cos\theta\end{cases}$$

是正交变换．正交变换不改变向量的长度．实际上，这个变换是旋转变换，显然不改变向量的长度

习题 5.1

1. 用施密特正交化方法将下列向量组单位正交化．

(1)$\boldsymbol{a}_1=\begin{pmatrix}3\\4\end{pmatrix},\boldsymbol{a}_2=\begin{pmatrix}2\\3\end{pmatrix}$;

(2)$\boldsymbol{a}_1=\begin{pmatrix}1\\1\\1\end{pmatrix},\boldsymbol{a}_2=\begin{pmatrix}0\\1\\1\end{pmatrix},\boldsymbol{a}_3=\begin{pmatrix}0\\0\\1\end{pmatrix}$;

(3)$\boldsymbol{a}_1=\begin{bmatrix}1\\0\\-1\\1\end{bmatrix},\boldsymbol{a}_2=\begin{bmatrix}1\\-1\\0\\1\end{bmatrix},\boldsymbol{a}_3=\begin{bmatrix}-1\\1\\1\\0\end{bmatrix}$.

2. 在四维空间 V_4 中求一单位向量与向量

$$\boldsymbol{a}_1=\begin{bmatrix}1\\1\\-1\\1\end{bmatrix},\quad \boldsymbol{a}_2=\begin{bmatrix}1\\-1\\-1\\1\end{bmatrix},\quad \boldsymbol{a}_3=\begin{bmatrix}2\\1\\1\\3\end{bmatrix}$$

都正交.

3. 在三维空间 V_3 内,已知

$$\boldsymbol{e}_1=\begin{bmatrix}\frac{1}{3}\\\frac{2}{3}\\\frac{2}{3}\end{bmatrix},$$

试求向量 $\boldsymbol{e}_2,\boldsymbol{e}_3$,使 $\boldsymbol{e}_1,\boldsymbol{e}_2,\boldsymbol{e}_3$ 为 V_3 的标准正交基.

4. 设 $\boldsymbol{a}_1,\boldsymbol{a}_2,\cdots,\boldsymbol{a}_n$ 是 n 维空间 V_n 的一个基,证明:

(1)如果 $\boldsymbol{a}\in V_n$,且 $(\boldsymbol{a},\boldsymbol{a}_i)=0\quad(i=1,2,\cdots,n)$,则 $\boldsymbol{a}=\boldsymbol{0}$;

(2)如果 $\boldsymbol{b}$、$\boldsymbol{c}\in V_n$ 且对任意 $\boldsymbol{a}\in V_n$,都有 $(\boldsymbol{b},\boldsymbol{a})=\boldsymbol{c}$,则 $\boldsymbol{b}=\boldsymbol{c}$.

5. 验证下列矩阵是否为正交矩阵:

$$(1)\begin{bmatrix}1 & -\frac{1}{2} & \frac{1}{3}\\ -\frac{1}{2} & 1 & \frac{1}{2}\\ \frac{1}{3} & \frac{1}{2} & -1\end{bmatrix};(2)\begin{bmatrix}\frac{1}{9} & -\frac{8}{9} & -\frac{4}{9}\\ -\frac{8}{9} & \frac{1}{9} & -\frac{4}{9}\\ -\frac{4}{9} & -\frac{4}{9} & \frac{7}{9}\end{bmatrix}.$$

6. 设 $\boldsymbol{A}$ 为二阶方阵且 $|\boldsymbol{A}|=1$,证明 $\boldsymbol{A}$ 为正交矩阵的充分必要条件是

$$\boldsymbol{A}=\begin{pmatrix}\cos\theta & \sin\theta\\ -\sin\theta & \cos\theta\end{pmatrix}$$

(其中 θ 为某一实数).

7. 设 $\boldsymbol{x}$ 为 n 维列向量,又 $\boldsymbol{x}^{\mathrm{T}}\boldsymbol{x}=1$,则当矩阵 $\boldsymbol{H}=\boldsymbol{E}-2\boldsymbol{x}\boldsymbol{x}^{\mathrm{T}}$ 时,证明:

(1)$\boldsymbol{H}$ 是对称矩阵;

(2)$\boldsymbol{H}$ 是正交矩阵．

8. 设 $\boldsymbol{A}$、$\boldsymbol{B}$ 都是 n 阶正交矩阵，证明 $\boldsymbol{AB}$ 也是正交矩阵．

9. 设 $\boldsymbol{A}$ 为正交矩阵，证明：

(1)$|\boldsymbol{A}|=1$，或$|\boldsymbol{A}|=-1$；

(2)$\boldsymbol{A}^{-1}$也是正交矩阵．

§5.2　特征值与特征向量

实际工程技术中的许多问题，常可以归结为求一个方阵的特征值和特征向量的问题．数学本身的一些问题，有时也要用到特征值与特征向量的理论．例如，设有 n 阶方阵 $\boldsymbol{A}$ 及正交矩阵 $\boldsymbol{P}$，使 $\boldsymbol{P}^{\mathrm{T}}\boldsymbol{AP}$ 成为对角矩阵，即

$$\boldsymbol{P}^{\mathrm{T}}\boldsymbol{AP}=\begin{bmatrix}\lambda_1 & 0 & \cdots & 0\\ 0 & \lambda_2 & \cdots & 0\\ \vdots & \vdots & \cdots & \vdots\\ 0 & 0 & \cdots & \lambda_n\end{bmatrix}$$

因为 $\boldsymbol{P}^{\mathrm{T}}=\boldsymbol{P}^{-1}$，所以有

$$\boldsymbol{P}^{-1}\boldsymbol{AP}=\begin{bmatrix}\lambda_1 & 0 & \cdots & 0\\ 0 & \lambda_2 & \cdots & 0\\ \vdots & \vdots & \cdots & \vdots\\ 0 & 0 & \cdots & \lambda_n\end{bmatrix}$$

或

$$\boldsymbol{AP}=\boldsymbol{P}\begin{bmatrix}\lambda_1 & 0 & \cdots & 0\\ 0 & \lambda_2 & \cdots & 0\\ \vdots & \vdots & \cdots & \vdots\\ 0 & 0 & \cdots & \lambda_n\end{bmatrix}$$

将矩阵 $\boldsymbol{P}$ 用列向量形式表示

$$\boldsymbol{P}=(\boldsymbol{p}_1\boldsymbol{p}_2\cdots\boldsymbol{p}_n)$$

则有

$$\boldsymbol{A}(\boldsymbol{p}_1\boldsymbol{p}_2\cdots\boldsymbol{p}_n)=(\boldsymbol{p}_1\boldsymbol{p}_2\cdots\boldsymbol{p}_n)\begin{bmatrix}\lambda_1 & 0 & \cdots & 0\\ 0 & \lambda_2 & \cdots & 0\\ \vdots & \vdots & \cdots & \vdots\\ 0 & 0 & \cdots & \lambda_n\end{bmatrix}$$

所以

$$(\boldsymbol{Ap}_1\boldsymbol{Ap}_2\cdots\boldsymbol{Ap}_n)=(\lambda_1\boldsymbol{p}_1\lambda_2\boldsymbol{p}_2\cdots\lambda_n\boldsymbol{p}_n)$$

即

$$\boldsymbol{Ap}_i=\lambda_i\boldsymbol{p}_i\qquad(i=1,2,\cdots,n)$$

上式还可以写成

$$(\boldsymbol{A}-\lambda_i\boldsymbol{E})\boldsymbol{p}_i=0\qquad(i=1,2,\cdots,n)$$

显然,向量 $p_i(i=1,2,\cdots,n)$是线性方程组

$$(A-\lambda_i E)x=0$$

的非零解．而要使上述方程组有非零解,必须有

$$|A-\lambda_i E|=0 \qquad (i=1,2,\cdots,n)$$

即 $\lambda_i(i=1,2,\cdots,n)$是 n 次多项式

$$|A-\lambda E|=0$$

的根．根据上述结论,给出下述定义．

定义 5.8 设 A 为 n 阶方阵,则方程

$$|A-\lambda E|=0$$

的根 λ 称为 A 的特征值．此时线性方程组

$$(A-\lambda E)x=0 \tag{5-1}$$

的非零解 x 称为 A 的属于特征值 λ 的特征向量．

显然式(5-1)可以写为 $Ax=\lambda x$,其中 λ 为常数,x 为非零向量．

此外,通常称 $f(\lambda)=|A-\lambda E|$ 为 A 的特征多项式;称 $f(\lambda)=|A-\lambda E|=0$ 为 A 的特征方程．

设 n 阶方阵 $A=(a_{ij})_{n\times n}$ 的特征值为 $\lambda_1,\lambda_2,\cdots,\lambda_n$,由多项式的根与系数的关系,可以证明

(1)$\lambda_1+\lambda_2+\cdots+\lambda_n=a_{11}+a_{22}+\cdots+a_{nn}$;

(2)$\lambda_1\lambda_2\cdots\lambda_n=|A|$.

例 1 求方阵

$$A=\begin{pmatrix}1 & 2\\ 2 & 4\end{pmatrix}$$

的特征值和特征向量．

解 因为

$$|A-\lambda E|=\begin{vmatrix}1-\lambda & 2\\ 2 & 4-\lambda\end{vmatrix}=\lambda(\lambda-5)$$

所以 A 的特征值为 $\lambda_1=0,\lambda_2=5$.

当 $\lambda_1=0$ 时,根据$(A-\lambda E)x=0$,可得

$$\begin{pmatrix}1-0 & 2\\ 2 & 4-0\end{pmatrix}\begin{pmatrix}x_1\\ x_2\end{pmatrix}=\begin{pmatrix}0\\ 0\end{pmatrix}$$

或

$$\begin{pmatrix}1 & 2\\ 2 & 4\end{pmatrix}\begin{pmatrix}x_1\\ x_2\end{pmatrix}=\begin{pmatrix}0\\ 0\end{pmatrix}$$

解之得

$$\begin{cases}x_1=-2x_2\\ x_2=x_2\end{cases}$$

其中 x_2 为任意常数,令 $x_1=1$,得

$$p_1=\begin{pmatrix}x_1\\ x_2\end{pmatrix}=\begin{pmatrix}-2\\ 1\end{pmatrix}$$

是 $\boldsymbol{A}$ 的属于 $\lambda_1=0$ 的特征向量.

当 $\lambda_2=5$ 时，根据 $(\boldsymbol{A}-\lambda\boldsymbol{E})\boldsymbol{x}=\boldsymbol{0}$，得

$$\begin{pmatrix}1-5 & 2\\ 2 & 4-5\end{pmatrix}\begin{pmatrix}x_1\\ x_2\end{pmatrix}=\begin{pmatrix}0\\ 0\end{pmatrix}$$

或

$$\begin{pmatrix}-4 & 2\\ 2 & -1\end{pmatrix}\begin{pmatrix}x_1\\ x_2\end{pmatrix}=\begin{pmatrix}0\\ 0\end{pmatrix}$$

解之得

$$\begin{cases}x_1=\dfrac{1}{2}x_2\\ x_2=x_2\end{cases}$$

其中 x_2 为任意常数，令 $x_2=2$，得

$$\boldsymbol{p}_2=\begin{pmatrix}x_1\\ x_2\end{pmatrix}=\begin{pmatrix}1\\ 2\end{pmatrix}$$

是 $\boldsymbol{A}$ 的属于 $\lambda_2=5$ 的特征向量.

例2 求对称矩阵

$$\boldsymbol{A}=\begin{bmatrix}0 & 1 & 1 & -1\\ 1 & 0 & -1 & 1\\ 1 & -1 & 0 & 1\\ -1 & 1 & 1 & 0\end{bmatrix}$$

的特征值与特征向量.

解 因为 $\boldsymbol{A}$ 的特征方程为

$$|\boldsymbol{A}-\lambda\boldsymbol{E}|=\begin{vmatrix}-\lambda & 1 & 1 & -1\\ 1 & -\lambda & -1 & 1\\ 1 & -1 & -\lambda & +1\\ -1 & 1 & 1 & -\lambda\end{vmatrix}=(\lambda+3)(\lambda-1)^3=0$$

所以 $\boldsymbol{A}$ 的特征值为 $\lambda_1=-3, \lambda_2=\lambda_3=\lambda_4=1$.

当 $\lambda_1=-3$ 时，由 $(\boldsymbol{A}-\lambda\boldsymbol{E})\boldsymbol{x}=\boldsymbol{0}$，得

$$\begin{bmatrix}3 & 1 & 1 & -1\\ 1 & 3 & -1 & 1\\ 1 & -1 & 3 & 1\\ -1 & 1 & 1 & 3\end{bmatrix}\begin{bmatrix}x_1\\ x_2\\ x_3\\ x_4\end{bmatrix}=\begin{bmatrix}0\\ 0\\ 0\\ 0\end{bmatrix}$$

解之得

$$\begin{cases}x_1=x_4\\ x_2=-x_4\\ x_3=-x_4\\ x_4=x_4\end{cases} \quad 或 \quad \begin{bmatrix}x_1\\ x_2\\ x_3\\ x_4\end{bmatrix}=x_4\begin{bmatrix}1\\ -1\\ -1\\ 1\end{bmatrix}$$

其中 x_4 为任意常数，得基础解

$$p_1 = \begin{bmatrix} 1 \\ -1 \\ -1 \\ 1 \end{bmatrix}$$

是 A 的属于 $\lambda_1=-3$ 的特征向量.

当 $\lambda_2=\lambda_3=\lambda_4=1$ 时,由 $(A-\lambda E)x=0$,得

$$\begin{bmatrix} -1 & 1 & 1 & -1 \\ 1 & -1 & -1 & 1 \\ 1 & -1 & -1 & 1 \\ -1 & 1 & 1 & -1 \end{bmatrix}\begin{bmatrix} x_1 \\ x_2 \\ x_3 \\ x_4 \end{bmatrix} = \begin{bmatrix} 0 \\ 0 \\ 0 \\ 0 \end{bmatrix}$$

解之得

$$\begin{cases} x_1 = x_2 + x_3 - x_4 \\ x_2 = x_2 \\ x_3 = \qquad x_3 \\ x_4 = \qquad\quad x_4 \end{cases}$$

或

$$\begin{bmatrix} x_1 \\ x_2 \\ x_3 \\ x_4 \end{bmatrix} = x_2\begin{bmatrix} 1 \\ 1 \\ 0 \\ 0 \end{bmatrix} + x_3\begin{bmatrix} 1 \\ 0 \\ 1 \\ 0 \end{bmatrix} + x_4\begin{bmatrix} -1 \\ 0 \\ 0 \\ 1 \end{bmatrix}$$

其中 x_2, x_3, x_4 为任意常数,得基础解系

$$p_2 = \begin{bmatrix} 1 \\ 1 \\ 0 \\ 0 \end{bmatrix}, \quad p_3 = \begin{bmatrix} 1 \\ 0 \\ 1 \\ 0 \end{bmatrix}, \quad p_4 = \begin{bmatrix} -1 \\ 0 \\ 0 \\ 1 \end{bmatrix}$$

是 A 的属于 $\lambda_2=\lambda_3=\lambda_4=1$ 的特征向量.

例 3 设 λ 是 n 阶方阵 A 的特征值,x 是 A 的属于 λ 的特征向量. 证明 $\varphi(\lambda)=a_0+a_1\lambda+\cdots+a_m\lambda^m$ 是 n 阶方阵 $\varphi(A)=a_0E+a_1A+\cdots+a_mA^m$ 的特征值. x 是 $\varphi(A)$ 的属于 $\varphi(\lambda)$ 的特征向量.

证 因为 λ 是方阵 A 的特征值,x 是 A 的属于 λ 的特征向量. 所以

$$Ax = \lambda x$$

于是得 $$A^2x=A(Ax)=A(\lambda x)=\lambda(Ax)=\lambda^2x$$

同理可得 $A^3x=\lambda^3x,\cdots,A^mx=\lambda^mx$. 显然 $Ex=x$. 所以

$$\begin{aligned} a_0Ex &= a_0x \\ a_1Ax &= a_1\lambda x \\ a_2A^2x &= a_2\lambda^2x \\ \vdots \quad & \quad \vdots \\ a_mA^mx &= a_m\lambda^mx \end{aligned}$$

相加得

$$(a_0\boldsymbol{E}+a_1\boldsymbol{A}+a_2\boldsymbol{A}^2+\cdots+a_m\boldsymbol{A}^m)\boldsymbol{x}=(a_0+a_1\lambda+a_2\lambda^2+\cdots+a_m\lambda^m)\boldsymbol{x}$$

所以 $\varphi(\lambda)=a_0+a_1\lambda+a_2\lambda^2+\cdots+a_m\lambda^m$ 是方阵

$$\varphi(\boldsymbol{A})=a_0\boldsymbol{E}+a_1\boldsymbol{A}+a_2\boldsymbol{A}^2+\cdots+a_m\boldsymbol{A}^m$$

的特征值. 且 $\boldsymbol{x}$ 是方阵 $\varphi(\boldsymbol{A})$ 的属于 $\varphi(\lambda)$ 的特征向量.

定理 5.3　设 $\lambda_1,\lambda_2,\cdots,\lambda_m$ 是方阵 $\boldsymbol{A}$ 的特征值, $\boldsymbol{p}_1,\boldsymbol{p}_2,\cdots,\boldsymbol{p}_m$ 是相应的特征向量. 如果 $\lambda_1,\lambda_2,\cdots,\lambda_m$ 各不相等, 则 $\boldsymbol{p}_1,\boldsymbol{p}_2,\cdots,\boldsymbol{p}_m$ 线性无关.

证　根据已知条件, 得

$$\boldsymbol{A}\boldsymbol{p}_i=\lambda_i\boldsymbol{p}_i\quad(i=1,2,\cdots,m)$$

设有一组常数 $k_1,k_2,\cdots,k_m$, 使

$$k_1\boldsymbol{p}_1+k_2\boldsymbol{p}_2+\cdots+k_m\boldsymbol{p}_m=\boldsymbol{0}$$

则有

$$\begin{aligned}\boldsymbol{A}(k_1\boldsymbol{p}_1+k_2\boldsymbol{p}_2+\cdots+k_m\boldsymbol{p}_m)&=k_1\boldsymbol{A}\boldsymbol{p}_1+k_2\boldsymbol{A}\boldsymbol{p}_2+\cdots+k_m\boldsymbol{A}\boldsymbol{p}_m\\&=\lambda_1k_1\boldsymbol{p}_1+\lambda_2k_2\boldsymbol{p}_2+\cdots+\lambda_mk_m\boldsymbol{p}_m=\boldsymbol{0}\end{aligned}$$

依此类推, 最后可得

$$\lambda_1^lk_1\boldsymbol{p}_1+\lambda_2^lk_2\boldsymbol{p}_2+\cdots+\lambda_m^lk_m\boldsymbol{p}_m=\boldsymbol{0}\quad(l=0,1,2,\cdots,m-1)$$

或写为

$$(k_1\boldsymbol{p}_1\quad k_2\boldsymbol{p}_2\quad\cdots\quad k_m\boldsymbol{p}_m)\begin{bmatrix}\lambda_1^l\\\lambda_2^l\\\vdots\\\lambda_m^l\end{bmatrix}=\boldsymbol{0}\quad(l=0,1,2,\cdots,m-1)$$

从而有

$$(k_1\boldsymbol{p}_1\quad k_2\boldsymbol{p}_2\quad\cdots\quad k_m\boldsymbol{p}_m)\begin{bmatrix}1&\lambda_1&\cdots&\lambda_1^{m-1}\\1&\lambda_2&\cdots&\lambda_2^{m-1}\\\vdots&\vdots&\cdots&\vdots\\1&\lambda_m&\cdots&\lambda_m^{m-1}\end{bmatrix}=(0\quad0\quad\cdots\quad0)$$

因为 $\lambda_1,\lambda_2,\cdots,\lambda_m$ 互不相等, 所以根据范德蒙行列式的性质可知, 矩阵

$$\begin{bmatrix}1&\lambda_1&\cdots&\lambda_1^{m-1}\\1&\lambda_2&\cdots&\lambda_2^{m-1}\\\vdots&\vdots&\cdots&\vdots\\1&\lambda_m&\cdots&\lambda_m^{m-1}\end{bmatrix}$$

的行列式不等于零, 即该矩阵是可逆矩阵, 于是有

$$(k_1\boldsymbol{p}_1\quad k_2\boldsymbol{p}_2\quad\cdots\quad k_m\boldsymbol{p}_m)=(0\quad0\quad\cdots\quad0)$$

即

$$k_i\boldsymbol{p}_i=0\quad(i=1,2,\cdots,m)$$

但 $\boldsymbol{p}_i\neq\boldsymbol{0}(i=1,2,\cdots,m)$, 所以得

$$k_i=0\quad(i=1,2,\cdots,m)$$

从而得向量 $\boldsymbol{p}_1,\boldsymbol{p}_2,\cdots,\boldsymbol{p}_m$ 线性无关.

习题 5.2

1. 求下列矩阵的特征值与特征向量

(1)$\begin{pmatrix}1 & 2\\3 & 2\end{pmatrix}$；(2)$\begin{bmatrix}1 & -3 & 3\\3 & -5 & 3\\6 & -6 & 4\end{bmatrix}$；(3)$\begin{bmatrix}-3 & 1 & -1\\-7 & 5 & -1\\-6 & 6 & -2\end{bmatrix}$.

2. 求矩阵

$$\boldsymbol{A}=\begin{bmatrix}1 & 2 & 3\\2 & 1 & 3\\3 & 3 & 6\end{bmatrix}$$

的特征向量，且它们是否两两正交？

3. 设$\boldsymbol{A}$为可逆矩阵，λ是$\boldsymbol{A}$的特征值，证明$\frac{1}{\lambda}$是矩阵$\boldsymbol{A}^{-1}$的特征值．

4. 设矩阵

$$\boldsymbol{A}=\begin{pmatrix}3 & -1\\1 & 1\end{pmatrix}$$

试求矩阵$\varphi(\boldsymbol{A})=\boldsymbol{A}^4+2\boldsymbol{A}^3+4\boldsymbol{A}^2+8\boldsymbol{A}+16\boldsymbol{E}$的特征值．

5. 已知矩阵

$$\boldsymbol{A}=\begin{bmatrix}1 & 1 & 0 & -1\\1 & 1 & -1 & 0\\0 & -1 & 1 & 1\\-1 & 0 & 1 & 1\end{bmatrix}$$

的三个特征值为$\lambda_1=\lambda_2=1,\lambda_3=-1$，试求特征值$\lambda_4$及$|\boldsymbol{A}|$.

6. 设三阶方阵$\boldsymbol{A}$的特征值为$\lambda_1=1,\lambda_2=0,\lambda_3=-1$，对应的特征向量依次为

$$\boldsymbol{p}_1=\begin{bmatrix}1\\2\\2\end{bmatrix},\quad \boldsymbol{p}_2=\begin{bmatrix}2\\-2\\1\end{bmatrix},\quad \boldsymbol{p}_3=\begin{bmatrix}-2\\-1\\2\end{bmatrix}$$

试求$\boldsymbol{A}$.

§5.3　相似矩阵

设λ是矩阵$\boldsymbol{A}$的特征值．即

$$|\boldsymbol{A}-\lambda\boldsymbol{E}|=0$$

对于非奇异矩阵$\boldsymbol{P}$，则有

$$|\boldsymbol{A}-\lambda\boldsymbol{E}|=|\boldsymbol{P}^{-1}|\cdot|\boldsymbol{A}-\lambda\boldsymbol{E}|\cdot|\boldsymbol{P}|=|\boldsymbol{P}^{-1}(\boldsymbol{A}-\lambda\boldsymbol{E})\boldsymbol{P}|=|\boldsymbol{P}^{-1}\boldsymbol{A}\boldsymbol{P}-\lambda\boldsymbol{E}|$$

从而可得

$$|\boldsymbol{P}^{-1}\boldsymbol{A}\boldsymbol{P}-\lambda\boldsymbol{E}|=0$$

即λ也是矩阵$\boldsymbol{P}^{-1}\boldsymbol{A}\boldsymbol{P}$的特征值．由此引入如下概念：

定义 5.9　设$\boldsymbol{A}$、$\boldsymbol{B}$都是n阶方阵，若有非奇异矩阵$\boldsymbol{P}$，使

$$P^{-1}AP = B \tag{5-2}$$

则称 $\boldsymbol{B}$ 是 $\boldsymbol{A}$ 的相似矩阵(或称 $\boldsymbol{B}$ 与 $\boldsymbol{A}$ 相似);运算 $\boldsymbol{P}^{-1}\boldsymbol{AP}$ 称为对 $\boldsymbol{A}$ 进行相似变换;这里 $\boldsymbol{P}$ 称为相似变换矩阵.

定理 5.4　如果 n 阶方阵 $\boldsymbol{A}$ 与 $\boldsymbol{B}$ 相似,则 $\boldsymbol{A}$ 与 $\boldsymbol{B}$ 的特征值相同.

证　因为矩阵 $\boldsymbol{A}$ 与矩阵 $\boldsymbol{B}$ 相似,所以有非奇异矩阵 $\boldsymbol{P}$,使 $\boldsymbol{A}=\boldsymbol{P}^{-1}\boldsymbol{BP}$,所以

$$|\boldsymbol{A}-\lambda\boldsymbol{E}| = |\boldsymbol{P}^{-1}\boldsymbol{BP}-\lambda\boldsymbol{E}| = |\boldsymbol{P}^{-1}(\boldsymbol{B}-\lambda\boldsymbol{E})\boldsymbol{P}| = |\boldsymbol{B}-\lambda\boldsymbol{E}|$$

即 $|\boldsymbol{A}-\lambda\boldsymbol{E}|=0$ 与 $|\boldsymbol{B}-\lambda\boldsymbol{E}|=0$ 等价. 于是得 $\boldsymbol{A}$ 与 $\boldsymbol{B}$ 的特征值相同.

由定理 5.3 可知,如果 n 阶方阵 $\boldsymbol{A}$ 与对角矩阵

$$\boldsymbol{\Lambda} = \begin{bmatrix} \lambda_1 & 0 & \cdots & 0 \\ 0 & \lambda_2 & \cdots & 0 \\ \vdots & \vdots & \cdots & \vdots \\ 0 & 0 & \cdots & \lambda_n \end{bmatrix}$$

相似,那么矩阵 $\boldsymbol{A}$ 的特征值就是 $\lambda_1,\lambda_2,\cdots,\lambda_n$(因为矩阵 $\boldsymbol{\Lambda}$ 的特征值为 $\lambda_1,\lambda_2,\cdots,\lambda_n$);反过来,如果矩阵 $\boldsymbol{A}$ 的特征值是 $\lambda_1,\lambda_2,\cdots,\lambda_n$,那么矩阵 $\boldsymbol{A}$ 是否一定能与对角矩阵

$$\boldsymbol{\Lambda} = \begin{bmatrix} \lambda_1 & 0 & \cdots & 0 \\ 0 & \lambda_2 & \cdots & 0 \\ \vdots & \vdots & \cdots & \vdots \\ 0 & 0 & \cdots & \lambda_n \end{bmatrix}$$

相似呢? 下面主要讨论矩阵 $\boldsymbol{A}$ 在什么情况下才能与对角矩阵相似,以及如何将方阵对角化等问题.

定理 5.5　n 阶方阵 $\boldsymbol{A}$ 与对角矩阵相似的充分必要条件是 $\boldsymbol{A}$ 有 n 个线性无关的特征向量.

证　必要性:设矩阵 $\boldsymbol{A}$ 与对角矩阵

$$\boldsymbol{\Lambda} = \begin{bmatrix} \lambda_1 & 0 & \cdots & 0 \\ 0 & \lambda_2 & \cdots & 0 \\ \vdots & \vdots & \cdots & \vdots \\ 0 & 0 & \cdots & \lambda_n \end{bmatrix}$$

相似,即有非奇异矩阵 $\boldsymbol{P}$,使 $\boldsymbol{P}^{-1}\boldsymbol{AP}=\boldsymbol{\Lambda}$ 或 $\boldsymbol{AP}=\boldsymbol{P\Lambda}$,将 $\boldsymbol{P}$ 按列分块,有

$$\boldsymbol{P} = (\boldsymbol{p}_1\,\boldsymbol{p}_2\cdots\boldsymbol{p}_n)$$

其中 $\boldsymbol{p}_1,\boldsymbol{p}_2,\cdots,\boldsymbol{p}_n$ 是 n 个线性无关的 n 维向量,于是有

$$\boldsymbol{A}(\boldsymbol{p}_1\,\boldsymbol{p}_2\cdots\boldsymbol{p}_n) = (\boldsymbol{p}_1\,\boldsymbol{p}_2\cdots\boldsymbol{p}_n)\begin{bmatrix} \lambda_1 & 0 & \cdots & 0 \\ 0 & \lambda_2 & \cdots & 0 \\ \vdots & \vdots & \cdots & \vdots \\ 0 & 0 & \cdots & \lambda_n \end{bmatrix}$$

或

$$(\boldsymbol{Ap}_1 \quad \boldsymbol{Ap}_2 \quad \cdots \quad \boldsymbol{Ap}_n) = (\lambda_1\boldsymbol{p}_1 \quad \lambda_2\boldsymbol{p}_2 \quad \cdots \quad \lambda_n\boldsymbol{p}_n)$$

即

$$\boldsymbol{Ap}_i = \lambda_i\boldsymbol{p}_i \qquad (i=1,2,\cdots,n)$$

从而可知$\lambda_i(i=1,2,\cdots,n)$是矩阵$\boldsymbol{A}$的特征值，而$\boldsymbol{p}_i(i=1,2,\cdots,n)$是矩阵$\boldsymbol{A}$的$n$个线性无关的特征向量.

充分性：设矩阵$\boldsymbol{A}$有n个线性无关的特征向量$\boldsymbol{p}_1,\boldsymbol{p}_2,\cdots,\boldsymbol{p}_n$，其相应的特征值为$\lambda_1,\lambda_2,\cdots,\lambda_n$，于是

$$\boldsymbol{A}\boldsymbol{p}_i=\lambda_i\boldsymbol{p}_i\quad(i=1,2,\cdots,n)$$

从而有

$$(\boldsymbol{A}\boldsymbol{p}_1\ \ \boldsymbol{A}\boldsymbol{p}_2\ \ \cdots\ \ \boldsymbol{A}\boldsymbol{p}_n)=(\lambda_1\boldsymbol{p}_1\ \ \lambda_2\boldsymbol{p}_2\ \ \cdots\ \ \lambda_n\boldsymbol{p}_n)$$

所以得

$$\boldsymbol{A}(\boldsymbol{p}_1\boldsymbol{p}_2\cdots\boldsymbol{p}_n)=(\boldsymbol{p}_1\boldsymbol{p}_2\cdots\boldsymbol{p}_n)\begin{bmatrix}\lambda_1&0&\cdots&0\\0&\lambda_2&\cdots&0\\\vdots&\vdots&\cdots&\vdots\\0&0&\cdots&\lambda_n\end{bmatrix}$$

令矩阵

$$\boldsymbol{P}=(\boldsymbol{p}_1\boldsymbol{p}_2\cdots\boldsymbol{p}_n)$$

由于$\boldsymbol{p}_1,\boldsymbol{p}_2,\cdots,\boldsymbol{p}_n$线性无关，所以$\boldsymbol{P}$是非奇异矩阵，故

$$\boldsymbol{AP}=\boldsymbol{P\Lambda}$$

即

$$\boldsymbol{P}^{-1}\boldsymbol{AP}=\boldsymbol{\Lambda}$$

其中

$$\boldsymbol{\Lambda}=\begin{bmatrix}\lambda_1&0&\cdots&0\\0&\lambda_2&\cdots&0\\\vdots&\vdots&\cdots&\vdots\\0&0&\cdots&\lambda_n\end{bmatrix}$$

是对角矩阵．所以矩阵$\boldsymbol{A}$与对角矩阵$\boldsymbol{\Lambda}$相似．

根据上述定理及§5.2定理5.3可以得如下结论：

定理5.6 如果n阶方阵$\boldsymbol{A}$的n个特征值互不相等，则矩阵$\boldsymbol{A}$与对角矩阵相似．

但是，当矩阵$\boldsymbol{A}$的特征方程有重根时，即矩阵$\boldsymbol{A}$没有n个互不相等的根，那么矩阵$\boldsymbol{A}$就不一定有n个线性无关的特征向量．从而矩阵$\boldsymbol{A}$不一定能与对角矩阵相似或者说矩阵$\boldsymbol{A}$不一定能对角化．例如

$$\boldsymbol{A}=\begin{bmatrix}-1&1&0\\-4&3&0\\1&0&2\end{bmatrix}$$

通过计算可知其特征值为$\lambda_1=\lambda_2=1,\lambda_3=2$.

当$\lambda_1=\lambda_2=1$时，相应的特征向量为

$$\boldsymbol{p}_1=\boldsymbol{p}_2=\begin{bmatrix}1\\2\\-1\end{bmatrix}$$

当$\lambda_3=2$时，相应的特征向量为

$$p_3 = \begin{bmatrix} 0 \\ 0 \\ 1 \end{bmatrix}$$

因此找不到 3 个线性无关的特征向量．所以矩阵 $\boldsymbol{A}$ 不能与对角矩阵相似．又如矩阵

$$\boldsymbol{B} = \begin{bmatrix} -2 & 1 & 1 \\ 0 & 2 & 0 \\ -4 & 1 & 3 \end{bmatrix}$$

其特征值为 $\lambda_1 = -1, \lambda_2 = \lambda_3 = 2$.

当 $\lambda_1 = -1$ 时，相应的特征向量为

$$p_1 = \begin{bmatrix} 1 \\ 0 \\ 1 \end{bmatrix}$$

当 $\lambda_2 = \lambda_3 = 2$ 时，相应的特征向量为

$$p_2 = \begin{bmatrix} 1 \\ 4 \\ 0 \end{bmatrix}, \quad p_3 = \begin{bmatrix} 1 \\ 0 \\ 4 \end{bmatrix}$$

并且 p_1, p_2, p_3 线性无关，从而矩阵 $\boldsymbol{B}$ 可以与对角矩阵相似．

通过上述讨论可知，当 n 阶方阵 $\boldsymbol{A}$ 的 n 个特征值互不相等（即矩阵 $\boldsymbol{A}$ 的特征方程没有重根）时，矩阵 $\boldsymbol{A}$ 一定可以对角化；而当矩阵 $\boldsymbol{A}$ 的特征方程有重根时，矩阵 $\boldsymbol{A}$ 也许能对角化，也许不能对角化．关于 n 阶方阵对角化的进一步研究超出本课程范围，下一节只就实对称矩阵的对角化问题做一些讨论．

习题 5.3

1. 设 $\boldsymbol{A}$、$\boldsymbol{B}$ 都是 n 阶方阵，且 $|\boldsymbol{A}| \neq 0$，证明 $\boldsymbol{AB}$ 与 $\boldsymbol{BA}$ 相似．
2. 设方阵

$$\boldsymbol{A} = \begin{bmatrix} 1 & a & 1 \\ a & 1 & b \\ 1 & b & 1 \end{bmatrix} \text{与} \boldsymbol{\Lambda} = \begin{bmatrix} 0 & 0 & 0 \\ 0 & 1 & 0 \\ 0 & 0 & 2 \end{bmatrix}$$

相似．试求 a, b.

3. 设矩阵

$$\boldsymbol{A} = \begin{bmatrix} -2 & 0 & 0 \\ 2 & x & 2 \\ 3 & 1 & 1 \end{bmatrix} \text{与} \boldsymbol{\Lambda} = \begin{bmatrix} -1 & 0 & 0 \\ 0 & 2 & 0 \\ 0 & 0 & y \end{bmatrix}$$

相似．(1)试求 x, y；(2)试求矩阵 $\boldsymbol{P}$，使 $\boldsymbol{P}^{-1}\boldsymbol{AP} = \boldsymbol{\Lambda}$.

4. 用相似变换，将矩阵

$$\boldsymbol{A} = \begin{bmatrix} 3 & -1 & -2 \\ 2 & 0 & -2 \\ 2 & -1 & -1 \end{bmatrix}$$

化为对角矩阵．

5. 已知矩阵

$$A=\begin{bmatrix}2&0&0\\1&2&-1\\1&0&1\end{bmatrix}$$

试求 A^{10}.

§5.4 实对称矩阵的对角化

为讨论实对称矩阵对角化问题，首先给出以下几个定理：

定理 5.7 设 A 为实对称矩阵，λ 为 A 的特征值，则 λ 为实数．

证 设复数 λ 为实对称矩阵 A 的特征值，复向量 x 为对应的特征向量，即

$$Ax=\lambda x$$

其中 $x\neq 0$. 令 $\bar{\lambda}$ 为 λ 的共轭复数；$\bar{x}$ 为 x 的共轭复向量，则有

$$A\bar{x}=\bar{A}\bar{x}=(\overline{Ax})=(\overline{\lambda x})=\bar{\lambda}\bar{x}$$

所以

$$\overline{x^{\mathrm{T}}}Ax=(\overline{x^{\mathrm{T}}}A^{\mathrm{T}})x=(A\bar{x})^{\mathrm{T}}x^{\mathrm{T}}=(\bar{\lambda}\bar{x})^{\mathrm{T}}x=\bar{\lambda}\overline{x^{\mathrm{T}}}x$$

$$\overline{x^{\mathrm{T}}}Ax=\overline{x^{\mathrm{T}}}(Ax)=\overline{x^{\mathrm{T}}}\lambda x=\lambda\,\overline{x^{\mathrm{T}}}x$$

两式相减，得

$$(\bar{\lambda}-\lambda)\,\overline{x^{\mathrm{T}}}x=0$$

又因为

$$\overline{x^{\mathrm{T}}}x=\sum_{i=1}^{n}\bar{x}_i x_i=\sum_{i=1}^{n}|x_i|^2\neq 0$$

所以得 $\bar{\lambda}-\lambda=0$，即 $\bar{\lambda}=\lambda$，故 λ 是实数．

定理 5.8 设 A 为实对称矩阵，λ_1、λ_2 为 A 的两个特征值，p_1、p_2 是对应的特征向量．则当 $\lambda_1\neq\lambda_2$ 时，p_1 与 p_2 正交．

证 根据已知条件，得

$$\lambda_1 p_1^{\mathrm{T}}p_2=(\lambda_1 p_1)^{\mathrm{T}}p_2=(Ap_1)^{\mathrm{T}}p_2=p_1^{\mathrm{T}}(Ap_2)=p_1^{\mathrm{T}}\lambda_2 p_2=\lambda_2 p_1^{\mathrm{T}}p_2$$

所以

$$(\lambda_1-\lambda_2)p_1^{\mathrm{T}}p_2=0$$

因为 $\lambda_1\neq\lambda_2$，故 $p_1^{\mathrm{T}}p_2=0$，即 p_1 与 p_2 正交．

定理 5.9 设 A 为 n 阶实对称矩阵，λ 是 A 的特征值，且为特征方程的 r 重根．则 A 有 r 个属于 λ 的线性无关的特征向量 $p_1,p_2,\cdots,p_r$.

定理 5.9 的证明超出本课程范围，故证略．为证明下面的定理，首先给出一个引理．

引理 5.1 设 A 为实对称矩阵，$p_1,p_2,\cdots,p_r$ 是 A 的属于特征值 λ 的 r 个线性无关的特征向量．那么对于任意一组不全为零的数 $k_1,k_2,\cdots,k_r$. 向量

$$k_1p_1+k_2p_2+\cdots+k_rp_r$$

仍然是 A 的属于 λ 的特征向量．

证 因为 $p_1,p_2,\cdots,p_r$ 线性无关，且 $k_1,k_2,\cdots,k_r$ 不全为零，所以向量

$$P=k_1p_1+k_2p_2+\cdots+k_rp_r$$

为非零向量,于是

$$\begin{aligned} \boldsymbol{AP} &= \boldsymbol{A}(k_1\boldsymbol{p}_1 + k_2\boldsymbol{p}_2 + \cdots + k_r\boldsymbol{p}_r) \\ &= k_1\boldsymbol{Ap}_1 + k_2\boldsymbol{Ap}_2 + \cdots + k_r\boldsymbol{Ap}_r \\ &= \lambda(k_1\boldsymbol{p}_1 + k_2\boldsymbol{p}_2 + \cdots + k_r\boldsymbol{p}_r) = \lambda\boldsymbol{P} \end{aligned}$$

所以 $\boldsymbol{P}$ 是 $\boldsymbol{A}$ 的属于 λ 的特征向量.

根据以上这些结论,最后给出关于实对称矩阵对角化的定理.

定理 5.10 设 $\boldsymbol{A}$ 为 n 阶实对称矩阵,则必有正交矩阵 $\boldsymbol{P}$,使 $\boldsymbol{P}^{-1}\boldsymbol{AP}=\boldsymbol{\Lambda}$,其中 $\boldsymbol{\Lambda}$ 是以 $\boldsymbol{A}$ 的 n 个特征值为对角元素的对角矩阵.

证 在 $\boldsymbol{A}$ 的特征值 $\lambda_1,\lambda_2,\cdots,\lambda_n$ 中可能有一些是 $\boldsymbol{A}$ 的特征方程的重根,所以,我们可以设 $\boldsymbol{A}$ 的特征方程的互不相等的实根为 $\lambda_1,\lambda_2,\cdots,\lambda_s(s\leqslant n)$. 它们分别为特征方程的 r_1, $r_2,\cdots,r_s(r_1+r_2+\cdots+r_s=n)$ 重根.

根据定理 5.9 可知,$\boldsymbol{A}$ 对应于 $\lambda_1,\lambda_2,\cdots,\lambda_s$ 分别有 $r_1,r_2,\cdots,r_s$ 个线性无关的特征向量.

设 $\boldsymbol{C}_1,\boldsymbol{C}_2,\cdots,\boldsymbol{C}_{r1}$ 是 $\boldsymbol{A}$ 的属于 λ_1 的 r_1 个线性无关的特征向量,用施密特正交化方法将其正交化,可以得 r_1 个两两正交的单位向量

$$\boldsymbol{p}_1,\boldsymbol{p}_2,\cdots,\boldsymbol{p}_{r1}$$

根据引理 5.1 可知,$\boldsymbol{p}_1,\boldsymbol{p}_2,\cdots,\boldsymbol{p}_{r1}$ 仍是 $\boldsymbol{A}$ 的属于 λ_1 的特征向量.

同理可得 $\boldsymbol{A}$ 的属于 λ_2 的 r_2 个特征向量

$$\boldsymbol{p}_{r_1+1},\boldsymbol{p}_{r_1+2},\cdots,\boldsymbol{p}_{r_1+r_2}$$

并且 $\boldsymbol{p}_{r_1+1},\boldsymbol{p}_{r_1+2},\cdots,\boldsymbol{p}_{r_1+r_2}$ 是两两正交的单位向量. 因为 $\lambda_1\neq\lambda_2$,根据定理 5.8 又可得 $\boldsymbol{p}_1$, $\boldsymbol{p}_2,\cdots,\boldsymbol{p}_{r1}$ 与 $\boldsymbol{p}_{r_1+1},\boldsymbol{p}_{r_1+2},\cdots,\boldsymbol{p}_{r_1+r_2}$ 也都相互正交.

依此类推,可以得到 $\boldsymbol{A}$ 的 $r_1+r_2+\cdots+r_s=n$ 个特征向量.

$$\boldsymbol{p}_1,\boldsymbol{p}_2,\cdots,\boldsymbol{p}_n$$

并且 $\boldsymbol{p}_1,\boldsymbol{p}_2,\cdots,\boldsymbol{p}_n$ 是两两正交的单位向量.

令 $\boldsymbol{P}=(\boldsymbol{p}_1\,\boldsymbol{p}_2\cdots\boldsymbol{p}_n)$,则 $\boldsymbol{P}$ 是正交矩阵,又根据 §5.3 定理 5.5 的证明过程,得

$$\boldsymbol{P}^{-1}\boldsymbol{AP} = \begin{bmatrix} \lambda_1 & & & & & & & & 0 \\ & \ddots & & & & & & & \\ & & \lambda_1 & & & & & & \\ & & & \lambda_2 & & & & & \\ & & & & \ddots & & & & \\ & & & & & \lambda_2 & & & \\ & & & & & & \ddots & & \\ & & & & & & & \lambda_s & \\ & & & & & & & & \ddots \\ 0 & & & & & & & & & \lambda_s \end{bmatrix}$$

上述对角矩阵中的 $\lambda_1,\lambda_2,\cdots,\lambda_s$ 分别有 $r_1,r_2,\cdots,r_s$ 个.

例 1 已知矩阵

$$\boldsymbol{A} = \begin{bmatrix} 3 & -1 \\ -1 & 3 \end{bmatrix}$$

试求一个正交矩阵 $\boldsymbol{P}$,使 $\boldsymbol{P}^{-1}\boldsymbol{AP}$ 为对角矩阵.

解 因为

$$|\boldsymbol{A}-\lambda\boldsymbol{E}|=\begin{bmatrix}3-\lambda & -1\\ -1 & 3-\lambda\end{bmatrix}=(\lambda-2)(\lambda-4)$$

所以 $\boldsymbol{A}$ 的特征值为 $\lambda_1=2,\lambda_2=4$.

当 $\lambda_1=2$ 时，由 $(\boldsymbol{A}-\lambda\boldsymbol{E})\boldsymbol{x}=\boldsymbol{0}$ 得

$$\begin{pmatrix}1 & -1\\ -1 & 1\end{pmatrix}\begin{pmatrix}x_1\\ x_2\end{pmatrix}=\begin{pmatrix}0\\ 0\end{pmatrix}$$

解之得

$$\begin{cases}x_1=x_2\\ x_2=x_2\end{cases}\text{或}\begin{pmatrix}x_1\\ x_2\end{pmatrix}=x_2\begin{pmatrix}1\\ 1\end{pmatrix}$$

其中 x_2 为任意常数，所以

$$\boldsymbol{C}_1=\begin{pmatrix}1\\ 1\end{pmatrix}$$

为 $\boldsymbol{A}$ 的属于 $\lambda_1=2$ 的特征向量.

当 $\lambda_2=4$ 时，由 $(A-\lambda E)x=0$ 得

$$\begin{pmatrix}-1 & -1\\ -1 & -1\end{pmatrix}\begin{pmatrix}x_1\\ x_2\end{pmatrix}=\begin{pmatrix}0\\ 0\end{pmatrix}$$

解之得

$$\begin{cases}x_1=-x_2\\ x_2=x_2\end{cases}\text{或}\begin{pmatrix}x_1\\ x_2\end{pmatrix}=x_2\begin{pmatrix}-1\\ 1\end{pmatrix}$$

其中 x_2 为任意常数，所以

$$\boldsymbol{C}_1=\begin{pmatrix}-1\\ 1\end{pmatrix}$$

为 $\boldsymbol{A}$ 的属于 $\lambda_2=4$ 的特征向量.

显然 $\boldsymbol{C}_1$ 与 $\boldsymbol{C}_2$ 正交，将其单位化得

$$\boldsymbol{p}_1=\frac{\boldsymbol{C}_1}{|\boldsymbol{C}_1|}=\begin{bmatrix}\frac{1}{\sqrt{2}}\\ \frac{1}{\sqrt{2}}\end{bmatrix},\quad \boldsymbol{p}_2=\frac{\boldsymbol{C}_2}{|\boldsymbol{C}_2|}=\begin{bmatrix}-\frac{1}{\sqrt{2}}\\ \frac{1}{\sqrt{2}}\end{bmatrix}$$

令矩阵 $\boldsymbol{P}=(\boldsymbol{p}_1,\boldsymbol{p}_2)$，则

$$\boldsymbol{P}=\begin{bmatrix}\frac{1}{\sqrt{2}} & -\frac{1}{\sqrt{2}}\\ \frac{1}{\sqrt{2}} & \frac{1}{\sqrt{2}}\end{bmatrix}$$

最后得

$$\boldsymbol{P}^{-1}\boldsymbol{A}\boldsymbol{P}=\begin{bmatrix}\lambda_1 & 0\\ 0 & \lambda_2\end{bmatrix}=\begin{pmatrix}2 & 0\\ 0 & 4\end{pmatrix}.$$

例 2 设有实对称矩阵

$$A=\begin{bmatrix}1&1&0&-1\\1&1&-1&0\\0&-1&1&1\\-1&0&1&1\end{bmatrix}$$

试求正交矩阵 P,使 $P^{-1}AP$ 为对角矩阵.

解　因为

$$|A-\lambda E|=\begin{bmatrix}1-\lambda&1&0&-1\\1&1-\lambda&-1&0\\0&-1&1-\lambda&1\\-1&0&1&1-\lambda\end{bmatrix}=(\lambda+1)(\lambda-1)^2(\lambda-3)$$

所以 A 的特征值为 $\lambda_1=-1,\lambda_2=\lambda_3=1,\lambda_4=3$.

当 $\lambda_1=-1$ 时,由 $(A-\lambda E)x=0$ 得

$$\begin{bmatrix}2&1&0&-1\\1&2&-1&0\\0&-1&2&1\\-1&0&1&2\end{bmatrix}\begin{bmatrix}x_1\\x_2\\x_3\\x_4\end{bmatrix}=\begin{bmatrix}0\\0\\0\\0\end{bmatrix}$$

解之得其基础解系为

$$C_1=\begin{bmatrix}1\\-1\\-1\\1\end{bmatrix}$$

所以 C_1 为 A 的属于 $\lambda_1=-1$ 的特征向量,将其单位化得

$$p_1=\frac{C_1}{|C_1|}=\begin{bmatrix}\frac{1}{2}\\-\frac{1}{2}\\-\frac{1}{2}\\\frac{1}{2}\end{bmatrix}$$

于是可知,单位向量 p_1 是 A 的属于 $\lambda_1=-1$ 的特征向量.

当 $\lambda_2=\lambda_3=1$ 时,由 $(A-\lambda E)x=0$ 得

$$\begin{bmatrix}0&1&0&-1\\1&0&-1&0\\0&-1&0&1\\-1&0&1&0\end{bmatrix}\begin{bmatrix}x_1\\x_2\\x_3\\x_4\end{bmatrix}=\begin{bmatrix}0\\0\\0\\0\end{bmatrix}$$

解之得该方程组的基础解系

$$C_2=\begin{bmatrix}1\\0\\1\\0\end{bmatrix},\quad C_3=\begin{bmatrix}0\\1\\0\\1\end{bmatrix}$$

所以 C_2、C_3 为 A 的属于 $\lambda_2=\lambda_3=1$ 的特征向量．而且 C_2、C_3 恰好正交(若两者不正交,可以用施密特正交化方法将其正交化)．将 C_2、C_3 单位化,得

$$p_2=\frac{C_2}{|C_2|}=\begin{bmatrix}\frac{1}{\sqrt{2}}\\0\\\frac{1}{\sqrt{2}}\\0\end{bmatrix},\quad p_3=\frac{C_3}{|C_3|}=\begin{bmatrix}0\\\frac{1}{\sqrt{2}}\\0\\\frac{1}{\sqrt{2}}\end{bmatrix}$$

于是可知,两两正交的单位向量 p_2、p_3 是 A 的属于 $\lambda_2=\lambda_3=1$ 的特征向量．

当 $\lambda_4=3$ 时,由 $(A-\lambda E)x=0$ 得

$$\begin{bmatrix}-2&1&0&-1\\1&-2&-1&0\\0&-1&-2&1\\-1&0&1&-2\end{bmatrix}\begin{bmatrix}x_1\\x_2\\x_3\\x_4\end{bmatrix}=\begin{bmatrix}0\\0\\0\\0\end{bmatrix}$$

解之得其基础解系为

$$C_4=\begin{bmatrix}-1\\-1\\1\\1\end{bmatrix}$$

所以 C_4 是 A 的属于 $\lambda_4=3$ 的特征向量．将其单位化,得

$$P_4=\frac{C_4}{|C_4|}=\begin{bmatrix}-\frac{1}{2}\\-\frac{1}{2}\\\frac{1}{2}\\\frac{1}{2}\end{bmatrix}$$

于是可知,单位向量 P_4 是 A 的属于 $\lambda_4=3$ 的特征向量．

最后得 p_1,p_2,p_3,p_4 是 A 的特征向量,且 p_1,p_2,p_3,p_4 是两两正交的单位向量,令矩阵

$$P=(p_1\,p_2\,p_3\,p_4)$$

$$P=\begin{bmatrix}\frac{1}{2}&\frac{1}{\sqrt{2}}&0&-\frac{1}{2}\\-\frac{1}{2}&0&\frac{1}{\sqrt{2}}&-\frac{1}{2}\\-\frac{1}{2}&\frac{1}{\sqrt{2}}&0&\frac{1}{2}\\\frac{1}{2}&0&\frac{1}{\sqrt{2}}&\frac{1}{2}\end{bmatrix}$$

$$P^{-1}AP=\begin{bmatrix}-1&0&0&0\\0&1&0&0\\0&0&1&0\\0&0&0&3\end{bmatrix}.$$

习题 5.4

1. 求正交矩阵 P_1，使 $P^{T}AP$ 为对角矩阵．

(1)$A=\begin{bmatrix}1&-2&2\\-2&-2&4\\2&4&-2\end{bmatrix}$；　(2)$A=\begin{bmatrix}2&-2&0\\-2&1&-2\\0&-2&0\end{bmatrix}$.

2. 设 A 为三阶实对称矩阵，$\lambda_1=6,\lambda_2=\lambda_3=3$ 为其特征值，$\lambda_1=6$ 对应的特征向量为

$$p_1=\begin{bmatrix}1\\1\\1\end{bmatrix}$$

试求 A.

3. 设 A 为三阶实对称矩阵，常数 $1,1,-1$ 及向量

$$\begin{bmatrix}1\\1\\1\end{bmatrix},\begin{bmatrix}2\\2\\1\end{bmatrix}$$

分别为 A 的特征值和特征向量，试求 A.

4. 设二阶矩阵

$$A=\begin{pmatrix}1&2\\2&1\end{pmatrix},\quad B=\begin{pmatrix}2&\sqrt{3}\\\sqrt{3}&0\end{pmatrix}$$

试求正交矩阵 P，使 $P^{-1}AP=B$.

5. 设 A 为 n 阶实对称矩阵，且 $A^2=A$，A 的秩等于 r，试求：

(1)与 A 相似的对角矩阵；

(2)求 $|2E-A|$.

第6章 二 次 型

§6.1 二次型及标准形

我们知道在平面解析几何中,中心在原点的二次曲线方程为

$$ax^2 + 2bxy + cy^2 = d \tag{6-1}$$

只要通过适当的坐标旋转,转角为θ,则

$$\begin{cases} x = x'\cos\theta - y'\sin\theta \\ y = x'\sin\theta + y'\cos\theta \end{cases} \tag{6-2}$$

可以将方程(6-1)化为标准形

$$a'x'^2 + c'y'^2 = d \tag{6-3}$$

有了标准形,我们很容易识别曲线的类型,研究曲线的性质. 在空间解析几何中,将一个空间曲面化为标准形,同样也是非常重要的. 我们将二次曲线方程、二次曲面方程的二次齐次项分别称为二元二次型与三元二次型,更一般地,有如下的二次型定义:

定义 6.1 含有n个变量$x_1, x_2, \cdots, x_n$的二次齐次多项式

$$f(\boldsymbol{x}) = a_{11}x_1^2 + a_{22}x_2^2 + \cdots + a_{nn}x_n^2 + 2a_{12}x_1x_2 + 2a_{13}x_1x_3 + \cdots + 2a_{n-1,n}x_{n-1}x$$

$$= \sum_{i,j=1}^{n} a_{ij}x_ix_j \qquad (a_{ij} = a_{ji}) \tag{6-4}$$

称为n元二次型,简称二次型,简记为f.

当a_{ij}都是实数时,二次型(6-4)称为实二次型. 本章仅就实二次型进行讨论.

任何二次型

$$f(\boldsymbol{x}) = \sum_{i,j=1}^{n} a_{ij}x_ix_j \qquad (a_{ij} = a_{ji}) \tag{6-5}$$

均可以写成如下形式

$$\begin{aligned} f(\boldsymbol{x}) = & x_1(a_{11}x_1 + a_{12}x_2 + \cdots + a_{1n}x_n) + \\ & x_2(a_{21}x_1 + a_{22}x_2 + \cdots + a_{2n}x_n) + \cdots + \\ & x_n(a_{n1}x_1 + a_{n2}x_2 + \cdots + a_{nn}x_n) \end{aligned}$$

$$= (x_1, x_2, \cdots, x_n)\begin{bmatrix} a_{11}x_1 + a_{12}x_2 + \cdots + a_{1n}x_n \\ a_{21}x_1 + a_{22}x_2 + \cdots + a_{2n}x_n \\ \vdots \quad\quad \vdots \quad\quad \vdots \\ a_{n1}x_1 + a_{n2}x_2 + \cdots + a_{nn}x_n \end{bmatrix}$$

$$
= (x_1, x_2, \cdots, x_n) \begin{bmatrix} a_{11} & a_{12} & \cdots & a_{1n} \\ a_{21} & a_{22} & \cdots & a_{2n} \\ \vdots & \vdots & \cdots & \vdots \\ a_{n1} & a_{n2} & \cdots & a_{nn} \end{bmatrix} \begin{bmatrix} x_1 \\ x_2 \\ \vdots \\ x_n \end{bmatrix} \tag{6-6}
$$

$$
= \boldsymbol{x}^{\mathrm{T}} \boldsymbol{A} \boldsymbol{x}
$$

由于 $a_{ij} = a_{ji} (i, j = 1, 2, \cdots, n)$，所以

$$
\boldsymbol{A}^{\mathrm{T}} = \boldsymbol{A}
$$

显然，对于任意的二次型都存在惟一的对称矩阵 $\boldsymbol{A}$，并且对于任意给定的对称矩阵 $\boldsymbol{A}$，也确定一个惟一的二次型．所以，二次型与对称矩阵 $\boldsymbol{A}$ 之间有一一对应的关系，我们称该实对称矩阵 $\boldsymbol{A}$ 为二次型(6-5)的矩阵，同时也称矩阵 $\boldsymbol{A}$ 的秩为二次型 $f(\boldsymbol{x})$ 的秩．

对于二次型的矩阵 $\boldsymbol{A}$，如果对一切的 $i \neq j$ 均有 $a_{ij} = 0$（即除对角线外，其余元素均为 0），称这种二次型为标准形，标准形中所有交叉乘积项的系数为零，仅含有平方项．

对二次型的研究的中心问题之一是要对给定的二次型通过可逆的线性变换 $\boldsymbol{x} = \boldsymbol{c}\boldsymbol{y}$ 将 $f(\boldsymbol{x})$ 化成关于新变量 $y_1, y_2, \cdots, y_n$ 的标准形．

$$
f(\boldsymbol{x}) = \sum_{i=1}^{n} d_i y_i^2 = \boldsymbol{y}^{\mathrm{T}} \boldsymbol{D} \boldsymbol{y} \tag{6-7}
$$

其中

$$
\boldsymbol{y}^{\mathrm{T}} = (y_1, y_2, \cdots, y_n), \boldsymbol{D} = \begin{bmatrix} d_1 & & & 0 \\ & d_2 & & \\ & & \ddots & \\ 0 & & & d_n \end{bmatrix}
$$

将变换 $\boldsymbol{x} = \boldsymbol{C}\boldsymbol{y}$ 代入式(6-6)，得

$$
f(\boldsymbol{x}) = \boldsymbol{x}^{\mathrm{T}} \boldsymbol{A} \boldsymbol{x} = (\boldsymbol{c}\boldsymbol{y})^{\mathrm{T}} \boldsymbol{A} \boldsymbol{C} \boldsymbol{y} = \boldsymbol{y}^{\mathrm{T}} \boldsymbol{C}^{\mathrm{T}} \boldsymbol{A} \boldsymbol{C} \boldsymbol{y}
$$

若能找到可逆矩阵 $\boldsymbol{C}$，使

$$
\boldsymbol{C}^{\mathrm{T}} \boldsymbol{A} \boldsymbol{C} = \boldsymbol{D} \tag{6-8}
$$

其中 $\boldsymbol{D}$ 为对角阵，则通过线性变换 $\boldsymbol{x} = \boldsymbol{C}\boldsymbol{y}$ 将二次型 $f(\boldsymbol{x})$ 化成了二次型的标准形．于是化二次型为标准形的问题，就转化为由式(6-8)表示的矩阵问题．

例 1 将二次型

$$
f(\boldsymbol{x}) = x_1^2 + 2x_2^2 + 3x_3^2 - 5x_1x_2 + 6x_1x_3 + 10x_2x_3
$$

写成矩阵形式．

解

$$
f(\boldsymbol{x}) = (x_1, x_2, x_3) \begin{bmatrix} 1 & -\frac{5}{2} & 3 \\ -\frac{5}{2} & 2 & 5 \\ 3 & 5 & 3 \end{bmatrix} \begin{bmatrix} x_1 \\ x_2 \\ x_3 \end{bmatrix}.
$$

例 2 求二次型

$$
f(\boldsymbol{x}) = f(x_1, x_2, \cdots, x_n) = \sum_{i=1}^{m} (a_{i1}x_1 + a_{i2}x_2 + \cdots + a_{in}x_n)^2
$$

的方阵．

解 设 $\boldsymbol{a}_i=(a_{i1},a_{i2},\cdots,a_{in})\quad(i=1,2,\cdots,m)$

且

$$\boldsymbol{A}=\begin{bmatrix}a_{11}&a_{12}&\cdots&a_{1n}\\a_{21}&a_{22}&\cdots&a_{2n}\\\vdots&\vdots&\cdots&\vdots\\a_{m1}&a_{m2}&\cdots&a_{mn}\end{bmatrix}=\begin{bmatrix}\boldsymbol{a}_1\\\boldsymbol{a}_2\\\vdots\\\boldsymbol{a}_m\end{bmatrix}$$

则

$$\boldsymbol{A}^{\mathrm{T}}\boldsymbol{A}=(\boldsymbol{a}_1^{\mathrm{T}},\boldsymbol{a}_2^{\mathrm{T}},\cdots,\boldsymbol{a}_m^{\mathrm{T}})\begin{bmatrix}\boldsymbol{a}_1\\\boldsymbol{a}_2\\\vdots\\\boldsymbol{a}_m\end{bmatrix}=\sum_{i=1}^{m}\boldsymbol{a}_i^{\mathrm{T}}\boldsymbol{a}_i$$

于是

$$\begin{aligned}f(\boldsymbol{x})&=\sum_{i=1}^{m}(a_{i1}x_1+a_{i2}x_2+\cdots+a_{in}x_n)^2\\&=\sum_{i=1}^{m}\left[(x_1,x_2,\cdots,x_n)\begin{bmatrix}a_{i1}\\a_{i2}\\\vdots\\a_{in}\end{bmatrix}\right]^2\\&=\sum_{i=1}^{m}\left[(x_1,x_2,\cdots,x_n)\begin{bmatrix}a_{i1}\\a_{i2}\\\vdots\\a_{in}\end{bmatrix}(a_{i1},a_{i2},\cdots,a_{in})\begin{bmatrix}x_1\\x_2\\\vdots\\x_n\end{bmatrix}\right]\\&=(x_1,x_2,\cdots,x_n)\sum_{i=1}^{n}\boldsymbol{a}_i^{\mathrm{T}}\boldsymbol{a}_i\begin{bmatrix}x_1\\x_2\\\vdots\\x_n\end{bmatrix}\\&=\boldsymbol{x}^{\mathrm{T}}(\boldsymbol{A}^{\mathrm{T}}\boldsymbol{A})\boldsymbol{x}\end{aligned}$$

又因为$(\boldsymbol{A}^{\mathrm{T}}\boldsymbol{A})^{\mathrm{T}}=\boldsymbol{A}^{\mathrm{T}}(\boldsymbol{A}^{\mathrm{T}})^{\mathrm{T}}=\boldsymbol{A}^{\mathrm{T}}\boldsymbol{A}$，即 $\boldsymbol{A}^{\mathrm{T}}\boldsymbol{A}$ 为 n 阶对称方阵，故 $\boldsymbol{A}^{\mathrm{T}}\boldsymbol{A}$ 就是所求的二次型 $f(\boldsymbol{x})$ 的方阵.

习题 6.1

1. 将下列二次型用矩阵形式表示

(1) $f(\boldsymbol{x})=x_1^2+2x_2^2+3x_3^2+4x_1x_2+2x_1x_3+4x_2x_3$；

(2) $f(\boldsymbol{x})=x_1^2+x_2^2+x_3^2+x_4^2-2x_1x_2-4x_1x_3-6x_1x_4+x_2x_3+x_2x_4+4x_3x_4$.

2. 求下列二次型的秩

(1) $f(\boldsymbol{x})=x_1^2+2x_2^2+3x_3^2-2x_1x_2-2x_1x_3+2x_2x_3$；

(2) $f(\boldsymbol{x})=x_1^2+2x_2^2+x_3^2-2x_1x_2-2x_1x_3+2x_2x_3$.

3. 设 $\boldsymbol{A}$ 为一个 n 阶方阵，证明：

(1)若 $\boldsymbol{A}$ 为对称矩阵,且对任意的 n 维向量 $\boldsymbol{x}$,都有 $\boldsymbol{x}^{\mathrm{T}}\boldsymbol{A}\boldsymbol{x}=\boldsymbol{0}$,则 $\boldsymbol{A}=\boldsymbol{0}$;

(2)若 $\boldsymbol{A}$、$\boldsymbol{B}$ 都是对称矩阵,且对任意的 n 维向量 $\boldsymbol{x}$ 都有 $\boldsymbol{x}^{\mathrm{T}}\boldsymbol{A}\boldsymbol{x}=\boldsymbol{x}^{\mathrm{T}}\boldsymbol{B}\boldsymbol{x}$,则 $\boldsymbol{A}=\boldsymbol{B}$.

§6.2 化二次型为标准形

6.2.1 用正交变换化二次型为标准形

将二次型化为标准形的关键是找到一个可逆矩阵 $\boldsymbol{C}$,使 $\boldsymbol{C}^{\mathrm{T}}\boldsymbol{A}\boldsymbol{C}$ 等于对角矩阵.在第5章我们介绍过:对于一个实对称矩阵 $\boldsymbol{A}$,必有正交阵 $\boldsymbol{P}$ 使 $\boldsymbol{P}^{-1}\boldsymbol{A}\boldsymbol{P}=\boldsymbol{\Lambda}$,其中 $\boldsymbol{\Lambda}$ 为对角阵,且对角线上的元素为 $\boldsymbol{A}$ 的 n 个特征值.

又因为,对于正交阵 $\boldsymbol{P}$ 有 $\boldsymbol{P}^{\mathrm{T}}\boldsymbol{P}=\boldsymbol{E}$,所以 $\boldsymbol{P}^{-1}=\boldsymbol{P}^{\mathrm{T}}$,因此 $\boldsymbol{P}^{-1}\boldsymbol{A}\boldsymbol{P}=\boldsymbol{\Lambda}=\boldsymbol{P}^{\mathrm{T}}\boldsymbol{A}\boldsymbol{P}$.

对称矩阵 $\boldsymbol{A}$ 在正交变换下化为对角矩阵,也就是将一个二次型化为标准形.由上面的叙述,可以得到下面定理.

定理6.1 任给二次型 $f(\boldsymbol{x})=\sum_{i,j=1}^{n}a_{ij}x_ix_j \quad (a_{ij}=a_{ji})$,总有正交变换 $\boldsymbol{x}=\boldsymbol{P}\boldsymbol{y}$,使 $f(\boldsymbol{x})$ 化为标准形

$$f(\boldsymbol{x})=\lambda_1y_1^2+\lambda_2y_2^2+\cdots+\lambda_ny_n^2$$

其中 $\lambda_1,\lambda_2,\cdots,\lambda_n$ 是二次型矩阵 $\boldsymbol{A}$ 的 n 个特征值.

例1 用正交变换将二次型

$$f(\boldsymbol{x})=2x_1^2+5x_2^2+5x_3^2+4x_1x_2-4x_1x_3-8x_2x_3$$

化为标准形,并写出正交变换矩阵.

解 这个二次型的矩阵为

$$\boldsymbol{A}=\begin{bmatrix}2&2&-2\\2&5&-4\\-2&-4&5\end{bmatrix}$$

先求 $\boldsymbol{A}$ 的特征值与特征向量

$$|\lambda\boldsymbol{E}-\boldsymbol{A}|=\begin{bmatrix}\lambda-2&-2&2\\-2&\lambda-5&4\\2&4&\lambda-5\end{bmatrix}=(\lambda-1)^2(\lambda-10)$$

从而 $\boldsymbol{A}$ 的特征值为 $\lambda_1=\lambda_2=1,\lambda_3=10$.

对于 $\lambda_1=\lambda_2=1$,解 $(\lambda_1\boldsymbol{E}-\boldsymbol{A})\boldsymbol{x}=\boldsymbol{0}$

$$\begin{cases}-x_1-2x_2+2x_3=0\\-2x_1-4x_2+4x_3=0\\2x_1+4x_2-4x_3=0\end{cases}$$

得一基础解系 $\boldsymbol{a}_1=(2,-1,0)^{\mathrm{T}}$ 与 $\boldsymbol{a}_2=(2,0,1)^{\mathrm{T}}$,经过施密特正交化后,得到

$$\xi_1=(2,-1,0)^{\mathrm{T}}$$

$$\xi_2=(2,0,1)^{\mathrm{T}}-\frac{4}{5}(2,-1,0)^{\mathrm{T}}=\left(\frac{2}{5},\frac{4}{5},1\right)^{\mathrm{T}}$$

单位化后得

$$\boldsymbol{p}_1=\left(\frac{2\sqrt{5}}{5},-\frac{\sqrt{5}}{5},0\right)^{\mathrm{T}},\quad \boldsymbol{p}_2=\left(\frac{2\sqrt{5}}{15},\frac{4\sqrt{5}}{15},\frac{\sqrt{5}}{3}\right)^{\mathrm{T}}$$

对于 $\lambda_3=10$，解 $(\lambda_3 \boldsymbol{E}-\boldsymbol{A})\boldsymbol{x}=\boldsymbol{0}$

$$\begin{cases}8x_1-2x_2+2x_3=0\\ -2x_1+5x_2+4x_3=0\\ 2x_1+4x_2+5x_3=0\end{cases}$$

得基础解系

$$\boldsymbol{a}_3=(1,2,-2)^{\mathrm{T}}$$

单位化后得
$$\boldsymbol{p}_3=\left(\frac{1}{3},\frac{2}{3},-\frac{2}{3}\right)^{\mathrm{T}}$$

$$\boldsymbol{P}=(\boldsymbol{p}_1,\boldsymbol{p}_2,\boldsymbol{p}_3)=\begin{bmatrix}\frac{2\sqrt{5}}{5} & \frac{2\sqrt{5}}{15} & \frac{1}{3}\\ -\frac{\sqrt{5}}{5} & \frac{4\sqrt{5}}{15} & \frac{2}{3}\\ 0 & \frac{\sqrt{5}}{3} & -\frac{2}{3}\end{bmatrix}$$

得正交变换 $\boldsymbol{x}=\boldsymbol{P}\boldsymbol{y}$，在该变换下二次型 $f(\boldsymbol{x})$ 化为标准形

$$f(\boldsymbol{y})=y_1^2+y_2^2+10y_3^2.$$

由上面求 $\boldsymbol{P}$ 的过程可以看出，$\boldsymbol{P}$ 的选取并不是惟一的，但最后的标准形除系数的次序可以不同外，是惟一确定的，其系数为二次型矩阵 $\boldsymbol{A}$ 的特征值．

6.2.2 用配方法化二次型为标准形

前面介绍了通过正交变换化二次型为标准形，这需求出矩阵的特征值，变换后具有保持几何形状不变的优点，但化标准形的问题由§6.1中式6-8知道 $\boldsymbol{C}$ 并不限于正交矩阵，只要求是一个可逆矩阵，因此除正交变换外，还有许多其他的方法。

下面仅介绍拉格朗日配方法．

例2 确定可逆的线性变换，将二次型

$$f(x_1,x_2,x_3)=x_1^2-3x_2^2-2x_1x_2+2x_1x_3-6x_2x_3$$

化为标准形．

解
$$\begin{aligned}f(x_1,x_2,x_3)&=x_1^2-3x_2^2-2x_1x_2+2x_1x_3-6x_2x_3\\&=[x_1^2-2x_1(x_2-x_3)]-3x_2^2-6x_2x_3\\&=[x_1^2-2x_1(x_2-x_3)+(x_2-x_3)^2]\\&\quad-(x_2-x_3)^2-3x_2^2-6x_2x_3\\&=(x_1-x_2+x_3)^2-4x_2^2-x_3^2-4x_2x_3\\&=(x_1-x_2+x_3)^2-(2x_2+x_3)^2\end{aligned}$$

令

$$\begin{cases}y_1=x_1-x_2+x_3\\ y_2=2x_2+x_3\\ y_3=x_3\end{cases}\quad 即\quad \begin{cases}x_1=y_1+\frac{1}{2}y_2-\frac{3}{2}y_3\\ x_2=\frac{1}{2}y_2-\frac{1}{2}y_3\\ x_3=y_3\end{cases}$$

故变换矩阵

$$C=\begin{bmatrix}1 & \frac{1}{2} & -\frac{3}{2}\\ 0 & \frac{1}{2} & -\frac{1}{2}\\ 0 & 0 & 1\end{bmatrix}$$

二次型 $f(\boldsymbol{x})$ 在变换 $\boldsymbol{x}=\boldsymbol{C}\boldsymbol{y}$ 下化为标准形

$$f(\boldsymbol{y})=y_1^2-y_2^2.$$

由例 2 可以看出用配方法化二次型为标准形的步骤为：

(1)若 $a_{11}\neq 0$，将含有 x_1 的所有项集中，并提取公因子 a_{11}，得集中部分为 $(x_1^2+x_1k)$，其中 k 为 $x_2,x_3,\cdots,x_n$ 的一次齐次式．

(2)对涉及 x_1 的项配方得 $(x_1^2+x_1k)=\left(x_1+\frac{k}{2}\right)^2-\frac{1}{4}k^2$，令 $y_1=x_1+\frac{k}{2}$，经整理后，不再有含 x_1 的项．

(3)若 x_2^2 项系数不为零，重复(1)、(2)的过程，如此继续，直到最后令 $y_n=x_n$，就完全将二次型化为了标准形，并且也求得了变换矩阵 $\boldsymbol{C}$.

例 3 化二次型

$$f(\boldsymbol{x})=x_1x_2+2x_1x_3-x_2x_3$$

为标准形，并求出变换 $\boldsymbol{x}=\boldsymbol{C}\boldsymbol{y}$.

解 在配方法步骤中，应有 $a_{11}\neq 0$，但此题不满足，我们可以先作一个可逆的线性变换，使平方项出现，再用配方法．使平方项出现的方法很多，下面介绍一种．

$$\begin{cases}x_1=z_1\\ x_2=z_1+z_2\\ x_3=z_3\end{cases}\qquad \text{即 } \boldsymbol{x}=\boldsymbol{C}_1\boldsymbol{z}$$

其中

$$\boldsymbol{C}_1=\begin{bmatrix}1 & 0 & 0\\ 1 & 1 & 0\\ 0 & 0 & 1\end{bmatrix}$$

于是

$$\begin{aligned}f(\boldsymbol{z})&=\left[z_1^2+2z_1\left(\frac{z_2+z_3}{2}\right)+\left(\frac{z_2+z_3}{2}\right)^2\right]-\left(\frac{z_2+z_3}{2}\right)^2-z_2z_3\\&=\left(z_1+\frac{z_2+z_3}{2}\right)^2-\frac{1}{4}(z_2^2+2z_2z_3+z_3^2)-z_2z_3\\&=\left(z_1+\frac{z_2+z_3}{2}\right)^2-\frac{1}{4}[z_2^2+2z_2(3z_3)+(3z_3)^2]-\frac{1}{4}z_3^2+\frac{9}{4}z_3^2\\&=\left(z_1+\frac{z_2+z_3}{2}\right)^2-\frac{1}{4}(z_2+3z_3)^2+2z_3^2\end{aligned}$$

令

$$\begin{cases}y_1=z_1+\frac{1}{2}z_2+\frac{1}{2}z_3\\ y_2=\qquad\quad z_2+3z_3\\ y_3=\qquad\qquad\quad z_3\end{cases}$$

即

$$\begin{cases} z_1 = y_1 - \frac{1}{2}y_2 + y_3 \\ z_2 = \qquad y_2 - 3y_3 \\ z_3 = \qquad\qquad y_3 \end{cases}$$

其变换为 $z=C_2y$,其中

$$C_2 = \begin{bmatrix} 1 & -\frac{1}{2} & 1 \\ 0 & 1 & -3 \\ 0 & 0 & 1 \end{bmatrix}$$

这样二次型的变换为

$$x = C_1 z = C_1 C_2 y = Cy$$

其中

$$C = \begin{bmatrix} 1 & 0 & 0 \\ 1 & 1 & 0 \\ 0 & 0 & 1 \end{bmatrix}\begin{bmatrix} 1 & -\frac{1}{2} & 1 \\ 0 & 1 & -3 \\ 0 & 0 & 1 \end{bmatrix} = \begin{bmatrix} 1 & -\frac{1}{2} & 1 \\ 1 & \frac{1}{2} & -2 \\ 0 & 0 & 1 \end{bmatrix}$$

二次型 $f(x)$在变换 $x=Cy$ 下化为标准形

$$f(y) = y_1^2 - \frac{1}{4}y_2^2 + 2y_3^2.$$

习题 6.2

1. 用正交变换化下列二次型为标准形
   (1) $f(x)=2x_1^2+3x_2^2+4x_2x_3+3x_3^2$;
   (2) $f(x)=x_1^2+x_2^2+x_3^2+x_4^2+2x_1x_2-2x_1x_4-2x_2x_3+2x_3x_4$.
2. 用配方法化下列二次型为标准形,并写出变换矩阵.
   (1) $f(x)=x_1^2+6x_1x_2+5x_2^2-4x_2x_3+4x_3^2-4x_2x_4-8x_3x_3-x_4^2$;
   (2) $f(x)=x_1x_2+x_2x_3+x_3x_4$.

§6.3 正定二次型

6.3.1 惯性律

由§6.2中的讨论,我们看到用不同的可逆的线性变换都可以把同一二次型化为标准形.在这些标准形中系数虽然不同,但项数却是相同的,其项数就是二次型的秩.于是,我们有下面二次型的基本定理.

定理 6.2 秩是 r 的二次型 $f(x)=x^{\mathrm{T}}Ax$,用适当的可逆线性变换 $x=Cy$,可以化为平方和

$$f(y) = c_1y_1^2 + c_2y_2^2 + \cdots + c_ry_r^2, c_i \neq 0, i = 1,2,\cdots,r \tag{6-9}$$

即

$$f(\boldsymbol{y})=\boldsymbol{y}^{\mathrm{T}}\begin{bmatrix}c_1 & & & & & 0\\ & c_2 & & & & \\ & & \ddots & & & \\ & & & c_r & & \\ & & & & 0 & \\ & & & & & \ddots \\ 0 & & & & & 0\end{bmatrix}\boldsymbol{y},\text{其中 } y=\begin{bmatrix}y_1\\ y_2\\ \vdots\\ y_r\\ \vdots\\ y_n\end{bmatrix}$$

在这些标准形中，不但项数是相同的，而且正系数的项数也是相同的，因而负系数的项数也是相同的．这就是二次型的惯性律，也称惯性定理．

定理 6.3　(惯性定理)若二次型 $f(\boldsymbol{x})=\boldsymbol{x}^{\mathrm{T}}\boldsymbol{A}\boldsymbol{x}$ 的秩为 r，设有两个可逆的线性变换 $\boldsymbol{x}=\boldsymbol{C}\boldsymbol{y}$，$\boldsymbol{x}=\boldsymbol{B}\boldsymbol{z}$ 分别将二次型化为标准形

$$f(\boldsymbol{y})=c_1y_1^2+c_2y_2^2+\cdots+c_ry_r^2$$
$$f(\boldsymbol{z})=b_1z_1^2+b_2z_2^2+\cdots+b_rz_r^2$$

则 c_i 中正系数的个数与 b_i 中正系数的个数是相等的(显然 c_i 中负系数的个数与 b_i 中负系数的个数也是相等的)．

证略．

二次型的标准形中，正系数的个数称为二次型的正惯性指数，负系数的个数称为负惯性指数．

6.3.2　正定性

定义 6.2　若对于不全为零的任何实数 $x_1,x_2,\cdots,x_n$，二次型

$$f(\boldsymbol{x})=\sum_{i,j=1}^{n}a_{ij}x_ix_j\qquad(a_{ij}=a_{ji})\tag{6-10}$$

恒为正数，则称二次型(6-10)为正定的，而其对应的矩阵 $\boldsymbol{A}$ 称为正定矩阵．

例如，三元二次型

$$f(x_1,x_2,x_3)=x_1^2+2x_2^2+3x_3^2$$

当 $\boldsymbol{x}\neq 0$ 时，$f(x_1,x_2,x_3)>0$，按定义 $f(x_1,x_2,x_3)$ 为一个正定二次型，由于 $f(x_1,x_2,x_3)$ 可以写成

$$f(\boldsymbol{x})=\boldsymbol{x}^{\mathrm{T}}\boldsymbol{A}\boldsymbol{x},\quad \boldsymbol{A}=\begin{bmatrix}1&0&0\\0&2&0\\0&0&3\end{bmatrix}$$

所以 $\boldsymbol{A}$ 为正定矩阵．

下面讨论正定性的几个性质．

定理 6.4　n 元二次型 $f(\boldsymbol{x})=\boldsymbol{x}^{\mathrm{T}}\boldsymbol{A}\boldsymbol{x}$ 是正定的充分必要条件为其正惯性指数等于 n．

证　充分性：由于正惯性指数为 n，故有可逆线性变换 $\boldsymbol{x}=\boldsymbol{C}\boldsymbol{y}$，可以将二次型化为标准形，

$$f(\boldsymbol{y})=\sum_{i=1}^{n}d_iy_i^2,\text{其中 } d_1,d_2,\cdots,d_n>0$$

所以对于任意给定的某一 $\boldsymbol{x}^*=(x_1,x_2,\cdots,x_n)^{\mathrm{T}}\neq 0$，有

$$\boldsymbol{y}^*=\boldsymbol{c}^{-1}\boldsymbol{x}^*\neq 0,\text{即 } \boldsymbol{y}^*=(y_1,y_2,\cdots,y_n)^{\mathrm{T}}\neq 0$$

因而有 $f(y)=\sum_{i=1}^{n}d_iy_i^2>0$，故 $f(x)=x^TAx$ 为正定．

必要性：用反证法．设正惯性指数 $k<n$.

对于二次型 $f(x)$ 总存在可逆线性变换 $x^T=Py$，将 $f(x)=x^TAx$ 化为标准形．

$$f(x)=x^TAx=\sum_{i=1}^{n}d_iy_i^2$$

由于正惯性指数 $k<n$，故总存在某一系数，不妨假设为 $d_n\leqslant 0$. 现在，我们取某一 $y^*=(0,0,\cdots,0,1)^T$，可以求出 $x^*=Cy^*\neq 0$，对于这个非零的 x^* 有

$$|f(x)|=|x^{*T}-Ax|=d_n\leqslant 0 \tag{6-11}$$

式(6-11)与 $f(x)$ 正定矛盾，故可得正惯性指数为 n.

对于正定二次型来说，一定存在可逆的线性变换　$x=C_1y$，使正定二次型化为标准形，

$f(x)=\sum_{i=1}^{n}d_iy_i^2$，如果我们再令 $z_i=\sqrt{d_i}y_i, i=1,2,\cdots,n$，即

$$y=C_2z$$

其中

$$y=\begin{bmatrix}y_1\\y_2\\\vdots\\y_n\end{bmatrix}, C_2=\begin{bmatrix}\frac{1}{\sqrt{d_1}} & & & 0\\ & \frac{1}{\sqrt{d_2}} & & \\ & & \ddots & \\ 0 & & & \frac{1}{\sqrt{d_n}}\end{bmatrix}, z=\begin{bmatrix}z_1\\z_2\\\vdots\\z_n\end{bmatrix}$$

则通过可逆的线性变换　$x=C_1C_2z=Cz$，使

$$x^TAx=z_1^2+z_2^2+\cdots+z_n^2$$

因此，有如下推论．

推论 6.1　二次型 x^TAx 是正定的充要条件为存在可逆的线性变换　$x=Cy$，使得

$$x^TAx=y_1^2+y_2^2+\cdots+y_n^2$$

对于矩阵 A 来讲，实对称矩阵 A 为正定的充要条件为存在可逆矩阵 C，使 $C^TAC=E$，其中 E 为单位阵．

因为总存在正交变换 $x=Py$ 使

$$f(x)=x^TAx=\lambda_1y_1^2+\lambda_2y_2^2+\cdots+\lambda_ny_n^2$$

其中 $\lambda_1,\lambda_2,\cdots,\lambda_n$ 为实对称矩阵 A 的特征值，所以又有下述推论．

推论 6.2　二次型 x^TAx 为正定的充要条件为实对称矩阵 A 的特征值都是正数．

定理 6.5　A 为正定矩阵的充要条件为存在可逆矩阵 B，使 $A=B^TB$.

证　由定理 6.4 的推论 6.1 知，A 为正定的充要条件为存在可逆矩阵 C，使 $C^TAC=E$，于是 $A=(C^T)^{-1}EC^{-1}=(C^{-1})^TC^{-1}$，令 $C^{-1}=B$，则有 $A=B^TB$.

推论 6.3　对称矩阵 A 为正定，则行列式必取正值．

证　由定理 6.5，$A=B^TB$，且 $|B|\neq 0$　故

$$|A|=|B^TB|=|B^T||B|=|B|^2>0.$$

前面我们讨论了正定性，下面我们给负定也下一个定义：

定义 6.3 若对于不全为零的任何实数 $x_1,x_2,\cdots,x_n$，二次型

$$f(\boldsymbol{x})=\sum_{i,j=1}^{n}a_{ij}x_ix_j \quad (a_{ij}=a_{ji}) \tag{6-12}$$

的值都是负数，则称二次型(6-12)为负定的，而其对应的矩阵 $\boldsymbol{A}$ 为负定矩阵．

显然 $f(\boldsymbol{x})=\sum\limits_{i,j=1}^{n}a_{ij}x_ix_j$ 为负定的充分与必要条件为 $-f(x_1,x_2,\cdots,x_n)$ 是正定二次型．因此，从前面所讨论的结果很容易推广到负定二次型．

6.3.3 正定性的判别

一个二次型是否为正定，可以用定义，或化为标准形，确定正惯性指数，也可以求它们的特征值来加以判定．下面我们给出直接由二次型的矩阵 $\boldsymbol{A}$ 和 $\boldsymbol{A}$ 的某些行列式来判断其正定性的直接而简捷的方法．

定理 6.6 二次型

$$f(x_1,x_2,\cdots,x_n)=\sum_{i,j=1}^{n}a_{ij}x_ix_j \quad (a_{ij}=a_{ji})$$

是正定的充分必要条件是实对称矩阵 $\boldsymbol{A}=(a_{ij})$ 的各阶顺序主子式都大于零，即

$$|a_{11}|=a_{11}>0,\quad \begin{vmatrix}a_{11}&a_{12}\\a_{21}&a_{22}\end{vmatrix}>0,$$

$$\begin{vmatrix}a_{11}&a_{12}&a_{13}\\a_{21}&a_{22}&a_{23}\\a_{31}&a_{32}&a_{33}\end{vmatrix}>0,\cdots,\begin{vmatrix}a_{11}&a_{12}&\cdots&a_{1n}\\a_{21}&a_{22}&\cdots&a_{2n}\\\vdots&\vdots&\cdots&\vdots\\a_{n1}&a_{n2}&\cdots&a_{nn}\end{vmatrix}>0$$

定理 6.6 称为霍尔维茨定理．在此不予证明．

例 1 判断二次型

$$f(x_1,x_2,x_3)=5x_1^2+x_2^2+5x_3^2+4x_1x_2-8x_1x_3-4x_2x_3$$

是否正定．

解 二次型的矩阵为

$$\boldsymbol{A}=\begin{bmatrix}5&2&-4\\2&1&-2\\-4&-2&5\end{bmatrix}$$

其各阶顺序主子式

$$|5|=5>0,\quad \begin{bmatrix}5&2\\2&1\end{bmatrix}=1>0,\quad \begin{bmatrix}5&2&-4\\2&1&-2\\-4&-2&5\end{bmatrix}=1>0$$

故二次型是正定的．

例 2 当 t 满足什么条件时，下面二次型为正定的．

$$f(x_1,x_2,x_3)=x_1^2+x_2^2+5x_3^2+2tx_1x_2-2x_1x_3+4x_2x_3$$

解 二次型矩阵为

$$A=\begin{bmatrix}1 & t & -1\\ t & 1 & 2\\ -1 & 2 & 5\end{bmatrix}$$

A 的顺序主子式为

$$|1|=1,\quad \begin{vmatrix}1 & t\\ t & 1\end{vmatrix}=1-t^2,\quad \begin{vmatrix}1 & t & -1\\ t & 1 & 2\\ -1 & 2 & 5\end{vmatrix}=-t(5t+4)$$

由于各阶顺序主子式必须大于零，所以

$$\begin{cases}1-t^2>0\\ -t(5t+4)>0\end{cases}$$

解得
$$-\frac{4}{5}<t<0$$

故当 $-\frac{4}{5}<t<0$ 时，$f(x_1,x_2,x_3)$ 是正定的．

例 3 设 $\boldsymbol{A}$ 是可逆实矩阵，则 $\boldsymbol{A}^{\mathrm{T}}\boldsymbol{A}$ 是一个正定矩阵．

证 因为 $(\boldsymbol{A}^{\mathrm{T}}\boldsymbol{A})^{\mathrm{T}}=\boldsymbol{A}^{\mathrm{T}}\boldsymbol{A}$，故 $\boldsymbol{A}^{\mathrm{T}}\boldsymbol{A}$ 为对称矩阵，且可逆，又由于

$$f(\boldsymbol{x})=\boldsymbol{x}^{\mathrm{T}}(\boldsymbol{A}^{\mathrm{T}}\boldsymbol{A})\boldsymbol{x}=(\boldsymbol{A}\boldsymbol{x})^{\mathrm{T}}\boldsymbol{A}\boldsymbol{x}=|\boldsymbol{A}\boldsymbol{x}|^2$$

当 $\boldsymbol{x}\neq\boldsymbol{0}$ 时，$\boldsymbol{A}\boldsymbol{x}\neq\boldsymbol{0}$，即 $|f(\boldsymbol{x})|>0$，故 $\boldsymbol{A}^{\mathrm{T}}\boldsymbol{A}$ 是一个正定矩阵．

对于负定二次型的判定，有下面的推论．

推论 6.4 二次型

$$f(x_1,x_2,\cdots,x_n)=\sum_{i,j=1}^{n}a_{ij}x_ix_j\qquad a_{ij}=a_{ji}$$

是负定的充分必要条件为二次型的矩阵 $\boldsymbol{A}=(a_{ij})$ 的奇数阶顺序主子式小于零，而偶数阶顺序主子式大于零．

由定理 6.6 及其推论 6.4 可以知道，如果实对称矩阵 $\boldsymbol{A}$ 有一个偶数阶的顺序主子式小于或等于 0，那么 $\boldsymbol{A}$ 必既非正定，也非负定．

习题 6.3

1. 判断下面二次型是否正定：

(1) $f(\boldsymbol{x})=99x_1^2+130x_2^2+71x_3^2-12x_1x_2+48x_1x_3-6x_2x_3$；

(2) $f(\boldsymbol{x})=10x_1^2+2x_2^2+x_3^2+8x_1x_2+24x_1x_3-28x_2x_3$；

(3) $f(\boldsymbol{x})=\sum_{i=1}^{n}x_i^2+\sum_{1\leqslant i<j\leqslant n}x_ix_j$；

(4) $f(\boldsymbol{x})=\sum_{i=1}^{n}x_i^2+\sum_{i=1}^{n-1}x_ix_{i+1}$.

2. 当 t 取何值时，下列二次型为正定．

(1) $f(\boldsymbol{x})=2x_1^2+x_2^2+4x_3^2+2x_1x_2+2tx_1x_3-2x_2x_3$；

(2) $f(\boldsymbol{x})=x_1^2+4x_2^2+x_3^2+2tx_1x_2+10x_1x_3+6x_2x_3$.

3. 已知 $\boldsymbol{A}$ 为正定矩阵，试证 $\boldsymbol{A}^{\mathrm{T}},\boldsymbol{A}^{-1},k\boldsymbol{A}(k>0)$ 也是正定矩阵．

4. 已知 $\boldsymbol{A}$、$\boldsymbol{B}$ 为同阶矩阵且正定，试证 $\boldsymbol{A}+\boldsymbol{B},k\boldsymbol{A}+l\boldsymbol{B}(k>0,l>0)$ 也是正定矩阵．

第 7 章　线性代数理论的应用

线性代数应用的重要性之一就是提供给线性代数计算的广泛及丰富的计算机代数系统软件. 例如,已有很多电子计算器能解线性方程组和进行简单的矩阵运算. 而对电子计算机而言,已有通用计算机代数系统如 Derive,Mathematica,及 Maple,这类系统都具有很强的计算功能. 而专用线性代数软件如 MATLAB 则是易学易用和进行各种类型的矩阵计算的强大工具.

§7.1　行列式的应用

利用行列式求矩阵的逆是行列式的重要应用之一,这在矩阵理论中已作详述,以下主要讨论行列式理论的另一应用:朗斯基行列式(Wronskian). 为了判别一个函数组的线性无关性,设 $f_0(x),f_1(x),\cdots,f_n(x)$ 是定义在区间 $[a,b]$ 上的实值函数. 如果存在实数 $a_0,a_1,\cdots,a_n$ 不全为零,使得

$$a_0f_0(x)+a_1f_1(x)+\cdots+a_mf_n(x)=0 \tag{7-1}$$

对所有的 $x\in[a,b]$ 成立,那么称 $\{f_0(x),f_1(x),\cdots,f_n(x)\}$ 是线性相关函数组. 否则称为线性无关函数组.

由式(7-1)可以建立线性无关的判别检验方法:

如果 $a_0,a_1,\cdots,a_n$ 是满足式(7-1)的实数,且函数 $f_i(x)(i=1,2,\cdots,n)$ 是充分可微的,则关于式(7-1)两边微分可得

$$a_0f_0^{(i)}(x)+a_1f_1^{(i)}(x)+\cdots+a_nf_n^{(1)}(x)=0,(1\leqslant i\leqslant n) \tag{7-2}$$

写成矩阵形式,得

$$\begin{bmatrix} f_0(x) & f_1(x) & \cdots & f_n(x) \\ f'_0(x) & f'_1(x) & \cdots & f'_n(x) \\ \vdots & \vdots & \cdots & \vdots \\ f_0^{(n)}(x) & f_1^{(n)}(x) & \cdots & f_n^{(n)}(x) \end{bmatrix}\begin{bmatrix} a_0 \\ a_1 \\ \vdots \\ a_n \end{bmatrix}=\begin{bmatrix} 0 \\ 0 \\ \vdots \\ 0 \end{bmatrix} \tag{7-3}$$

将系数矩阵记为 $W(x)$,则 $\det[W(x)]$ 称为 $\{f_0(x),f_1(x),\cdots,f_n(x)\}$ 的朗斯基行列式. 如果存在 $x_0\in[a,b]$,使得 $|W(x_0)|\neq0$,则称矩阵 $W(x)$ 在 $x=x_0$ 是非奇异阵,此时 $a_0=a_1=\cdots=a_n=0$. 综上,如果朗斯基行列式对一切 $x\in[a,b]$ 不为零,则 $\{f_0(x),f_1(x),\cdots,f_n(x)\}$ 是线性无关的函数组. 但是,如果对所有的 $x\in[a,b]$,$\det[W(x)]=0$,我们不能断言 $\{f_0(x),f_1(x),\cdots,f_n(x)\}$ 是线性相关的.

例 1　设 $F_1=\{x,\cos x,\sin x\}$,$F_2=\{\sin^2x,|\sin x|\sin x\}$. $-1\leqslant x\leqslant1$,F_1 及 F_2 的朗斯基行列式分别为

$$W_1(x)=\begin{vmatrix} x & \cos x & \sin x \\ 1 & -\sin x & \cos x \\ 0 & -\cos x & -\sin x \end{vmatrix}=x$$

$$W_2(x)=\begin{vmatrix} \sin^2 x & |\sin x|\sin x \\ \sin 2x & |\sin 2x| \end{vmatrix}=0$$

由于当 $x\neq 0$ 时 $W_1(x)\neq 0$，F_1 是线性无关的. 虽然对一切 $x\in[-1,1]$，$W_2(x)=0$，但 F_2 也是线性无关的. 事实上，如果 $a_1\sin^2 x+a_2|\sin x|\sin x=0$，则当 $x=1$ 时，有 $a_1+a_2=0$；当 $x=-1$时，有 $a_1-a_2=0$，所以 $a_1=a_2=0$.

朗斯基行列式为判别函数组的线性无关性提供了一个部分检验法. 即如果对于某个 $x_0\in[a,b]$，$\det[W(x_0)]\neq 0$，则 $f_0(x),f_1(x),\cdots,f_n(x)$ 线性无关. 如果对于所有的 $x\in[a,b]$，$\det[W(x)]=0$，则该方法不能断定函数组的线性相关性.

然而，当 $f_0(x),f_1(x),\cdots,f_n(x)$ 是 $(n+1)$ 阶线性微分方程

$$y^{(n+1)}+g_n(x)y^{(n)}+\cdots+g_1(x)y'+g_0(x)y=0 \tag{7-4}$$

的解时，其中 $g_0(x),g_1(x),\cdots,g_n(x)$ 在区间 (a,b) 内连续，朗斯基行列式则提供了一个完全判别法. 即 $f_0(x),f_1(x),\cdots,f_n(x)$ 线性无关当且仅当对所有的 $x\in(a,b)$. $\det[W(x)]\neq 0$，$\forall x\in(a,b)$.

习题 7.1

1. 计算下列函数组的朗斯基行列式，并判断它们在指定区间上是否线性相关？

(1) $\{1,x,x^2\}$；(2) $\{x^2,x|x|\}$. $[-1,1]$.

2. 若函数组 $\{f_0(x),f_1(x),f_2(x)\}$ 的朗斯基行列式为 $(x^2+1)e^x$，试求 $\{xf_0(x), xf_1(x),xf_2(x)\}$ 的朗斯基行列式.

MATLAB 习题

1. 利用 **A**=round(20 * rand(5,5)−10 * ones(5,5)) 命令生成一个任意地 (5×5) 矩阵 **A**，**A** 的元素取于区间 $[-10,10]$ 的整数. 应用§1.4 定理 1.4 计算 det(**A**). 应用 MATLAB det 命令计算余子式 $\boldsymbol{A}_{11},\boldsymbol{A}_{12},\cdots,\boldsymbol{A}_{15}$. 并将其结果与用 MATLAB 命令 det(**A**) 计算的 **A** 的行列式的值进行比较.

§7.2 矩阵理论及线性方程组的应用

7.2.1 二次曲线与二次曲面

齐次方程组的应用之一包括两个变量的二次方程

$$a_{11}x^2+a_{12}xy+a_{22}y^2+a_{13}x+a_{23}y+a_{33}=0 \tag{7-5}$$

若方程(7-5)有实解，则该方程的图形是 xOy 平面上的曲线. 若 a_{11},a_{12},a_{22} 不全为零，则该方程的图形称为二次曲线（或圆锥曲线）. 包括已知的抛物线，椭圆，双曲线及某些退化形式，如点和直线. 空间星体，人造卫星及电子运行的轨道均对应着二次曲线.

以下考虑与式(7-5)有关的重要的数据拟合问题.

假设已知 xOy 平面上的点 $(x_1,y_1),(x_2,y_2),\cdots,(x_n,y_n)$，如何求系数 $a_{11},a_{12},\cdots,a_{33}$，

使得式(7-5)的图形通过这些已知点？

事实上，若一物体沿着对应于式(7-5)的图形的轨迹运行，则5个或更少的观测结果就能确定其完整轨迹.

例1 试求通过已知点$(-1,0),(0,1),(2,2),(2,-1),(0,-3)$的二次曲线方程.

解 将已知点代入方程(7-5)，可得对应于5个方程的齐次方程组的增广矩阵如下

$$\begin{bmatrix} 1 & 0 & 0 & -1 & 0 & 1 & 0 \\ 0 & 0 & 1 & 0 & 1 & 1 & 0 \\ 4 & 4 & 4 & 2 & 2 & 1 & 0 \\ 4 & -2 & 1 & 2 & -1 & 1 & 0 \\ 0 & 0 & 9 & 0 & -3 & 1 & 0 \end{bmatrix}.$$

应用MATLAB将增广矩阵化为最简梯形，得

$$\begin{bmatrix} 1 & 0 & 0 & 0 & 0 & \frac{7}{18} & 0 \\ 0 & 1 & 0 & 0 & 0 & -\frac{1}{2} & 0 \\ 0 & 0 & 1 & 0 & 0 & \frac{1}{3} & 0 \\ 0 & 0 & 0 & 1 & 0 & -\frac{11}{18} & 0 \\ 0 & 0 & 0 & 0 & 1 & \frac{2}{3} & 0 \end{bmatrix}$$

于是，通过已知点的二次曲线的系数为

$$a_{11}=\frac{-7a_{33}}{18},\quad a_{12}=\frac{a_{33}}{2},\quad a_{22}=-\frac{a_{33}}{3},\quad a_{13}=\frac{11a_{33}}{18},\quad a_{23}=-\frac{2a_{33}}{3}.$$

令$a_{33}=18$，则得所求方程为

$$-7x^2+9xy-6y^2+11x-12y+18=0.$$

利用MATLAB的Contour命令可以作出其图形，该图形为一椭圆.

最后，类似于以上的概念和方法，含三个变量的二次方程

$$ax^2+by^2+cy^2+dxy+exy+fyz+gyx+hy+iz+j=0 \tag{7-6}$$

其图形是空间的一张曲面；称为二次曲面. 方程(7-6)有10个系数，因此，如果给定空间任意九个点，则可以求得通过这些点的二次曲面.

7.2.2 数据拟合，数值积分和数值微分

针对于实际问题求解的矩阵理论的应用包括数值逼近技巧及微分方程的求解. 解决这些实际问题往往(转化为)需求解一个线性方程组，而非奇异矩阵理论保证了其解是存在且惟一的.

1. 多项式插值

如果函数$f(t)$的值以表格形式给出，通常都会用到多项式插值. 例如，已知$f(t)$的$n+1$个值的表格(见表7-1)，则$f(t)$的多项式插值是一个多项式$p(t)$，且

$$p(t)=a_0+a_1t+\cdots+a_nt^n$$

使得 $p(t_i)=y_i=f(t_i),0\leqslant i\leqslant n.$

表 7-1

t	t_0	t_1	…	t_n
$f(t)$	y_0	y_1	…	y_n

表 7-1 中插值数据问题在科学及工程实际工作中是常见的；例如，$y=f(t)$可以描述一个作为时间函数的温度分布，而 $y_i=f(t_i)$为观察（或测量）的温度. 对于未列于表中的时刻 $\hat{t}$，$p(\hat{t})$就可以作为 $f(\hat{t})$的近似值.

例 2 已知一个四个观测数据的表格（见表 7-2），求该问题的多项式插值，并求 $f(1.5)$的近似值.

表 7-2

t	0	1	2	3
$f(t)$	3	0	−1	6

解 此时插值多项式为一次数小于或等于 3 的多项式：

$$p(t)=a_0+a_1t+a_2t^2+a_3t^3,$$

且满足约束条件 $p(0)=3, p(1)=0, p(2)=-1, p(3)=6$，等价于$(4\times4)$的线性方程组

$$\begin{cases} a_0 & =3 \\ a_0+a_1+a_2+a_3 & =0 \\ a_0+2a_1+4a_2+8a_3 & =-1 \\ a_0+3a_1+9a_2+27a_3 & =6 \end{cases}$$

解之得惟一解，$a_0=3, a_1=-2, a_2=-2, a_3=1$. 因此 $f(t)$的惟一插值多项式为

$$p(t)=3-2t-2t^2+t^3.$$

所求 $f(1.5)$的近似值为 $p(1.5)=-1.125$.

2. 初值问题的求解

作为范德蒙矩阵的一个应用，微分方程初值问题的求解一类问题常要用到.

例 3 已知 $n+1$ 个不同的数 $t_0, t_1, \cdots, t_n$ 及任意 $n+1$ 个值 $y_0, y_1, \cdots, y_n$ 的集合，证明：存在一个惟一的函数

$$y=a_0e^{t_0x}+a_1e^{t_1x}+\cdots+a_ne^{t_nx} \tag{7-7}$$

并且满足约束条件 $y(0)=y_0, y'(0)=y_1, \cdots, y^{(n)}(0)=y_n$.

证 求 y 的前 n 阶导数，得

$$\begin{aligned} y &= a_0e^{t_0x}+a_1e^{t_1x}+\cdots+a_ne^{t_nx} \\ y' &= a_0t_0e^{t_0x}+a_1t_1e^{t_1x}+\cdots+a_nt_ne^{t_nx} \\ &\vdots \\ y^{(n)} &= a_0t_0^ne^{t_0x}+a_1t_1^ne^{t_1x}+\cdots+a_nt_n^ne^{t_nx} \end{aligned} \tag{7-8}$$

在式(7-8)中，取 $x=0$ 且记 $y^{(k)}(0)=y_k$，得线性方程组

$$
\begin{aligned}
y_0 &= a_0 + a_1 + \cdots + a_n \\
y_1 &= a_0 t_0 + a_1 t_1 + \cdots + a_n t_n \\
&\vdots \\
y_n &= a_0 t_0^n + a_1 t_1^n + \cdots + a_n t_n^n
\end{aligned}
\tag{7-9}
$$

的系数矩阵

$$
\boldsymbol{V}^{\mathrm{T}} = \begin{bmatrix} 1 & 1 & \cdots & 1 \\ t_0 & t_1 & \cdots & t_n \\ \vdots & \vdots & \cdots & \vdots \\ t_0^n & t_1^n & \cdots & t_n^n \end{bmatrix} \tag{7-10}
$$

其中 $\boldsymbol{V}$ 是 $(n+1)\times(n+1)$ 范德蒙矩阵. 因为 $t_0, t_1, \cdots, t_n$ 互异，所以 $\boldsymbol{V}$，从而 $\boldsymbol{V}^{\mathrm{T}}$ 是非奇异阵，故线性方程组(7-9)有惟一解.

3. 数值积分

在积分或微分的数值估计问题中也常用到范德蒙矩阵. 例如，设 $I(f)$ 表示定积分

$$
I(f) = \int_a^b f(t)\,\mathrm{d}t \tag{7-11}
$$

如果被积函数形式复杂或原函数较难求出，则求 $I(f)$ 的近似值在实际问题中是经常遇到的. 有效的方法之一就是寻找一个多项式 P，在区间 $[a,b]$ 上近似 f

$$
P(t) \approx f(t), a \leqslant t \leqslant b.
$$

进一步，若 P 是 f 的一个较好的近似，则希望

$$
\int_a^b P(t)\,\mathrm{d}t \approx \int_a^b f(t)\,\mathrm{d}t \tag{7-12}
$$

也是一个较好的近似. 由于 P 是一个多项式，方程(7-12) 左边的积分容易计算，因此，提供了一个估计未知积分 $I(f)$ 的计算方法.

通过插值可以生成一个多项式来近似 f. 如果选择 $n+1$ 个点 $t_0, t_1, \cdots, t_n \in [a,b]$，则 n 次多项式 $P, P(t_i) = f(t_i), 0 \leqslant i \leqslant n$，可以作为 f 的近似，从而可以用式(7-12) 来估计 $I(f)$.

一般地，如果 $t_0, t_1, \cdots, t_n \in [a,b]$，则由以上分析可以构造如下形式的数值积分公式

$$
\int_a^b f(t)\,\mathrm{d}t \approx \sum_{i=0}^n A_i f(t_i). \tag{7-13}
$$

其中权重 A_i 可以由解范德蒙方程组确定

$$
\begin{aligned}
A_0 + A_1 + \cdots + A_n &= \int_a^b 1\,\mathrm{d}t \\
A_0 t_0 + A_1 t_1 + \cdots + A_n t_n &= \int_a^b t\,\mathrm{d}t \\
&\vdots \\
A_0 t_0^n + A_1 t_1^n + \cdots + A_n t_n^n &= \int_a^b t^n\,\mathrm{d}t
\end{aligned}
\tag{7-14}
$$

例 4　对于区间 $[a,b]$，设 $t_0 = a, t_1 = \dfrac{(a+b)}{2}, t_2 = b$，试建立对应的数值积分公式.

解 对 $t_0 = a, t_1 = \frac{(a+b)}{2}, t_2 = b$,在式(7-14)中取 $n = 2$,有

$$A_0 + A_1 + A_2 = b - a$$

$$aA_0 + t_1 A_1 + bA_2 = \frac{(b^2 - a^2)}{2}$$

$$a^2 A_0 + t_1^2 A_1 + b^2 A_2 = \frac{(b^3 - a^3)}{3}$$

解之得,$A_0 = \frac{(b-a)}{6}, A_1 = \frac{4(b-a)}{6}, A_2 = \frac{(b-a)}{6}$,对应的数值积分公式为

$$\int_a^b f(t)\mathrm{d}t \approx \left[\frac{(b-a)}{6}\right]\left\{f(a) + 4f\left[\frac{(a+b)}{2}\right] + f(b)\right\} \tag{7-15}$$

式(7-15)被称为著名的辛普逊(Simpson)公式.

4. **数值微分**

类似于数值积分公式的推导,我们也可以构造常用的数值微分公式.特别地,假设 f 是可微函数,我们希望对 $f'(a)$ 的值进行估计,其中 f 在 $t = a$ 处可微.

设 P 是 f 在 $t_0, t_1, \cdots, t_n$ 的 n 次插值多项式,其中插值节点 t_i 在 $t = a$ 的邻近.则 P 可以作为 f 的近似值,且我们能由计算 P 在 $t = a$ 的导数来估计 $f'(a)$ 的值

$$f'(a) \approx P'(a).$$

利用数值积分公式,可以导出 $P'(a)$ 的表达式为

$$P'(a) = A_0 P(t_0) + A_1 P(t_1) + \cdots + A_n P(t_n) \tag{7-16}$$

其中权重 A_i 由以下线性方程组确定

$$\begin{aligned}
Q'_0(a) &= A_0 Q_0(t_0) + A_1 Q_0(t_1) + \cdots + A_n Q_0(t_n) \\
Q'_1(a) &= A_0 Q_1(t_0) + A_1 Q_1(t_1) + \cdots + A_n Q_1(t_n) \\
&\vdots \\
Q'_n(a) &= A_0 Q_n(t_0) + A_1 Q_n(t_1) + \cdots + A_n Q_n(t_n),
\end{aligned}$$

其中 $Q_0(t) = 1, Q_1(t) = t, \cdots, Q_n(t) = t^n$,因此,如果式(7-16)对 $n+1$ 个特殊的多项式 $1, t, \cdots, t^n$ 成立,则对任意次数不超过 n 的多项式均成立.

如果 P 是 f 在 $t_0, t_1, \cdots, t_n$ 的插值多项式,且 $P(t_i) = f(t_i), 0 \leqslant i \leqslant n$.则由式(7-16)得

$$f'(a) \approx P'(a) = A_0 f(t_0) + A_1 f(t_1) + \cdots + A_n f(t_n) \tag{7-17}$$

公式(7-17)称为数值微分公式.

例 5 试导出以下形式的数值微分公式

$$f'(a) \approx A_0 f(a-h) + A_1 f(a) + A_2 f(a+h).$$

解 依题意,取 $P(t) = 1, P(t) = t, P(t) = t^2$,由式(7-16)得关于权重 A_0, A_1, A_2 的线性方程组

$$\begin{aligned}
0 &= A_0 + A_1 + A_2 \\
1 &= A_0(a-h) + A_1 \cdot a + A_2(a+h) \\
2a &= A_0(a-h)^2 + A_1 \cdot a^2 + A_2(a+h)^2.
\end{aligned}$$

解之得 $A_0 = -\frac{1}{2h}, A_1 = 0, A_2 = \frac{1}{2h}$,故所求数值微分公式为

$$f'(a) \approx \frac{1}{2h}[f(a+h) - f(a-h)] \tag{7-18}$$

式(7-18) 称为 $f'(a)$ 的中心差分近似.

5. 病态条件矩阵

从实际应用中来讲,方程 $\boldsymbol{A}x=\boldsymbol{b}$ 往往作为物理问题的数学模型. 在这种情形下,了解方程 $\boldsymbol{A}x=\boldsymbol{b}$ 的解对 $\boldsymbol{b}$ 的微小变化是否敏感是非常重要的. 如果 $\boldsymbol{b}$ 的微小改变能导致解 $\boldsymbol{x}$ 相对较大的变化,则 $\boldsymbol{A}$ 称为病态矩阵.

病态矩阵的概念与 $\boldsymbol{A}^{-1}$ 中元素的大小有关. 以下举例来说明这种关联.

例 6　设 $\boldsymbol{A}$ 表示 (6×6) 希尔伯特(Hilbert) 矩阵考察向量 $\boldsymbol{b}$ 和 $\boldsymbol{b}+\Delta\boldsymbol{b}$:

$$\boldsymbol{b}=(1,2,1,1.414,1,2)^{\mathrm{T}},\quad \boldsymbol{b}+\Delta\boldsymbol{b}=(1,2,1,1.4142,1,2)^{\mathrm{T}}.$$

比较方程 $\boldsymbol{A}x=\boldsymbol{b}$ 和 $\boldsymbol{A}x=\boldsymbol{b}+\Delta\boldsymbol{b}$ 的解.

解　应用 MATLAB 解这两个方程. 用 $\boldsymbol{x}_1,\boldsymbol{x}_2$ 分别表示这两个方程的解,四舍五入取整数,有

$$\boldsymbol{x}_1=\begin{bmatrix}-6538\\185706\\-1256237\\3271363\\-3616326\\1427163\end{bmatrix},\quad \boldsymbol{x}_2=\begin{bmatrix}-6539\\185747\\-1256519\\3272089\\-3617120\\1427447\end{bmatrix}$$

虽然 $\boldsymbol{b}$ 和 $\boldsymbol{b}+\Delta\boldsymbol{b}$ 几乎相等,但解 $\boldsymbol{x}_1$ 和 $\boldsymbol{x}_2$ 在第 5 分量上相差近 800.

例 6 说明即使 $\Delta\boldsymbol{b}$ 是很小的向量,$\boldsymbol{A}x=\boldsymbol{b}$ 和 $\boldsymbol{A}x=\boldsymbol{b}+\Delta\boldsymbol{b}$ 的解也可能相差很大,其原因就是因为系数矩阵 $\boldsymbol{A}$ 的逆 $\boldsymbol{A}^{-1}$ 的元素很大. 事实上

$$\boldsymbol{A}\boldsymbol{x}_2-\boldsymbol{A}\boldsymbol{x}_1=\Delta\boldsymbol{b}\Rightarrow\boldsymbol{A}(\boldsymbol{x}_2-\boldsymbol{x}_1)=\Delta\boldsymbol{b}.$$

所以

$$\boldsymbol{x}_2-\boldsymbol{x}_1=\boldsymbol{A}^{-1}\Delta\boldsymbol{b}$$

如果 $\boldsymbol{A}^{-1}$ 会有大元素,从上式可知,即使 $\Delta\boldsymbol{b}$ 很小,$\boldsymbol{x}_2-\boldsymbol{x}_1$ 也可能很大. 而 (6×6) 希尔伯特阵的逆阵

$$\boldsymbol{A}^{-1}=\begin{bmatrix}36&-630&3360&-7560&7560&-2772\\-630&14700&-88200&211680&-220500&83160\\3360&-88200&564480&-1411200&1512000&-582120\\-7560&211680&-1411200&3628800&-3969000&1552320\\7560&-220500&1512000&-3969000&4410000&-1746360\\-2772&83160&-582120&1552320&-1746360&698544\end{bmatrix}.$$

习题 7.2

1. 求通过已知点的曲线与曲面方程

(1) 通过点(2,8) 及(4,1) 的直线;

(2) 通过点(−4,1),(−1,2),(3,2),(5,1) 及(7,−1) 的二次曲线;

(3) 通过点(1,2,3),(2,1,0),(6,0,6),(3,1,3),(4,0,2),(5,5,1),(1,1,2),(3,1,4),(0,0,2) 的二次曲面.

2. 圆方程具有下列形式

$$ax^2+ay^2+bx+cy+d=0$$

因此三点可以确定一个圆,试求通过已知点(4,3),(1,2)及(2,0)的圆的方程.

3. 求满足条件 $y = c_1e^{-x} + c_2e^{x} + c_3e^{2x}$;$y(0) = 8, y'(0) = 3, y''(0) = 11$ 的常数 c_1, c_2, c_3.

4. 求数值积分公式

$$\int_0^{3h} f(t)\mathrm{d}t \approx A_0 f(0) + A_1 f(h) + A_2 f(2h) + A_3 f(3h)$$

的权重 A_i.

5. 求数值微分公式

$$f'(0) \approx A_0 f(0) + A_1 f(h) + A_2 f(2h)$$

的权重 A_i.

6. 利用线性代数软件,如 Derive,建立以下近似公式:

(1) $\int_0^{5h} f(x)\mathrm{d}x \approx \sum_{j=0}^{5} A_j f(jh)$;

(2) $f'(a) \approx A_0 f(a-2h) + A_1 f(a-h) + A_2 f(a) + A_3 f(a+h) + A_4 f(a+2h)$.

§7.3 不相容方程组的最小平方解及其在数据拟合中的应用

当求解形如 $\boldsymbol{Ax} = \boldsymbol{b}$ 的线性方程组时,若方程组是相容的,求解过程着重于描述所有解,较少涉及若方程组不相容,则"方程组无解"的问题.下面将讨论不相容的线性方程组.

如果已知线性方程组 $\boldsymbol{Ax} = \boldsymbol{b}$ 没有解,那么我们希望找到一个向量 $\boldsymbol{x}^*$,使得余向量 $\boldsymbol{r} = \boldsymbol{Ax}^* - \boldsymbol{b}$ 尽可能小.在实际应用中,将看到任何最小化余向量的方法都能用于求数据的最佳最小平方拟合.

常见的一类不相容方程组是所谓的超定方程组——方程的个数多于未知数的个数.例如

$$\begin{cases} x_1 + 4x_2 = -2 \\ x_1 + 2x_2 = 6 \\ 2x_1 + 3x_2 = 1 \end{cases}$$

超定方程组往往不相容,以上方程组无解.但自然而然想到求 x_1 及 x_2 的值,使它们尽可能满足所有3个方程,这就是我们要讨论的主题.

7.3.1 方程组的最小平方解

考虑线性方程组 $\boldsymbol{Ax} = \boldsymbol{b}$,其中 $\boldsymbol{A}$ 是 $m \times n$ 阶阵.如果 $\boldsymbol{x} \in \mathbf{R}^n$,则向量 $\boldsymbol{r} = \boldsymbol{Ax} - \boldsymbol{b}$ 称为余向量.$\mathbf{R}^n$ 中最小可能余向量 $\boldsymbol{x}^*$ 称为 $\boldsymbol{Ax} = \boldsymbol{b}$ 的最小平方解.确切地说,如果

$$\| \boldsymbol{Ax}^* - \boldsymbol{b} \| \leqslant \| \boldsymbol{Ax} - \boldsymbol{b} \|, \forall \boldsymbol{x} \in \mathbf{R}^n \tag{7-19}$$

则 $\boldsymbol{x}^*$ 是 $\boldsymbol{Ax} = \boldsymbol{b}$ 的最小平方解.(如果 $\boldsymbol{Ax} = \boldsymbol{b}$ 相容,由于 $\| \boldsymbol{Ax}^* - \boldsymbol{b} \| = 0$,则最小平方解 $\boldsymbol{x}^*$ 就是通常意义下的解).

定理 7.1 设 $\boldsymbol{Ax} = \boldsymbol{b}$ 是 $m \times n$ 线性方程组,则:

(1) 相伴方程组 $\boldsymbol{A}^{\mathrm{T}}\boldsymbol{Ax} = \boldsymbol{A}^{\mathrm{T}}\boldsymbol{b}$ 总是相容的.

(2) $\boldsymbol{Ax} = \boldsymbol{b}$ 的最小平方解是 $\boldsymbol{A}^{\mathrm{T}}\boldsymbol{Ax} = \boldsymbol{A}^{\mathrm{T}}\boldsymbol{b}$ 的精确解.

(3) 最小平方解是惟一的当且仅当 $R(\boldsymbol{A}) = n$.其中,连带方程 $\boldsymbol{A}^{\mathrm{T}}\boldsymbol{Ax} = \boldsymbol{A}^{\mathrm{T}}\boldsymbol{b}$ 称为法方程

(或正规方程).

7.3.2　数据的最小平方线性拟合

数据最小平方解的主要应用之一是确定数据的最佳最小平方拟合问题. 考虑一组实验观测数据如表 7-3 所示.

表 7-3

t	t_0	t_1	…	t_n
y	y_0	y_1	…	y_n

假设在 tOy 平面上描出这些数据点的分布如图 7-1 所示,这些数据点近乎落在形如

$$y = mt + c \tag{7-20}$$

的直线上,很自然的提出以下问题:

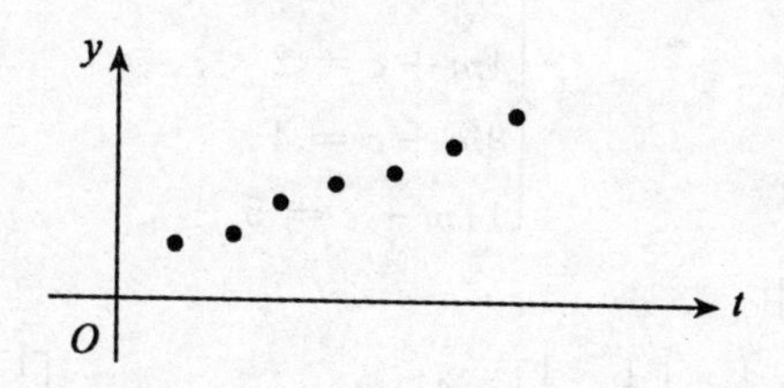

图 7-1　近似于线性分布数据点

"最能描述已给数据且通过数据点的最佳直线是什么样的直线?"

为了回答这个问题,我们必须量化"最能描述"和"最佳",其中最有用的方法就是以下数据最小平方判据法:求 m 和 c,使

$$\sum_{i=0}^{n}[(mt_i + c) - y_i]^2 \tag{7-21}$$

最小化. 称之为表 7-3 中数据的最佳最小平方线性拟合.

将表 7-3 中数据代入式(7-20),得超定方程组

$$\begin{cases} mt_0 + c = y_0 \\ mt_1 + c = y_1 \\ \vdots \\ mt_n + c = y_n. \end{cases}$$

利用矩阵形式,以上方程组表示为 $\boldsymbol{Ax} = \boldsymbol{b}$,其中

$$\boldsymbol{A} = \begin{bmatrix} t_0 & 1 \\ t_1 & 1 \\ \vdots & \vdots \\ t_n & 1 \end{bmatrix}, \quad \boldsymbol{x} = \begin{bmatrix} m \\ c \end{bmatrix}, \quad \boldsymbol{b} = \begin{bmatrix} y_0 \\ y_1 \\ \vdots \\ y_n \end{bmatrix}$$

于是,$\boldsymbol{Ax} = \boldsymbol{b}$ 的最小平方解是能使 $\|\boldsymbol{Ax} - \boldsymbol{b}\|$ 最小化的向量 $\boldsymbol{x}^* = (\boldsymbol{m}^*, \boldsymbol{c}^*)^{\mathrm{T}}$,其中

$$\|\boldsymbol{A x}-\boldsymbol{b}\|^{2}=\sum_{i=0}^{n}\left[\left(m t_{i}+c\right)-y_{i}\right]^{2} \tag{7-22}$$

将式(7-22)与最小平方判据式(7-21)比较可知,通过求解方程 $\boldsymbol{Ax}=\boldsymbol{b}$ 的最小平方解,就可以确定最佳最小平方线性拟合,$y=\boldsymbol{m}^{*}t+\boldsymbol{c}^{*}$.

例 1 已知实验观测数据如表 7-4 所示.

表 7-4

t	1	4	8	11
y	1	2	4	5

试求数据的最小平方线性拟合.

解 将已知数据代入 $y=mt+c$,得超定方程组:

$$\begin{cases} m+c=1 \\ 4m+c=2 \\ 8m+c=4 \\ 11m+c=5 \end{cases}$$

写成矩阵形式 $\boldsymbol{Ax}=\boldsymbol{b}$,其中

$$\boldsymbol{A}=\begin{bmatrix} 1 & 1 \\ 4 & 1 \\ 8 & 1 \\ 11 & 1 \end{bmatrix}, \quad \boldsymbol{x}=\begin{bmatrix} m \\ c \end{bmatrix}, \quad \boldsymbol{b}=\begin{bmatrix} 1 \\ 2 \\ 4 \\ 5 \end{bmatrix}$$

解正规方程 $\boldsymbol{A}^{\mathrm{T}}\boldsymbol{Ax}=\boldsymbol{A}^{\mathrm{T}}\boldsymbol{b}$ 得最小平方解 $\boldsymbol{x}^{*}$,这里

$$\boldsymbol{A}^{\mathrm{T}}\boldsymbol{A}=\begin{bmatrix} 202 & 24 \\ 24 & 4 \end{bmatrix}, \quad \boldsymbol{A}^{\mathrm{T}}\boldsymbol{b}=\begin{bmatrix} 96 \\ 12 \end{bmatrix},$$

因为 $R(\boldsymbol{A})=2$,所以法方程的解 $\boldsymbol{x}^{*}=\left(\frac{12}{29},\frac{15}{29}\right)^{\mathrm{T}}$ 是惟一的. 故所求最小平方线性拟合为

$$y=\frac{12}{29}t+\frac{15}{29}.$$

数据点和线性拟合如图 7-2 所示.

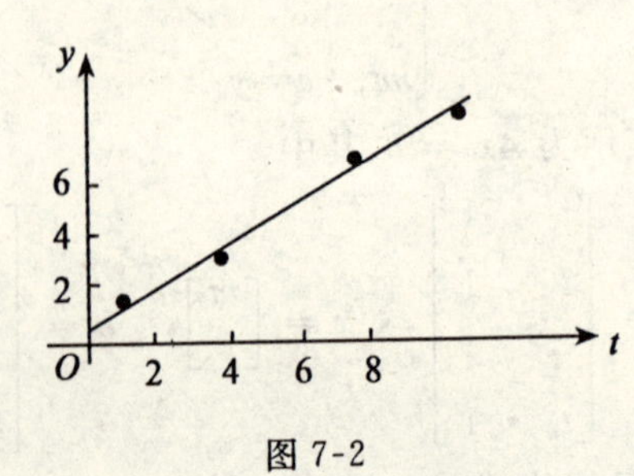

图 7-2

7.3.3　利用 MATLAB 求解最小平方解

到目前为止，我们都是通过解正规方程 $A^{T}Ax = A^{T}b$ 来求解不相容方程组的最小平方解. 从理论上来说这种方法是很好的，但由于舍入误差，对计算机计算不太可靠，尤其对大矩阵的方程组 $Ax = b$ 解的误差更大. 而 MATLAB 对求解不相容方程组的最小平方解有几种可以供选择的可靠方法. 这类方法都不需求解正规方程. 现介绍如下：

如果 A 不是方阵，利用 A 的 QR 分解，使用简单的 MATLAB 命令 $x = A\backslash b$ 即可以得到 $Ax = b$ 的最小平方解. 如果 A 是方阵但不相容，则命令 $x = A\backslash b$ 导致警告但不会返回到最小平方解. 如果 A 不是方阵且不是满秩的，则 $x = A\backslash b$ 导致警告：A 是亏秩的，但会返回到无穷多个最小平方解中的某一个.

例 2　设有一组实验观测数据如表 7-5 所示.

表 7-5

t	120	148	175	204	232	260	288	316	343	371
y	3	4	5	5.5	6	7.5	8.8	10	11.1	12

正常情况下，y 是 t 的线性函数，即 $y = mt + c$，试由表 7-5 中数据确定最小平方线性拟合.

解　由 $Ax = b$，知

$$A = \begin{bmatrix} 120 & 148 & 175 & 204 & 232 & 260 & 288 & 316 & 343 & 371 \\ 1 & 1 & 1 & 1 & 1 & 1 & 1 & 1 & 1 & 1 \end{bmatrix}^{T}$$

$$b = (3,4,5,5.5,6,7.5,8.8,10,11.1,12)^{T}.$$

利用 MATLAB 命令 $x = A\backslash b$，得 $x = (0.0362, -1.6151)^{T}$，故所求最小平方线性拟合为

$$y = 0.0362t - 1.6165.$$

7.3.4　一般最小平方拟合

如表 7-6 所示.

表 7-6

t	t_0	t_1	…	t_m
y	y_0	y_1	…	y_m

对表 7-6 中的数据，当在 tOy 平面（见图 7-3）作出的数据点 (t_i, y_i) 呈现出非线性的趋向时，线性拟合就不适应了. 然而，我们可以选多项式函数，$y = P(t)$，其中

$$P(t_i) \approx y_i, \quad 0 \leqslant i \leqslant m.$$

特别地，设用 n 次多项式拟合已给数据

$$P(t) = a_n t^n + a_{n-1} t^{n-1} + \cdots + a_1 t + a_0, \quad m \geqslant n.$$

下面来求系数 $a_0, a_1, \cdots, a_n$，使 $Q(a_0, a_1, \cdots, a_n)$ 最小化，这里

$$Q(a_0, a_1, \cdots, a_n) = \sum_{i=0}^{m} [P(t_i) - y_i]^2 = \sum_{i=1}^{m} [(a_0 + a_1 t_i + \cdots + a_n t_i^n) - y_i]^2 \quad (7\text{-}23)$$

且最小化 $Q(a_0, a_1, \cdots, a_n)$ 等同于最小化 $\| Ax - b \|^2$，其中

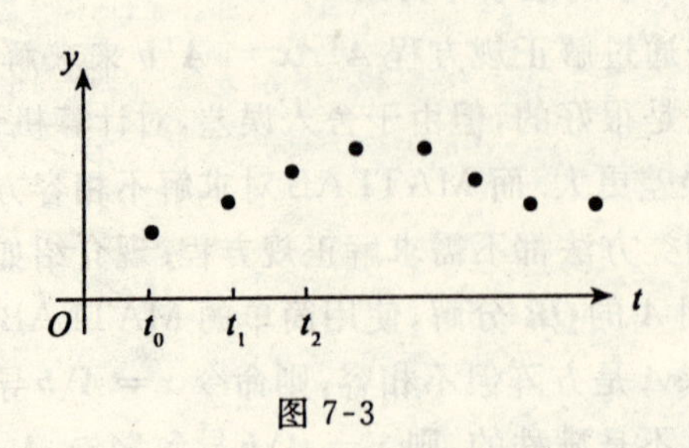

图 7-3

$$A=\begin{bmatrix}1 & t_0 & \cdots & t_0^n\\ 1 & t_1 & \cdots & t_1^n\\ \vdots & \vdots & & \vdots\\ 1 & t_m & \cdots & t_m^n\end{bmatrix},x=\begin{bmatrix}a_0\\ a_1\\ \vdots\\ a_n\end{bmatrix},b=\begin{bmatrix}y_0\\ y_1\\ \vdots\\ y_m\end{bmatrix} \tag{7-24}$$

类似地,通过解法方程 $A^{\mathrm{T}}Ax=Ab$ 可以最小化 $\|Ax-b\|^2=Q(a_0,a_1,\cdots,a_n)$. 使式(7-23) 取最小值的 n 次多项式 P^* 称为最小平方 n 次拟合.

例 3 给定数据如表 7-7 所示,试求数据的最小平方 2 次拟合.

表 7-7

t	-2	-1	0	1	2
y	12	5	3	2	4

解 依题意,匹配所给数据的多项式为

$$y=a_0+a_1t+a_2t^2$$

代入数据点得

$$\begin{aligned}a_0-2a_1+4a_2&=12\\ a_0-a_1+a_2&=5\\ a_0&=3\\ a_0+a_1+a_2&=2\\ a_0+2a_1+4a_2&=4\end{aligned}$$

易知以上超定方程组不相容.因此,需求 $Ax=b$ 的最小平方解,. 在式(7-24) 中,取 $n=2$, $m=4$,则

$$A=\begin{bmatrix}1 & -2 & 4\\ 1 & -1 & 1\\ 1 & 0 & 0\\ 1 & 1 & 1\\ 1 & 2 & 4\end{bmatrix},\quad x=\begin{bmatrix}a_0\\ a_1\\ a_2\end{bmatrix},\quad b=\begin{bmatrix}12\\ 5\\ 3\\ 2\\ 4\end{bmatrix}.$$

$$A^{\mathrm{T}}A=\begin{bmatrix}5 & 0 & 10\\ 0 & 10 & 0\\ 10 & 0 & 34\end{bmatrix},\quad A^{\mathrm{T}}b=\begin{bmatrix}26\\ -19\\ 71\end{bmatrix}.$$

解正规方程 $A^{\mathrm{T}}Ax = A^{\mathrm{T}}b$,得 $Ax = b$ 的最小平方解为 $x^* = \left[\frac{87}{35}, -\frac{19}{10}, \frac{19}{14}\right]^{\mathrm{T}}$,所以最小平方 2 次拟合为

$$P(t) = \frac{19}{14}t^2 - \frac{19}{10}t + \frac{87}{35}.$$

图 7-4 是 $P(t)$ 的图形及数据点.

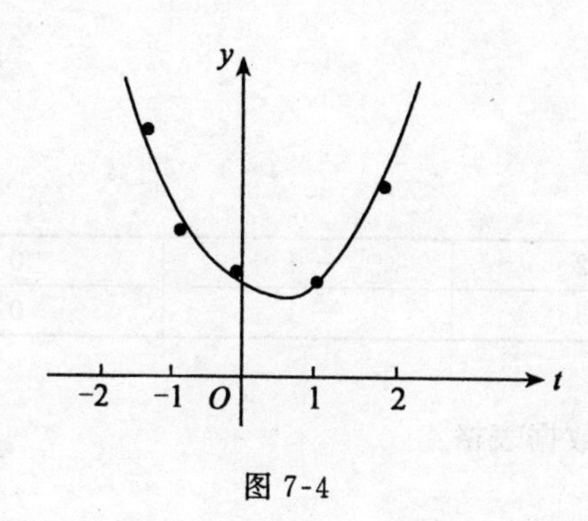

图 7-4

习题 7.3

1. 求向量 x^*,使 $\|Ax - b\|$ 最小化,已知:

(1) $A = \begin{bmatrix} 1 & 2 \\ -1 & 1 \\ 1 & 3 \end{bmatrix}$, $b = \begin{bmatrix} 1 \\ 1 \\ 1 \end{bmatrix}$;

(2) $A = \begin{bmatrix} 1 & 2 & 1 \\ 3 & 5 & 4 \\ -1 & 1 & -4 \end{bmatrix}$, $b = \begin{bmatrix} 1 \\ 3 \\ 0 \end{bmatrix}$.

2. 求给定数据的最小平方线性拟合并作出图形.

(1) 如表 7-8 所示.

表 7-8

t	-1	0	1	2
y	0	1	2	4

(2) 如表 7-9 所示.

表 7-9

t	-1	0	1	2
y	-1	1	2	3

3. 试求已知数据点的最小平方 2 次拟合并作图.

(1) 如表 7-10 所示.

表 7-10

t	-2	-1	1	2
y	2	0	1	2

(2) 如表 7-11 所示.

表 7-11

t	-2	-1	0	1
y	-3	-1	0	3

4. 考虑如表 7-12 所示数据表格:

表 7-12

t	t_1	t_2	…	t_m
y	y_1	y_2	…	y_m

对已知函数 g_1 与 g_2,考虑函数 $f(t)=a_1g_1(t)+a_2g_2(t)$,证明

$$\sum_{i=1}^{m}[f(t_i)-y_i]^2=\|\boldsymbol{Ax}-\boldsymbol{b}\|^2$$

其中

$$\boldsymbol{A}=\begin{bmatrix} g_1(t_1) & g_2(t_1) \\ g_1(t_2) & g_2(t_2) \\ \vdots & \vdots \\ g_1(t_m) & g_2(t_m) \end{bmatrix},\quad \boldsymbol{x}=\begin{bmatrix} a_1 \\ a_2 \end{bmatrix},\quad \boldsymbol{b}=\begin{bmatrix} y_1 \\ y_2 \\ \vdots \\ y_m \end{bmatrix}.$$

§7.4 特征值的应用

特征值的应用之一就是解差分方程,微分方程及微分方程组.

设 $\boldsymbol{A}$ 是 $n\times n$ 矩阵,向量 $\boldsymbol{x}_0\in\mathbf{R}^n$,考虑向量序列 $\{\boldsymbol{x}_k\}$:

$$\boldsymbol{x}_k=\boldsymbol{A}\boldsymbol{x}_{k-1},\quad k=1,2,\cdots \tag{7-25}$$

由式(7-25)生成的向量序列作为数学模型在许多实际应用中都经常出现. 式(7-25)常用于描述人口数量的增长,生态系统,飞行物的雷达追踪,化学过程的数字控制,等等. 这些模型的目的之一就是刻画序列 $\{\boldsymbol{x}_k\}$ 在定性和定量方面的特征行为. 下面将看到序列 $\{\boldsymbol{x}_k\}$ 的行为可以由矩阵 $\boldsymbol{A}$ 的特征值来进行分析.

7.4.1 差分方程

设 $\boldsymbol{A}$ 是 $n\times n$ 方阵,则方程(7-25)称为差分方程. 其解是任何满足方程(7-25)的向量序

列$\{x_k\}$. 即解$\{x_k\}$的相邻项满足$x_1 = Ax_0, x_2 = Ax_1, \cdots, x_k = Ax_{k-1}, \cdots$.

对于描述序列$\{x_k\}$的行为的差分方程有以下几个特殊的问题需要解决：

1. 对已知的初始向量x_0，是否存在向量x^*，使得$\lim\limits_{k\to\infty} x_k = x^*$？

2. 若序列$\{x_k\}$有极限x^*，则极限向量是什么？

3. 在已知初始向量x_0的条件下，建立一个能用于计算x_k的"公式".

4. 已知向量b及整数k，确定x_0，使得$x_k = b$.

5. 已知向量b，赋予以x_0为初始向量的序列$\{x_k\}$的特征，且$\{x_k\} \to b$.

求解差分方程(7-25)的关键是观察序列$\{x_k\}$能通过初始向量x_0与A的幂的乘积运算，即

$$\begin{aligned} x_1 &= Ax_0 \\ x_2 &= Ax_1 = A(Ax_0) = A^2 x_0 \\ x_3 &= Ax_2 = A(A^2 x_0) = A^3 x_0, \end{aligned}$$

一般地

$$x_k = A^k x_0, \quad k = 1, 2, \cdots. \tag{7-26}$$

其次，设A的特征值$\lambda_1, \lambda_2, \cdots, \lambda_n$及对应的特征向量$u_1, u_2, \cdots, u_n$. 尤其假设$A$是非亏秩阵. 即假设特征向量集$\{u_1, u_2, \cdots, u_n\}$线性无关. 从而可以用$\{u_1, u_2, \cdots, u_n\}$作为$\mathbf{R}^n$的一组基. 特别地，任何初始向量$x_0$可以表示成特征向量集的线性组合

$$x_0 = a_1 u_1 + a_2 u_2 + \cdots + a_n u_n.$$

于是，由式(7-26)可得

$$\begin{aligned} x_k &= A^k x_0 = A^k(a_1 u_1 + a_2 u_2 + \cdots + a_n u_n) \\ &= a_1 A^k u_1 + a_2 A^* u_2 + \cdots + a_n A^k u_n \\ &= a_1 \lambda_1^k u_1 + a_2 \lambda_2^* u_2 + \cdots + a_n \lambda_n^k u_n \end{aligned} \tag{7-27}$$

注意：如果A没有n个线性无关的特征向量集，则式(7-27)中x_k的表达式必须修正. 这依赖于广义特征向量的概念. 并且可以证明，总是可以选取由A的特征向量或广义特征向量构成$\mathbf{R}^n$的一组基.

例1 试用方程(7-27)求x_k的表达式. 其中

$$x_k = Ax_{k-1}, \quad k = 1, 2, \cdots, \quad A = \begin{bmatrix} .8 & .2 \\ .2 & .8 \end{bmatrix}, \quad x_0 = \begin{bmatrix} 1 \\ 2 \end{bmatrix}$$

并计算当$k = 10, k = 20$时的x_k，确定序列$\{x_k\}$是否收敛.

解 依题设，A的特征多项式是

$$P(t) = t^2 - 1.6t + 0.6 = (t-1)(t-0.6)$$

A的特征值为$\lambda_1 = 1, \lambda_2 = 0.6$，对应的特征向量为

$$u_1 = (1, 1)^{\mathrm{T}}, \quad u_2 = (1, -1)^{\mathrm{T}}$$

于是初始向量x_0可以表示为$x_0 = 1.5u_1 - 0.5u_2$，即

$$x_0 = \begin{bmatrix} 1 \\ 2 \end{bmatrix} = 1.5\begin{bmatrix} 1 \\ 1 \end{bmatrix} - 0.5\begin{bmatrix} 1 \\ -1 \end{bmatrix}$$

所以序列$\{x_k\}$可以表示为

$$\begin{aligned} x_k = A^k x_0 &= A^k(1.5u_1 - 0.5u_2) \\ &= 1.5A^k u_1 - 0.5A^k u_2 \\ &= 1.5(1)^k u_1 - 0.5(0.6)^k u_2 \\ &= 1.5u_1 - 0.5(0.6)^k u_2 \end{aligned}$$

x_k 的分量为

$$x_k = \begin{bmatrix} 1.5 - 0.5(0.6)^k \\ 1.5 + 0.5(0.6)^k \end{bmatrix}, \quad k = 1,2,\cdots. \tag{7-28}$$

当 $k = 10, k = 20$ 时，由式(7-28)计算 x_k，得

$$x_{10} = \begin{bmatrix} 1.496976\cdots \\ 1.503023\cdots \end{bmatrix}, \quad x_{20} = \begin{bmatrix} 1.499981\cdots \\ 1.500018\cdots \end{bmatrix}$$

又由于 $\lim\limits_{k\to\infty}(0.6)^k = 0$，由式(7-28)可得

$$\lim_{k\to\infty} x_k = x^* = \begin{bmatrix} 1.5 \\ 1.5 \end{bmatrix}.$$

在马尔可夫(Markov)链或马尔可夫过程的研究中，差分方程(7-25)常写成如下形式

$$x_{k+1} = Ax_k, \quad k = 0,1,2,\cdots.$$

而矩阵 A 通常称为过渡矩阵，x_k 称为状态向量. 过渡矩阵具有两个特殊性质：

(1) A 的元素均为非负项；

(2) A 的每一列的元素之和等于 1.

进一步，具有上述两性质的矩阵总有一个 $\lambda = 1$ 的特征值.

7.4.2 微分方程组

差分方程在描述一个物理系统在时间的离散值的状态时是非常有用的. 而刻画一个物理系统在时间的连续(或全部)值时，数学模型常常用微分方程或微分方程组来表示. 下面先通过一个简单微分方程组

$$\begin{cases} v'(t) = av(t) + bw(t) \\ w'(t) = cv(t) + dw(t) \end{cases} \tag{7-29}$$

说明其应用. 在式(7-29)中，问题是要求函数 $v(t)$ 及 $w(t)$，它们同时满足这些方程，其中初始条件 $v(0)$ 和 $w(0)$ 被确定. 将式(7-29)写成矩阵形式，设

$$x(t) = [v(t), w(t)]^{\mathrm{T}}$$

则式(7-29)可以写成 $x'(t) = Ax(t)$，其中

$$x'(t) = \begin{bmatrix} v'(t) \\ w'(t) \end{bmatrix}, \quad A = \begin{bmatrix} a & b \\ c & d \end{bmatrix}.$$

方程 $x'(t) = Ax(t)$ 与简单的数量微分方程 $y'(t) = \alpha y(t)$ 从形式上看很相似. 而后者常用于微积分课程中的放射性衰减或细菌生长繁殖等问题的数学模型. 且已知其解为

$$y(t) = y_0 e^{\alpha t}, \quad y_0 = y(0).$$

类似地，假设向量方程 $x'(t) = Ax(t)$ 具有如下形式的解

$$x(t) = e^{\lambda t} u \tag{7-30}$$

其中 u 是常向量. 为求方程(7-30)的解函数 $x(t)$，微分得 $x'(t) = \lambda e^{\lambda t} u$，另一方面，$Ax(t) = e^{\lambda t} Au$，所以式(7-30)是 $x'(t) = Ax(t)$ 的解当且仅当

$$e^{\lambda t}(A - \lambda I)u = 0. \tag{7-31}$$

又 $e^{\lambda t}\neq 0$,式(7-31) 化为$(\boldsymbol{A}-\lambda\boldsymbol{I})\boldsymbol{u}=\boldsymbol{0}$,因此,若$\lambda$是$\boldsymbol{A}$的特征值且$\boldsymbol{u}$是对应的特征向量,则由式(7-30) 确定的 $\boldsymbol{x}(t)$ 就是 $\boldsymbol{x}'(t)=\boldsymbol{A}\boldsymbol{x}(t)$ 的解. 而 $\boldsymbol{u}=\boldsymbol{0}$ 确定的解称为平凡解.

如果 2×2 矩阵 $\boldsymbol{A}$ 有特征值λ_1 及λ_2,它们对应的特征向量为 $\boldsymbol{u}_1$ 及 $\boldsymbol{u}_2$,则 $\boldsymbol{x}'(t)=\boldsymbol{A}\boldsymbol{x}(t)$ 的两个解是 $\boldsymbol{x}_1(t)=e^{\lambda_1 t}\boldsymbol{u}_1$ 与 $\boldsymbol{x}_2(t)=e^{\lambda_2 t}\boldsymbol{u}_2$. 且容易验证 $\boldsymbol{x}_1(t)$ 与 $\boldsymbol{x}_2(t)$ 的线性组合亦是解,因此

$$\boldsymbol{x}(t)=a_1\boldsymbol{x}_1(t)+a_2\boldsymbol{x}_2(t) \tag{7-32}$$

对任意选定的数 a_1 与 a_2,都是 $\boldsymbol{x}'(t)=\boldsymbol{A}\boldsymbol{x}(t)$ 的解.

最后,对 $\boldsymbol{x}'(t)=\boldsymbol{A}\boldsymbol{x}(t)$ 满足初值条件. $\boldsymbol{x}(0)=\boldsymbol{x}_0$,其中 $\boldsymbol{x}_0$ 是确定的向量构成的初值问题的求解. 已知 $\boldsymbol{x}_1(t)$ 及 $\boldsymbol{x}_2(t)$ 的形式,显然由式(7-32) 知

$$\boldsymbol{x}(0)=a_1\boldsymbol{u}_1+a_2\boldsymbol{u}_2$$

如果特征向量 $\boldsymbol{u}_1$ 及 $\boldsymbol{u}_2$ 线性无关,则我们总可以选择数 b_1 与 b_2,使得 $\boldsymbol{x}_0=b_1\boldsymbol{u}_1+b_2\boldsymbol{u}_2$;从而 $\boldsymbol{x}(t)=b_1\boldsymbol{x}_1(t)+b_2\boldsymbol{x}_2(t)$ 是初值问题 $\boldsymbol{x}'(t)=\boldsymbol{A}\boldsymbol{x}(t)$,$\boldsymbol{x}(0)=\boldsymbol{x}_0$ 的解.

例 2　求解初始问题

$$v'(t)=v(t)-2w(t),\quad v(0)=4$$
$$w'(t)=v(t)+4w(t),\quad w(0)=-3.$$

解　将已给方程写成向量形式

$$\boldsymbol{x}'(t)=\boldsymbol{A}\boldsymbol{x}(t),\quad \boldsymbol{x}(0)=\boldsymbol{x}_0.$$

其中
$$\boldsymbol{x}(t)=\begin{bmatrix}v(t)\\w(t)\end{bmatrix},\quad \boldsymbol{A}=\begin{bmatrix}1&-2\\1&4\end{bmatrix},\quad \boldsymbol{x}_0=\begin{bmatrix}4\\-3\end{bmatrix}$$

易知 $\boldsymbol{A}$ 的特征值为$\lambda_1=2$ 及$\lambda_2=3$,对应的特征向量为 $\boldsymbol{u}_1=[2,-1]^{\mathrm{T}}$ 与 $\boldsymbol{u}_2=[1,-1]^{\mathrm{T}}$. 于是

$$\boldsymbol{x}_1(t)=e^{2t}\boldsymbol{u}_1 \text{ 与 } \boldsymbol{x}_2(t)=e^{3t}\boldsymbol{u}_2$$

是 $\boldsymbol{x}'(t)=\boldsymbol{A}\boldsymbol{x}(t)$ 的解. 线性组合 $\boldsymbol{x}(t)=b_1\boldsymbol{x}_1(t)+b_2\boldsymbol{x}_2(t)$ 亦是解,下面仅需确定常数 b_1 及 b_2,使得 $\boldsymbol{x}(0)=\boldsymbol{x}_0$,而 $\boldsymbol{x}(0)=b_1\boldsymbol{u}_1+b_2\boldsymbol{u}_2$,由 $\boldsymbol{x}_0$ 得 $\boldsymbol{x}_0=\boldsymbol{u}_1+2\boldsymbol{u}_2$,所以所求初值问题的解为 $\boldsymbol{x}(t)=\boldsymbol{x}_1(t)+2\boldsymbol{x}_2(t)$,即

$$\boldsymbol{x}(t)=e^{2t}\boldsymbol{u}_1+2e^{3t}\boldsymbol{u}_2$$

用函数 u 及 w 表示为

$$\boldsymbol{x}(t)=\begin{bmatrix}v(t)\\w(t)\end{bmatrix}=e^{2t}\begin{bmatrix}2\\-1\end{bmatrix}+2e^{3t}\begin{bmatrix}1\\-1\end{bmatrix}=\begin{bmatrix}2e^{2t}+2e^{3t}\\-e^{2t}-2e^{3t}\end{bmatrix}.$$

一般地,如果已知初值问题

$$\boldsymbol{x}'(t)=\boldsymbol{A}\boldsymbol{x}(t),\quad \boldsymbol{x}(0)=\boldsymbol{x}_0. \tag{7-33}$$

其中 $\boldsymbol{A}$ 是 $n\times n$ 矩阵,按照上述方法,先求得 $\boldsymbol{A}$ 的特征值$\lambda_1,\cdots,\lambda_n$ 及对应的特征向量 $\boldsymbol{u}_1$, $\boldsymbol{u}_2,\cdots,\boldsymbol{u}_n$. 对每一个 i,$\boldsymbol{x}_i(t)=e^{\lambda_i t}\boldsymbol{u}_i$ 都是 $\boldsymbol{x}'(t)=\boldsymbol{A}\boldsymbol{x}(t)$ 的解. 同理,以下表达式

$$\boldsymbol{x}(t)=b_1\boldsymbol{x}_1(t)+b_2\boldsymbol{x}_2(t)+\cdots+b_n\boldsymbol{x}_n(t) \tag{7-34}$$

亦是其解. 且 $\boldsymbol{x}(0)=b_1\boldsymbol{u}_1+b_2\boldsymbol{u}_2+\cdots+b_n\boldsymbol{u}_n$. 于是,如果 $\boldsymbol{x}_0$ 能表示为 $\boldsymbol{u}_1,\boldsymbol{u}_2,\cdots,\boldsymbol{u}_n$ 的线性组合,则可以构造方程(7-33) 的形如式(7-34) 的解. 如果 $\boldsymbol{A}$ 的特征向量不是 $\mathbf{R}^n$ 的一组基,则仍可以通过广义特征向量的概念得到形如式(7-34) 的解.

7.4.3　二次曲线与二次曲面

当我们需要讨论多变量的二次方程的解集时,与二次型相关的概念是很有用的. 例如,

考虑 x 与 y 的一般二次方程

$$a_{11}x^2+a_{12}xy+a_{22}y^2+a_{13}x+a_{23}y+a_{33}=0 \tag{7-35}$$

其中，a_{11},a_{12},a_{22} 不全为零.

将看到与二次型相关的理论能通过特殊的变量变换消去方程(7-35)中的交叉乘积项.总可以用如下形式的变量变换

$$x=a_1u+a_2v,\quad y=b_1u+b_2v.$$

代入方程(7-35)，得新方程如下

$$a'_{11}u^2+a'_{22}v^2+a'_{13}u+a'_{23}v+a'_{33}=0 \tag{7-36}$$

如果方程(7-36)有解，则满足方程(7-36)的(u,v)定义 uOv 平面的一条曲线.由解析几何知识知方程(7-36)的解集定义了 uOv 平面上的下列曲线：

(1) 当 $a'_{11}a'_{22}>0$ 时，表示椭圆.

(2) 当 $a'_{11}a'_{22}<0$ 时，表示双曲线.

(3) 当 $a'_{11}a'_{22}=0$，但 a'_{11},a'_{22} 不全为零时，表示抛物线.

方程(7-35)的解集表示 xOy 平面上的一条曲线.

由于变量变换的特殊性质，通过式(7-36)定义的曲线的旋转，能得到式(7-35)的解集.

为方便研究，将方程(7-35)改写为

$$\boldsymbol{x}^{\mathrm{T}}\boldsymbol{A}\boldsymbol{x}+\boldsymbol{a}^{\mathrm{T}}\boldsymbol{x}+a_{33}=\boldsymbol{0}, \tag{7-37}$$

其中
$$\boldsymbol{x}=\begin{bmatrix}x\\y\end{bmatrix},\quad \boldsymbol{A}=\begin{bmatrix}a_{11} & \frac{a_{12}}{2}\\ \frac{a_{12}}{2} & a_{22}\end{bmatrix},\quad \boldsymbol{a}=\begin{bmatrix}a_{13}\\a_{23}\end{bmatrix}.$$

如果 $\boldsymbol{Q}$ 是使 $\boldsymbol{A}$ 对角化的正交阵，则变换 $\boldsymbol{x}=\boldsymbol{Q}\boldsymbol{y}$ 将消去式(7-35)中的交叉项.特别地，假设 $\boldsymbol{Q}^{\mathrm{T}}\boldsymbol{A}\boldsymbol{Q}=\boldsymbol{D}$，$\boldsymbol{D}$ 是对角阵. $\boldsymbol{x}=\boldsymbol{Q}\boldsymbol{y}$，式(7-37)成为

$$\boldsymbol{y}^{\mathrm{T}}\boldsymbol{D}\boldsymbol{y}+\boldsymbol{a}^{\mathrm{T}}\boldsymbol{Q}\boldsymbol{y}+a_{33}=\boldsymbol{0} \tag{7-38}$$

对 $\boldsymbol{y}=[u,v]^{\mathrm{T}}$，方程(7-38)具有简单的形式

$$\lambda_1u^2+\lambda_2v^2+a'_{13}u+a'_{23}v+a_{33}=0 \tag{7-39}$$

这里，λ_1 与 λ_2 是 $\boldsymbol{D}$ 的(1,1)元与(2,2)元.亦即 λ_1 与 λ_2 是 $\boldsymbol{A}$ 的特征值.

例 3 讨论及描绘下列方程的解集

$$x^2+4xy-2y^2+2\sqrt{5}x+4\sqrt{5}y-1=0 \tag{7-40}$$

解 将方程(7-40)写为 $\boldsymbol{x}^{\mathrm{T}}\boldsymbol{A}\boldsymbol{x}+\boldsymbol{a}\boldsymbol{x}+a_{33}=\boldsymbol{0}$，其中

$$\boldsymbol{x}=\begin{bmatrix}x\\y\end{bmatrix},\quad \boldsymbol{A}=\begin{bmatrix}1 & 2\\2 & -2\end{bmatrix},\quad \boldsymbol{a}=\begin{bmatrix}2\sqrt{5}\\4\sqrt{5}\end{bmatrix},\quad a_{33}=-1.$$

$\boldsymbol{A}$ 的特征值及对应的特征向量为 $\lambda_1=2,\boldsymbol{w}_1=a\begin{bmatrix}2\\1\end{bmatrix}$ 与 $\lambda_2=-3,\boldsymbol{w}_2=b\begin{bmatrix}1\\2\end{bmatrix}$. a,b 不为零.

由规范化特征向量构造使 $\boldsymbol{A}$ 对角化的正交阵 $\boldsymbol{Q}$ 为

$$\boldsymbol{Q}=\frac{1}{\sqrt{5}}\begin{bmatrix}1 & 2\\-2 & 1\end{bmatrix},\quad \boldsymbol{D}=\begin{bmatrix}-3 & 0\\0 & 2\end{bmatrix}.$$

且有
$$\boldsymbol{Q}^{\mathrm{T}}\boldsymbol{A}\boldsymbol{Q}=\boldsymbol{D}.$$

对 $\boldsymbol{y}=[u,v]^{\mathrm{T}}$，作变换 $\boldsymbol{x}=\boldsymbol{Q}\boldsymbol{y}$，则式(7-40)变为

$$2v^2-3u^2-6u+8v-1=0$$

配方得

$$\frac{(v+2)^2}{3}-\frac{(u+1)^2}{2}=1 \tag{7-41}$$

依解析几何知识知，方程(7-41) 定义了 uOv 平面上一条双曲线，其中心为$(-1,-2)$，顶点为$(-1,-2\pm\sqrt{3})$，焦点为$(-1,-2\pm\sqrt{13})$，如图 7-5 所示.

最后，图 7-6 表示 xOy 平面上方程(7-40) 的解集. 图 7-6 中的双曲线是图 7-5 中双曲线的一个旋转.

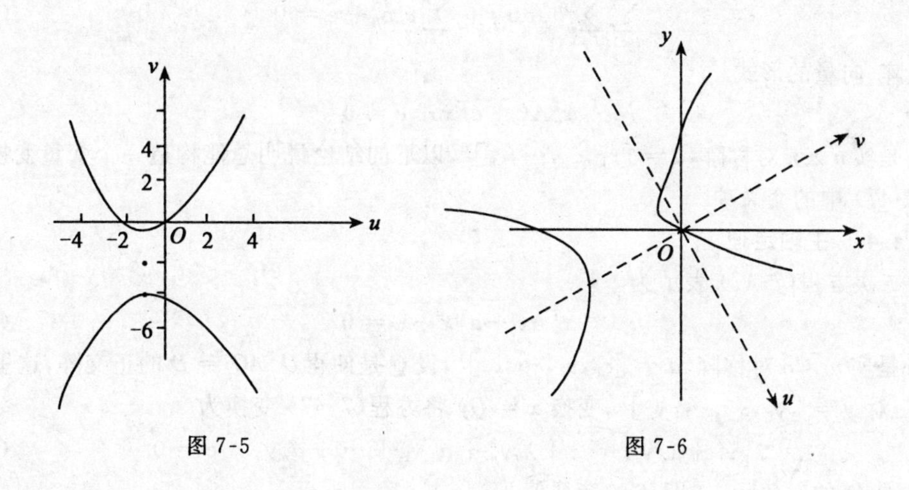

图 7-5　　　　图 7-6

对于多于两个变量的二次方程，所有交叉乘积项可以用上述方法消掉. 例如，考虑三个变量的一般二次方程

$$ax^2+by^2+cz^2+dxy+exy+fyz+px+qy+rz+s=0 \tag{7-42}$$

将其表示为矩阵、向量的形式

$$\boldsymbol{x}^{\mathrm{T}}\boldsymbol{A}\boldsymbol{x}+\boldsymbol{a}^{\mathrm{T}}\boldsymbol{x}+s=\boldsymbol{0} \tag{7-43}$$

其中

$$\boldsymbol{x}=\begin{bmatrix}x\\y\\z\end{bmatrix},\quad \boldsymbol{A}=\begin{bmatrix}a & \frac{d}{2} & \frac{e}{2}\\ \frac{d}{2} & b & \frac{f}{2}\\ \frac{e}{2} & \frac{f}{2} & c\end{bmatrix},\quad \boldsymbol{a}=\begin{bmatrix}p\\q\\r\end{bmatrix}$$

如果 $\boldsymbol{Q}$ 是使得 $\boldsymbol{Q}^{\mathrm{T}}\boldsymbol{A}\boldsymbol{Q}=\boldsymbol{D}$ 的正交阵. 其中 $\boldsymbol{D}$ 是对角阵，则变换 $\boldsymbol{x}=\boldsymbol{Q}\boldsymbol{y}$ 导致式(7-42) 成为

$$\boldsymbol{y}^{\mathrm{T}}\boldsymbol{D}\boldsymbol{y}+\boldsymbol{a}^{\mathrm{T}}(\boldsymbol{Q}\boldsymbol{y})+s=\boldsymbol{0} \tag{7-44}$$

对 $\boldsymbol{y}=[u,v,w]^{\mathrm{T}}$，方程(7-44) 不含交叉项且具有以下形式

$$\lambda_1u^2+\lambda_2v^2+\lambda_3w^2+p'u+q'v+r'w+s=0. \tag{7-45}$$

同样，$\lambda_1,\lambda_2,\lambda_3$ 是 $\boldsymbol{D}$ 的对角元，即 $\boldsymbol{A}$ 的特征值.

如果方程(7-45) 有实数解，则满足方程(7-45) 的三元数组(u,v,w) 将定义三维空间的一张曲面.称为二次曲面,详细的讨论及其图形在大多数微积分学教材中已有论述.

二次曲面的几何性质依赖于方程(7-45)中的λ_i及数p',q',r'和s.例如,考虑下列方程

$$\lambda_1 u^2+\lambda_2 v^2+\lambda_3 w^2=d, d>0 \tag{7-46}$$

如果λ_i都大于零,则方程(7-46)定义的曲面为一个椭球面.如果λ_i中之一为负而另两个为正,则曲面为单叶双曲面.如果λ_i中两个为负而另一个为正,则曲面为双叶双曲面.如果λ_i全为负,则方程(7-46)无实数解.方程(7-45)的解集确定的其他类型的曲面可以参考相关微积分学教材.

对于一般的n个变量的二次方程

$$\sum_{i=1}^{n}\sum_{j=1}^{n}b_{ij}x_i x_j+\sum_{i=1}^{n}c_i x_i+\mathrm{e}=0 \tag{7-47}$$

写成矩阵、向量的形式

$$\boldsymbol{x}^{\mathrm{T}}\boldsymbol{A}\boldsymbol{x}+\boldsymbol{a}^{\mathrm{T}}\boldsymbol{x}+\mathrm{e}=\boldsymbol{0}$$

其中$\boldsymbol{A}$是实$n\times n$对称阵,$\boldsymbol{a}=[c_1,c_2,\cdots,c_n]^{\mathrm{T}}$,以下的结论说明总能构造一个变量变换消去方程(7-47)中的交叉项.

7.4.4 主轴定理

设二次方程(7-47)表示为

$$\boldsymbol{x}^{\mathrm{T}}\boldsymbol{A}\boldsymbol{x}+\boldsymbol{a}^{\mathrm{T}}\boldsymbol{x}+\mathrm{e}=\boldsymbol{0} \tag{7-48}$$

其中$\boldsymbol{A}$是实$n\times n$对称阵,$\boldsymbol{a}=[c_1,c_2,\cdots,c_n]^{\mathrm{T}}$,设$\boldsymbol{Q}$是使得$\boldsymbol{Q}^{\mathrm{T}}\boldsymbol{A}\boldsymbol{Q}=\boldsymbol{D}$的正交阵,这里$\boldsymbol{D}$是对角阵.对$\boldsymbol{y}=[y_1,y_2,\cdots,y_n]^{\mathrm{T}}$,变换$\boldsymbol{x}=\boldsymbol{Q}\boldsymbol{y}$将方程(7-47)变换为

$$\lambda_1 y_1^2+\lambda_2 y_2^2+\cdots+\lambda_n y_n^2+d_1 y_1+\cdots+d_n y_n+\mathrm{e}=0 \tag{7-49}$$

其中λ_i是D的对角元,亦即$\boldsymbol{A}$的特征值.

7.4.5 微分方程组的对角化解法

1.微分方程组的形式解

前面对形如

$$\begin{cases}x'_1(t)=a_{11}x_1(t)+a_{12}x_2(t)+\cdots+a_{1n}x_n(t)\\ x'_2(t)=a_{21}x_1(t)+a_{22}x_2(t)+\cdots+a_{2n}x_n(t)\\ \quad\vdots\qquad\quad\vdots\qquad\qquad\vdots\qquad\qquad\quad\vdots\\ x'_n(t)=a_{n1}x_1(t)+a_{n2}x_2(t)+\cdots+a_{nn}x_n(t)\end{cases} \tag{7-50}$$

的微分方程组的解的问题作了简单的介绍.方程组(7-50)的解是同时满足以上方程的函数$x_1(t),x_2(t),\cdots,x_n(t)$的集合.

为将方程组(7-50)表示为矩阵形式,定义向量值函数$\boldsymbol{x}(t)$如下

$$\boldsymbol{x}(t)=[x_1(t),x_2(t),\cdots,x_n(t)]^{\mathrm{T}}.$$

于是方程组(7-50)可以写成

$$\boldsymbol{x}'(t)=\boldsymbol{A}\boldsymbol{x}(t) \tag{7-51}$$

其中向量$\boldsymbol{x}'(t)$及$n\times n$矩阵$\boldsymbol{A}$为

$$\boldsymbol{x}'(t)=\begin{bmatrix}x'_1(t)\\x'_2(t)\\\vdots\\x'_n(t)\end{bmatrix},\quad \boldsymbol{A}=\begin{bmatrix}a_{11}&a_{12}&\cdots&a_{1n}\\a_{21}&a_{22}&\cdots&a_{2n}\\\vdots&\vdots&\cdots&\vdots\\a_{n1}&a_{n2}&\cdots&a_{nn}\end{bmatrix}.$$

关于方程组 $\boldsymbol{x}'=\boldsymbol{A}\boldsymbol{x}$ 的通解，类似于前面的讨论，假设 $\boldsymbol{x}'=\boldsymbol{A}\boldsymbol{x}$ 具有形式解

$$\boldsymbol{x}(t)=\mathrm{e}^{\lambda t}\boldsymbol{u} \tag{7-52}$$

微分得 $\boldsymbol{x}'(t)=\lambda\mathrm{e}^{\lambda t}\boldsymbol{u}$. 因此，代入试探解(7-52)得

$$\lambda\mathrm{e}^{\lambda t}\boldsymbol{u}=\boldsymbol{A}\mathrm{e}^{\lambda t}\boldsymbol{u}$$

即

$$\mathrm{e}^{\lambda t}[\boldsymbol{A}\boldsymbol{u}-\lambda\boldsymbol{u}]=\boldsymbol{0} \tag{7-53}$$

因为 $\mathrm{e}^{\lambda t}\neq 0$，由式(7-53)知，$\boldsymbol{x}(t)=\mathrm{e}^{\lambda t}\boldsymbol{u}$ 是 $\boldsymbol{x}'=\boldsymbol{A}\boldsymbol{x}$ 的非平凡解当且仅当 λ 是 $\boldsymbol{A}$ 的特征值，$\boldsymbol{u}$ 是对应的特征向量.

一般地，设 $n\times n$ 矩阵 $\boldsymbol{A}$ 有特征值 $\lambda_1,\lambda_2,\cdots,\lambda_n$，及对应的特征向量为 $\boldsymbol{u}_1,\boldsymbol{u}_2,\cdots,\boldsymbol{u}_n$. 则向量值函数 $\boldsymbol{x}_1(t)=\mathrm{e}^{\lambda_1 t}\boldsymbol{u}_1,\boldsymbol{x}_2(t)=\mathrm{e}^{\lambda_2 t}\boldsymbol{u}_2,\cdots,\boldsymbol{x}_n(t)=\mathrm{e}^{\lambda_n t}\boldsymbol{u}_n$ 是 $\boldsymbol{x}'=\boldsymbol{A}\boldsymbol{x}$ 的解. 进一步，易证 $\boldsymbol{x}_1(t),\boldsymbol{x}_2(t),\cdots,\boldsymbol{x}_n(t)$ 的线性组合也是其解. 即

$$\boldsymbol{x}(t)=a_1\mathrm{e}^{\lambda_1 t}\boldsymbol{u}_1+a_2\mathrm{e}^{\lambda_2 t}\boldsymbol{u}_2+\cdots+a_n\mathrm{e}^{\lambda_n t}\boldsymbol{u}_n \tag{7-54}$$

对任意选定的数 $a_1,a_2,\cdots,a_n$，是 $\boldsymbol{x}'=\boldsymbol{A}\boldsymbol{x}$ 的解.

综合以上，设 $\boldsymbol{A}$ 是 $n\times n$ 非亏秩阵，且有线性无关的特征向量 $\boldsymbol{u}_1,\boldsymbol{u}_2,\cdots,\boldsymbol{u}_n$. 则 $\boldsymbol{x}(t)$ 是 $\boldsymbol{x}'=\boldsymbol{A}\boldsymbol{x}$ 的解当且仅当 $\boldsymbol{x}(t)$ 具有形式(7-54). 称为 $\boldsymbol{x}'=\boldsymbol{A}\boldsymbol{x}$ 的通解.

例 4 将微分方程组写成 $\boldsymbol{x}'=\boldsymbol{A}\boldsymbol{x}$ 的形式，并求其通解：

$$u'=3u+v-w,\ v'=12u-5w,\ w'=4u+2v-w.$$

解 设

$$\boldsymbol{x}(t)=\begin{bmatrix}u(t)\\v(t)\\w(t)\end{bmatrix},\quad \boldsymbol{A}=\begin{bmatrix}3&1&-1\\12&0&-5\\4&2&-1\end{bmatrix}.$$

则所给方程组具 $\boldsymbol{x}'=\boldsymbol{A}\boldsymbol{x}$ 的形式. $\boldsymbol{A}$ 的特征值为 $\lambda_1=-1,\lambda_2=1,\lambda_3=2$，对应的特值向量为

$$\boldsymbol{u}_1=\begin{bmatrix}1\\-2\\2\end{bmatrix},\quad \boldsymbol{u}_2=\begin{bmatrix}3\\1\\7\end{bmatrix},\quad \boldsymbol{u}_3=\begin{bmatrix}1\\1\\2\end{bmatrix}.$$

因此，所求通解为

$$\boldsymbol{x}(t)=a_1\mathrm{e}^{-t}\boldsymbol{u}_1+a_2\mathrm{e}^{t}\boldsymbol{u}_2+a_3\mathrm{e}^{2t}\boldsymbol{u}_3=a_1\mathrm{e}^{-t}\begin{bmatrix}1\\-2\\2\end{bmatrix}+a_2\mathrm{e}^{t}\begin{bmatrix}3\\1\\7\end{bmatrix}+a_3\mathrm{e}^{2t}\begin{bmatrix}1\\1\\2\end{bmatrix}.$$

或 $u(t)=a_1\mathrm{e}^{-t}+3a_2\mathrm{e}^{t}+a_3\mathrm{e}^{2t},v(t)=-2a_1\mathrm{e}^{-t}+a_2\mathrm{e}^{t}+a_3\mathrm{e}^{2t},w(t)=2a_1\mathrm{e}^{-t}+7a_2\mathrm{e}^{t}+2a_3\mathrm{e}^{2t}$
其中 a_1,a_2,a_3 是任意实数.

在实际应用中，类似于微分方程，往往给定初值条件，像这样的问题

$$\boldsymbol{x}'(t)=\boldsymbol{A}\boldsymbol{x}(t),\quad \boldsymbol{x}(0)=\boldsymbol{x}_0 \tag{7-55}$$

被称为初值问题. 即设 $\boldsymbol{x}_0$ 是已知初始向量. 则在 $\boldsymbol{x}'=\boldsymbol{A}\boldsymbol{x}$ 的全部解中，需求得满足初值条件 $\boldsymbol{x}(0)=\boldsymbol{x}_0$ 的特解.

当 $\boldsymbol{A}$ 非亏秩时，求解初值问题(7-55)是容易的. 事实上，$\boldsymbol{x}'=\boldsymbol{A}\boldsymbol{x}$ 的每一个解都具有式(7-54)的形式，从而有

$$\boldsymbol{x}(0)=a_1\boldsymbol{u}_1+a_2\boldsymbol{u}_2+\cdots+a_n\boldsymbol{u}_n \tag{7-56}$$

又因为特征向量 $\boldsymbol{u}_1,\boldsymbol{u}_2,\cdots,\boldsymbol{u}_n$ 线性无关，总可以选取数 $\alpha_1,\alpha_2,\cdots,\alpha_n$ 使得

$$x_0 = \alpha_1 u_1 + \alpha_2 u_2 + \cdots + \alpha_n u_n$$

因此
$$x(t) = \alpha_1 e^{\lambda_1 t} u_1 + \alpha_2 e^{\lambda_2 t} u_2 + \cdots + \alpha_n e^{\lambda_n t} u_n \tag{7-57}$$

是 $x' = Ax, x(0) = x_0$ 的惟一解.

例 5 求解初值问题 $x' = Ax, x(0) = x_0$,其中

$$A = \begin{bmatrix} 3 & 1 & -1 \\ 12 & 0 & -5 \\ 4 & 2 & -1 \end{bmatrix}, \quad x_0 = \begin{bmatrix} 7 \\ -3 \\ 16 \end{bmatrix}.$$

解 由例 4 知,$x' = Ax$ 的通解为

$$x(t) = a_1 e^{-t} u_1 + a_2 e^t u_2 + a_3 e^{2t} u_3$$

其中

$$u_1 = \begin{bmatrix} 1 \\ -2 \\ 2 \end{bmatrix}, \quad u_2 = \begin{bmatrix} 3 \\ 1 \\ 7 \end{bmatrix}, \quad u_3 = \begin{bmatrix} 1 \\ 1 \\ 2 \end{bmatrix}.$$

代入初值条件 $x(0) = x_0$,有 $a_1 u_1 + a_2 u_2 + a_3 u_3 = x_0$,即

$$a_1 \begin{bmatrix} 1 \\ -2 \\ 2 \end{bmatrix} + a_2 \begin{bmatrix} 3 \\ 1 \\ 7 \end{bmatrix} + a_3 \begin{bmatrix} 1 \\ 1 \\ 2 \end{bmatrix} = \begin{bmatrix} 7 \\ -3 \\ 16 \end{bmatrix}.$$

解之得,$a_1 = 2, a_2 = 2, a_3 = -1$. 故所求初值问题的特解为

$$x(t) = 2e^{-t} \begin{bmatrix} 1 \\ -2 \\ 2 \end{bmatrix} + 2e^t \begin{bmatrix} 3 \\ 1 \\ 7 \end{bmatrix} - e^{2t} \begin{bmatrix} 1 \\ 1 \\ 2 \end{bmatrix} = \begin{bmatrix} 2e^{-t} + 6e^t - e^{2t} \\ -4e^{-t} + 2e^t - e^{2t} \\ 4e^{-t} + 14e^t - 2e^{2t} \end{bmatrix}$$

2. 微分方程组的对角化解法

式(7-54) 表明:如果 $n \times n$ 矩阵 A 有 n 个线性无关的特征向量,则 $x' = Ax$ 的通解由下式给出

$$\begin{aligned} x(t) &= b_1 x_1(t) + b_2 x_2(t) + \cdots + b_n x_n(t) \\ &= b_1 e^{\lambda_1 t} u_1 + b_2 e^{\lambda_2 t} u_2 + \cdots + b_n e^{\lambda_n t} u_2 \end{aligned} \tag{7-58}$$

现在,若已知 A 有 n 个线性无关的特征向量. 则 $x'(t) = Ax(t)$ 的解也能用对角化法来描述. 这种求解过程有其优点,特别适用于形如 $x'(t) = Ax(t) + f(t)$ 的非齐次方程组.

设 A 是 $n \times n$ 矩阵且有 n 个线性无关的特征向量. 则 A 可以对角化. 特别地,设

$$S^{-1} A S = D$$

D 是对角阵. 其次,考虑方程 $x'(t) = Ax(t)$. 作变换

$$x(t) = Sy(t)$$

则方程 $x'(t) = Ax(t)$ 化为

$$Sy'(t) = ASy(t)$$

即
$$y'(t) = S^{-1} ASy(t) = Dy(t) \tag{7-59}$$

因为 D 是对角阵,方程(7-59) 具有形式

$$\begin{bmatrix} y'_1(t) \\ y'_2(t) \\ \vdots \\ y'_n(t) \end{bmatrix} = \begin{bmatrix} \lambda_1 & & & O \\ & \lambda_2 & & \\ & & \ddots & \\ O & & & \lambda_n \end{bmatrix} \begin{bmatrix} y_1(t) \\ y_2(t) \\ \vdots \\ y_n(t) \end{bmatrix} \tag{7-60}$$

由以上方程可知分量函数 $y_i(t)$(满足关系)

$$y'_i(t) = \lambda_i y_i(t), \quad 1 \leqslant i \leqslant n$$

于是,由于纯量方程 $w' = \lambda w$ 的通解为 $w(t) = Ce^{\lambda t}$,从而

$$y_i(t) = C_i e^{\lambda_i t}, \quad 1 \leqslant i \leqslant n$$

所以,$\boldsymbol{y}'(t) = \boldsymbol{D}\boldsymbol{y}(t)$ 的通解为

$$\boldsymbol{y}(t) = [c_1 e^{\lambda_1 t}, c_2 e^{\lambda_2 t}, \cdots, c_n e^{\lambda_n t}]^{\mathrm{T}} \tag{7-61}$$

其中 $c_1, c_2, \cdots, c_n$ 为任意常数,对 $\boldsymbol{x}(t)$,有 $\boldsymbol{x}(t) = \boldsymbol{S}\boldsymbol{y}(t)$ 及 $\boldsymbol{x}(0) = \boldsymbol{S}\boldsymbol{y}(0)$,这里 $\boldsymbol{y}(0) = [c_1, c_2, \cdots, c_n]^{\mathrm{T}}$. 对初值问题 $\boldsymbol{x}'(t) = \boldsymbol{A}\boldsymbol{x}(t), \boldsymbol{x}(0) = \boldsymbol{x}_0$,可以选取 $c_1, c_2, \cdots, c_n$ 使得 $\boldsymbol{S}\boldsymbol{y}(0) = \boldsymbol{x}_0$,或 $\boldsymbol{y}(0) = \boldsymbol{S}^{-1}\boldsymbol{x}_0$.

例 6　利用对角化方法求解初值问题:

$$\begin{aligned} u'(t) &= -2u(t) + v(t) + w(t), \quad u(0) = 1 \\ v'(t) &= u(t) - 2v(t) + w(t), \quad v(0) = 3 \\ w'(t) &= u(t) + v(t) - 2w(t), \quad w(0) = -1. \end{aligned}$$

解　首先把初值问题写成 $\boldsymbol{x}'(t) = \boldsymbol{A}\boldsymbol{x}(t), \boldsymbol{x}(0) = \boldsymbol{x}_0$,其中

$$\boldsymbol{x}(t) = \begin{bmatrix} u(t) \\ v(t) \\ w(t) \end{bmatrix}, \quad \boldsymbol{A} = \begin{bmatrix} -2 & 1 & 1 \\ 1 & -2 & 1 \\ 1 & 1 & -2 \end{bmatrix}, \quad \boldsymbol{x}_0 = \begin{bmatrix} 1 \\ 3 \\ -1 \end{bmatrix}.$$

$\boldsymbol{A}$ 的特征值及特征向量为

$$\lambda_1 = 0, \quad \boldsymbol{u}_1 = \begin{bmatrix} 1 \\ 1 \\ 1 \end{bmatrix}; \quad \lambda_2 = -3, \quad \boldsymbol{u}_2 = \begin{bmatrix} 1 \\ 0 \\ -1 \end{bmatrix}; \quad \lambda_3 = -3, \quad \boldsymbol{u}_3 = \begin{bmatrix} 1 \\ -1 \\ 0 \end{bmatrix}$$

因此,可以选取

$$\boldsymbol{S} = [\boldsymbol{u}_1, \boldsymbol{u}_2, \boldsymbol{u}_3] = \begin{bmatrix} 1 & 1 & 1 \\ 1 & 0 & -1 \\ 1 & -1 & 0 \end{bmatrix}$$

可以使得

$$\boldsymbol{S}^{-1}\boldsymbol{A}\boldsymbol{S} = \boldsymbol{D} = \begin{bmatrix} 0 & & 0 \\ & -3 & \\ 0 & & -3 \end{bmatrix}.$$

其次,解方程 $\boldsymbol{y}'(t) = \boldsymbol{D}\boldsymbol{y}(t)$,得

$$\boldsymbol{y}(t) = \begin{bmatrix} c_1 \\ c_2 e^{-3t} \\ c_3 e^{-3t} \end{bmatrix}$$

由 $\boldsymbol{x}(t) = \boldsymbol{S}\boldsymbol{y}(t)$,得

$$x(t)=\begin{bmatrix}c_1+c_2e^{-3t}+c_3e^{-3t}\\c_1 \qquad -c_3e^{-3t}\\c_1-c_2e^{-3t}\end{bmatrix}$$

为满足初值条件 $x(0)=x_0=[1,3,-1]^T$，选取 $c_1=1, c_2=2, c_3=-2$，故

$$x(t)=\begin{bmatrix}u(t)\\v(t)\\w(t)\end{bmatrix}=\begin{bmatrix}1\\1+2e^{-3t}\\1-2e^{-3t}\end{bmatrix}$$

对充分大的 t，$x(t)\approx[1,1,1]^T$.

习题 7.4

1. 已知向量序列 $\{x_k\}$，其中 $x_k=Ax_{k-1}, k=1,2,\cdots$，对已知初始向量 x_0，计算 x_1, x_2, x_3 及 x_4.

(1) $A=\begin{bmatrix}0&1\\1&0\end{bmatrix}, x_0=\begin{bmatrix}2\\4\end{bmatrix}$； (2) $A=\begin{bmatrix}1&4\\1&1\end{bmatrix}, x_0=\begin{bmatrix}-1\\2\end{bmatrix}$.

2. 设 $x_k=Ax_{k-1}, k=1,2,\cdots$，利用式(7-27)求 x_k 的表达式并计算 x_4 与 x_{10}，讨论 $\lim\limits_{k\to\infty}x_k$，其中

$$A=\begin{bmatrix}3&-1&-1\\-12&0&5\\4&-2&-1\end{bmatrix},\quad x_0=\begin{bmatrix}3\\-14\\8\end{bmatrix}.$$

3. 求解下列初值问题

$$u'(t)=5u(t)-6v(t), u(0)=4,$$
$$v'(t)=3u(t)-4v(t), v(0)=1.$$

4. 将下列微分方程组写成 $x'(t)=Ax(t)$ 的形式，将其通解表示为式(7-54)的形式. 并确定满足已知初值条件的特解：

(1) $\begin{aligned}u'(t)&=5u(t)-2v(t)\\v'(t)&=6u(t)-2v(t)\end{aligned}, x_0=\begin{bmatrix}5\\8\end{bmatrix}$；

(2) $\begin{aligned}u'(t)&=4u(t)+w(t),\\v'(t)&=-2u(t)+v(t),\\w'(t)&=-2u(t)+w(t),\end{aligned}\quad x_0=\begin{bmatrix}-1\\1\\0\end{bmatrix}.$

MATLAB 习题

1. 特征向量的几何解释：

设 $x=(x_1,x_2)^T, y=(y_1,y_2)^T\in\mathbf{R}^2$. 以下的 MATLAB 命令给出了 x 与 y 的几何表示

plot{[0,x(1)],[0,x(2)],[0,y(1)],[0,y(2)]} (1)

(特殊地，命令 plot([0,x(1)],[0,x(2)]) 绘出从原点(0,0)到点(x(1),x(2))的直线，这条直线是向量 x 的几何表示. 而命令(1)绘出两条直线，分别代表 x 与 y.

(1) 设 A 是 2×2 矩阵：$A=\begin{bmatrix}3&7\\1&3\end{bmatrix}$.

对下列向量 x，利用命令(1) 绘出 x 与 $y = Ax$. 哪一个向量 x 是 A 的特征向量？通过 MATLAB 作出的几何解释告诉了我们什么？

(i) $x = \begin{bmatrix} 0.3536 \\ 0.9354 \end{bmatrix}$；(ii) $x = \begin{bmatrix} 0.9354 \\ 0.3536 \end{bmatrix}$；

(iii) $x = \begin{bmatrix} -0.3536 \\ 0.9354 \end{bmatrix}$；(iv) $x = \begin{bmatrix} -0.9354 \\ 0.3536 \end{bmatrix}$.

(2) 设 λ 是 A 的特征值，x 是其对应的特征向量. 则

$$\frac{(Ax)^{\mathrm{T}}x}{x^{\mathrm{T}}x} = \frac{(\lambda x)^{\mathrm{T}}x}{x^{\mathrm{T}}x} = \frac{\lambda x^{\mathrm{T}}x}{x^{\mathrm{T}}x} = \lambda. \tag{2}$$

表达式 $\frac{(Au)^{\mathrm{T}}u}{u^{\mathrm{T}}u}$ 称为 Rayleigh 商. 因此，式(2) 表明如果 u 是 A 的特征向量，则 Rayleigh 商之值与对应于 u 的特征值相等.

对(1) 中求得的每一个特征向量，利用 MATLAB 计算其 Rayleigh 商，并由此确定对应的特征值. 比较 Ax 与 λx 检验计算结果.

(3) 对以下矩阵 A 及(i) ～ (iv) 中给定的向量，重复练习(1) 与(2)：$A = \begin{bmatrix} 1 & 3 \\ 1 & 1 \end{bmatrix}$.

(i) $x = \begin{bmatrix} -0.8660 \\ 0.5000 \end{bmatrix}$；(ii) $x = \begin{bmatrix} 0.5000 \\ 0.8660 \end{bmatrix}$；

(iii) $x = \begin{bmatrix} -0.5000 \\ 0.8660 \end{bmatrix}$；(iv) $x = \begin{bmatrix} -0.8660 \\ 0.5000 \end{bmatrix}$.

2. 优势(主) 特征值

如果 λ 是矩阵 A 的特征值，β 是 A 的任一特征值，若 $|\lambda| > |\beta|$，则 λ 称为 A 的优势特征值(或主特征值). 该练习将说明 A 的幂与初始向量 x_0 的乘积如何按优势特征向量进行排列.

$$x_1 = Ax_0, \quad x_2 = Ax_1, \cdots, x_k = Ax_{k-1}, \cdots \tag{3}$$

在微分方程及马尔可夫链应用中，已看到优势特征值如何决定微分方程的稳态解. 而相反的过程称为幂方法，即方程的稳态解估计用于估计优势特征值与特征向量.

上述练习重点从数值上和图解上说明序列(3) 是如何按优势特征向量进行排列的. 作为引例，设 A 是 3×3 矩阵具有特征值 $\lambda_1, \lambda_2, \lambda_3$ 及对应的特征向量 u_1, u_2, u_3. 进一步，设 λ_1 是优势特征值. 序列(3) 中第 k 项可以表示为 $x_k = A^k x_0$. 再设 x_0 能表示为特征向量的线性组合

$$x_0 = c_1 u_1 + c_2 u_2 + c_3 u_3$$

于是有

$$x_k = c_1 \lambda_1^k u_1 + c_2 \lambda_2^k u_2 + c_3 \lambda_3^k u_3$$

即

$$x_k = c_1 \lambda_1^k \left(u_1 + \frac{c_2}{c_1} \left(\frac{\lambda_2}{\lambda_1} \right)^k u_2 + \frac{c_3}{c_1} \left(\frac{\lambda_3}{\lambda_1} \right)^k u_3 \right) \tag{4}$$

由于 λ_1 是优势特征值，所以由式(4) 知 x_k 是按优势特征向量 u_1 的方向进行排列的.

公式(4) 可以从两个不同方式来应用，即对给定的初始向量 x_0，我们可以用式(4) 对稳态向量 x_k 在某一未来时刻 t_k 进行估计. 反过来，已知矩阵 A，我们可以计算序列(3)，并且利用式(4) 估计优势特征值.

(1) 设有矩阵 $\boldsymbol{A}$ 及初始向量 $\boldsymbol{x}_0$ 如下

$$\boldsymbol{A}=\begin{bmatrix}3 & -1 & -1\\ -12 & 0 & 5\\ 4 & -2 & -1\end{bmatrix},\quad \boldsymbol{x}_0=\begin{bmatrix}1\\1\\1\end{bmatrix}.$$

应用 MATLAB 生成 $\boldsymbol{x}_1,\boldsymbol{x}_2,\cdots\boldsymbol{x}_{10}$.（勿需使用带下标向量，可以重复使用命令：$\boldsymbol{x}=\boldsymbol{A}*\boldsymbol{x}$10 次，每次执行该赋值语句时 $\boldsymbol{x}$ 由 $\boldsymbol{Ax}$ 替换）. 将看到向量 $\boldsymbol{x}_k$ 按某一确定方向进行排列. 为方便验证这一方向，由 $\boldsymbol{x}_{10}$ 的第一个分量来除 x_{10} 的每一分量. 计算序列中向量 $\boldsymbol{x}_{11},\boldsymbol{x}_{12},\boldsymbol{x}_{13}$，并规范化. 思考 $\boldsymbol{A}$ 的优势特征值应是怎样的.

(2) 由公式(4) 可知 $\boldsymbol{x}_{k+1}\approx\lambda_1\boldsymbol{x}_k$. 利用该近似公式及(1) 的结果对 $\boldsymbol{A}$ 的优势特征值进行估计.

(3) 从(1) 中可知，由序列(3) 生成的向量当优势特征值的绝对值大于1时，其分量越来越大. 为避免分量过大，通常将序列中向量规范化. 于是，常用生成下列单位向量的序列代替序列(3)

$$\boldsymbol{x}_1=\frac{\boldsymbol{Ax}_0}{\|\boldsymbol{Ax}_0\|},\quad \boldsymbol{x}_2=\frac{\boldsymbol{Ax}_1}{\|\boldsymbol{Ax}_1\|},\cdots,\boldsymbol{x}_k=\frac{\boldsymbol{Ax}_{k-1}}{\|\boldsymbol{Ax}_{k-1}\|}\cdots \tag{5}$$

修正后的公式(3) 表明规范化的序列(5) 同样按优势特征向量进行排列. 应用(5) 重复练习(1) 并观察所求得的优势特征值是相同的.

(4) 该练习从图解上阐述了练习(1) ～(3) 中的概念. 考虑以下的矩阵 $\boldsymbol{A}$ 及初始向量 $\boldsymbol{x}_0$

$$\boldsymbol{A}=\begin{bmatrix}2.8 & -1.6\\ -1.6 & 5.2\end{bmatrix},\quad \boldsymbol{x}_0=\begin{bmatrix}\frac{1}{\sqrt{2}}\\ \frac{1}{\sqrt{2}}\end{bmatrix}$$

应用 MATLAB 计算由式(5) 定义的向量序列. 为给序列中每一项几何解释，可以用以下 MATLAB 命令：

$\boldsymbol{x}=[1,1]^1$

$\boldsymbol{x}=\dfrac{\boldsymbol{x}}{\text{norm}(\boldsymbol{x})}$

plot([0,x(1)],[0,x(2)])

hold

$\boldsymbol{x}=\boldsymbol{A}*\boldsymbol{x}/\text{norm}(A*x)$

plot([0,x(1)],[0,x(2)])

$\boldsymbol{x}=\boldsymbol{A}*\boldsymbol{x}/\text{norm}(A*x)$

plot([0,x(1)],[0,x(2)])

etc.

继续到序列趋于稳定为止.

3. 该练习给出了凯莱 - 哈米尔顿(Cayley-Hamilton) 定理一个具体的说明

利用MATLAB命令：$\boldsymbol{A}=$round(20 * rand(4,4)－10 * ones(4,4)). 首先生成一个元素的整数的随机选取的 4×4 矩阵，其次，应用 MATLAB命令 poly(**A**) 获得 **A** 的特征多项式的

系数;由命令 poly($\boldsymbol{A}$) 得到的向量给出了多项式 $y = P(t)$ 的系数,首先是 t^4 的系数,最后是常数项(t^0 的系数).

(1) 计算矩阵多项式 $P(A)$ 并验证这确实是 4×4 零阵;

(2) 凯雷 - 哈米尔顿定理能被用于非奇异矩阵的逆. 为此,设 $P(t) = t^4 + a_3t^3 + a_2t^2 + a_1t + a_0$,则如(1) 中所示

$$A^4 + a_3A^3 + a_2A^2 + a_1A + a_0I = \mathbf{0}. \tag{6}$$

若用 $\boldsymbol{A}^{-1}$ 乘式(6) 并解出 $\boldsymbol{A}^{-1}$,将得到用 $\boldsymbol{A}$ 的幂表示 $\boldsymbol{A}$ 的简单公式. 应用 MATLAB 实现这个结果并验证由 $\boldsymbol{A}$ 的幂形成的矩阵确实是 $\boldsymbol{A}$ 的逆阵;

(3) 利用(2) 中方程(6) 可以生成 $\boldsymbol{A}$ 的高次幂,例如,可以从式(6) 解出 $\boldsymbol{A}^4$ 而由 $\boldsymbol{I},\boldsymbol{A},\boldsymbol{A}^2$ 及 $\boldsymbol{A}^3$ 表示,再用 $\boldsymbol{A}$ 乘这个表达式即得 $\boldsymbol{A}^5$ 由 $\boldsymbol{A},\boldsymbol{A}^2,\boldsymbol{A}^3$ 及 $\boldsymbol{A}^4$ 表出的公式;但 $\boldsymbol{A}^4$ 也可以由 $\boldsymbol{I},\boldsymbol{A},\boldsymbol{A}^2$ 及 $\boldsymbol{A}^3$ 表出,故 $\boldsymbol{A}^5$ 显然可以由 $\boldsymbol{I},\boldsymbol{A},\boldsymbol{A}^2$ 及 $\boldsymbol{A}^3$ 表出,应用这个方法将 $\boldsymbol{A}^6$ 表示成 $\boldsymbol{I},\boldsymbol{A},\boldsymbol{A}^2$ 及 $\boldsymbol{A}^3$ 的线性组合,利用 MATLAB 直接生成 $\boldsymbol{A}^6$ 来检验计算结果.

总复习题一

一、填空题

1. 方程 $f(x)=\begin{vmatrix}1&1&1&1\\1&2&3&x\\1&2^2&3^2&x^2\\1&2^3&3^3&x^3\end{vmatrix}=0$ 的根是________.

2. 已知 $\boldsymbol{A}=\begin{pmatrix}1&1&0\\0&1&0\\0&0&1\end{pmatrix}$,$\boldsymbol{A}^*$ 为 $\boldsymbol{A}$ 的伴随矩阵,则 $(\boldsymbol{A}^*)^{-1}=$________.

3. 设 $\boldsymbol{A}$ 为正交矩阵且 $|\boldsymbol{A}|>0$,则 $|\boldsymbol{A}^T|=$________.

4. 已知 $\boldsymbol{\xi}=(1,1,-1)^T$ 为 $\boldsymbol{A}=\begin{pmatrix}2&-1&2\\5&a&3\\-1&b&-2\end{pmatrix}$ 的特征向量,则 $a=$________;$b=$________.

二、单项选择题

1. 设 $\boldsymbol{A}$ 是 n 阶方阵,k 是常数,若 $|\boldsymbol{A}|=a$,则 $|k\boldsymbol{A}\boldsymbol{A}^{\mathrm{T}}|=$________.

(A)ka^2　(B)k^2a　(C)k^2a^2　(D)k^na^2

2. 设 $\boldsymbol{A}=\begin{pmatrix}2&2&-2\\2&5&-4\\-2&-4&5\end{pmatrix}$,$\lambda_1,\lambda_2,\lambda_3$ 是 $\boldsymbol{B}=\boldsymbol{P}^{-1}\boldsymbol{A}\boldsymbol{P}$ 的三个特征值,则 $\lambda_1+\lambda_2+\lambda_3=$________.

(A)11　(B)5　(C)10　(D)12

3. 若 r 维向量组 $\boldsymbol{a}_1,\boldsymbol{a}_2,\cdots,\boldsymbol{a}_m$ 线性相关,$\boldsymbol{a}$ 为任一 r 维向量,则________.

(A)$\boldsymbol{a}_1,\boldsymbol{a}_2,\cdots,\boldsymbol{a}_m,\boldsymbol{a}$ 线性相关　(B)$\boldsymbol{a}_1,\boldsymbol{a}_2,\cdots,\boldsymbol{a}_m,\boldsymbol{a}$ 线性无关

(C)$\boldsymbol{a}_1,\boldsymbol{a}_2,\cdots,\boldsymbol{a}_m,\boldsymbol{a}$ 线性相关性不定　(D)$\boldsymbol{a}_1,\boldsymbol{a}_2,\cdots,\boldsymbol{a}_m,\boldsymbol{a}$ 中一定有零向量

4. n 元齐次方程组 $\boldsymbol{A}\boldsymbol{x}=\boldsymbol{0}$ 有非零解的充分必要条件是________.

(A)$R(\boldsymbol{A})\leqslant n$　(B)$R(\boldsymbol{A})<n$　(C)$R(\boldsymbol{A})\geqslant n$　(D)$R(\boldsymbol{A})>n$

三、计算行列式 $\begin{vmatrix}0&\cdots&0&1&0\\0&\cdots&2&0&0\\\vdots&\cdots&\vdots&\vdots&\vdots\\n-1&\cdots&0&0&0\\0&\cdots&0&0&n\end{vmatrix}$.

四、已知 $\boldsymbol{AP}=\boldsymbol{PB}$，若 $\boldsymbol{B}=\begin{pmatrix}1&0&0\\0&0&0\\0&0&-1\end{pmatrix}$，$\boldsymbol{P}=\begin{pmatrix}1&0&0\\2&-1&0\\2&1&1\end{pmatrix}$，试求 $\boldsymbol{A}$ 及 $\boldsymbol{A}^5$.

五、设矩阵 $\boldsymbol{A}=\begin{pmatrix}0&1&0&0\\1&0&0&0\\0&0&y&1\\0&0&1&2\end{pmatrix}$ 的一个特征值为 3，试求 y.

六、设方阵 $\boldsymbol{A}=(\boldsymbol{\alpha}_1,\boldsymbol{\beta}_1,\boldsymbol{\beta}_2,\boldsymbol{\beta}_3)$，$\boldsymbol{B}=(\boldsymbol{\alpha}_2,\boldsymbol{\beta}_1,\boldsymbol{\beta}_2,\boldsymbol{\beta}_3)$，且 $|\boldsymbol{A}|=1$，$|\boldsymbol{B}|=4$，试求 $|\boldsymbol{A}+\boldsymbol{B}|$.

七、设向量组 $\boldsymbol{\alpha}_1,\boldsymbol{\alpha}_2,\boldsymbol{\alpha}_3$ 线性相关，向量组 $\boldsymbol{\alpha}_2,\boldsymbol{\alpha}_3,\boldsymbol{\alpha}_4$ 线性无关，

(1)$\boldsymbol{\alpha}_1$ 是否可以由 $\boldsymbol{\alpha}_2,\boldsymbol{\alpha}_3$ 线性表示？(2)$\boldsymbol{\alpha}_4$ 是否可以由 $\boldsymbol{\alpha}_1,\boldsymbol{\alpha}_2,\boldsymbol{\alpha}_3$ 线性表示？试证明你的结论.

八、已知二次型 $f=2x_1^2+3x_2^2+3x_3^2+2ax_2x_3\ (a>0)$，通过正交变换化成标准形

$$f=y_1^2+2y_2^2+5y_3^2$$

试求参数 a 及所用的正交变换矩阵.

九、设方程组

$$\begin{cases}a_{11}x_1+a_{12}x_2+\cdots+a_{1n}x_n=0\\a_{21}x_1+a_{22}x_2+\cdots+a_{2n}x_n=0\\\quad\vdots\qquad\quad\vdots\qquad\quad\cdots\qquad\vdots\\a_{n-1,1}x_1+a_{n-1,2}x_2+\cdots+a_{n-1,n}x_n=0\end{cases}$$

的系数矩阵为 $\boldsymbol{A}_{(n-1)\times n}$，$\boldsymbol{M}_i$ 是划去第 i 列后的$n-1$ 阶方阵的行列式.

(1) 证明$(\boldsymbol{M}_1,-\boldsymbol{M}_2,\cdots,(-1)^{n+1}\boldsymbol{M}_n)$ 是方程组的解；

(2) 证明若 $R(\boldsymbol{A})=n-1$，则方程组的通解是$(\boldsymbol{M}_1,-\boldsymbol{M}_2,\cdots,(-1)^{n+1}\boldsymbol{M}_n)$ 的倍数.

总复习题二

一、填空题

1. 已知 $\boldsymbol{A}=\begin{pmatrix}1&1&1&1\\1&1&-1&-1\\1&-1&1&-1\\1&-1&-1&1\end{pmatrix}$，则$(\boldsymbol{A}^*)^{-1}=$________.

2. 已知方程组 $\begin{cases}\lambda x_1+x_2+x_3=1\\x_1+\lambda x_2+x_3=\lambda\\x_1+x_2+\lambda x_3=\lambda^2\end{cases}$ 有惟一解，则 $\lambda\neq$________.

3. 已知三阶矩阵 $\boldsymbol{A}$ 的特征值为 $1,-1,2$，则 $|\boldsymbol{B}|=|\boldsymbol{A}^3-5\boldsymbol{A}^2|=$________.

4. 已知对不全为零的任何实数 x,y,z $f(x,y,z)=-5x^2-6y^2-4z^2+2axy+2axz$ 都小于零，则 a 的取值范围是________.

二、单项选择题

1. 设 $\boldsymbol{A},\boldsymbol{B}$ 是 n 阶方阵，且 $\boldsymbol{A}^{\mathrm{T}}=-\boldsymbol{A},\boldsymbol{B}^{\mathrm{T}}=\boldsymbol{B}$，则下列命题正确的是________.

(A)$(\boldsymbol{A}+\boldsymbol{B})^{\mathrm{T}}=\boldsymbol{A}+\boldsymbol{B}$.　(B)$(\boldsymbol{AB})^{\mathrm{T}}=-\boldsymbol{AB}$.　(C)$\boldsymbol{A}^2$ 是对称阵.　(D)$\boldsymbol{A}+\boldsymbol{B}^2$ 是对称阵.

2. 设 $\boldsymbol{A}$ 为 n 阶方阵，下列条件中哪一个不是 $\boldsymbol{A}$ 可逆的充分必要条件________.

(A) 齐次方程组 $\boldsymbol{Ax}=\boldsymbol{0}$ 只有零解　(B) $|\boldsymbol{AA}^{\mathrm{T}}|\neq 0$

(C)$\boldsymbol{A}$ 可以表示为一些初等矩阵的乘积　(D)$\boldsymbol{A}$ 为正定矩阵

3. 向量组 Ⅰ：其中 $\boldsymbol{a}_i=(a_{i1},a_{i2},\cdots,a_{in}),i=1,2,\cdots,m$. Ⅱ：$\boldsymbol{a}_{i_1},\boldsymbol{a}_{i_2},\cdots,\boldsymbol{a}_{i_k}$ 为向量组 Ⅰ 的部分向量组；Ⅲ：$\boldsymbol{\beta}_i=(b_i,a_{i1},a_{i2},\cdots,a_{in}),(i=1,2,\cdots,m)$.

则下列命题正确的是________.

(A) Ⅰ 线性相关，则 Ⅱ 线性相关　(B) Ⅲ 线性相关，则 Ⅱ 线性相关

(C) Ⅰ 线性相关，则 Ⅲ 线性相关　(D) Ⅱ 线性相关，则 Ⅰ 线性相关

三、已知 $\begin{vmatrix} a & 0 & 0 & 2t \\ 1 & 0 & 1 & 2 \\ 0 & 2 & b & 0 \\ 1 & 0 & 0 & 2 \end{vmatrix}=-1$，求 $\begin{vmatrix} a+1 & 0 & 0 & t+1 \\ 0 & -2 & -b & 0 \\ 1 & 0 & 1 & 1 \\ 1 & 0 & 0 & 1 \end{vmatrix}$.

四、已知 $\boldsymbol{A}=\begin{pmatrix} 1 & 1 & -1 \\ 0 & 1 & 1 \\ 0 & 0 & -1 \end{pmatrix}$，且 $\boldsymbol{A}^2-\boldsymbol{AB}=\boldsymbol{E}$，其中 $\boldsymbol{E}$ 是三阶单位矩阵，试求矩阵 $\boldsymbol{B}$.

五、已知 $\boldsymbol{a}_1=(1,0,-1,3,2),\boldsymbol{a}_2=(0,1,4,2,-1),\boldsymbol{a}_3=(3,-3,-1,5,1),\boldsymbol{a}_4=(1,-2,5,1,-4)$，试求向量空间 $\boldsymbol{V}=\mathrm{Span}(\boldsymbol{a}_1,\boldsymbol{a}_2,\boldsymbol{a}_3,\boldsymbol{a}_4)$ 一组基及维数.

六、设有非齐次线性方程组 $\begin{cases} x_1+x_2+x_3+x_4+x_5=1 \\ 3x_1+2x_2+x_3+x_4-3x_5=0 \\ x_2+2x_3+2x_4+6x_5=3 \\ 5x_1+4x_2+3x_3+3x_4-x_5=2 \end{cases}$.

(1) 试说明该方程组有无穷多组解；

(2) 试求对应齐次方程组的基础解系；

(3) 试求该非齐次方程组的通解.

七、已知 $\boldsymbol{x}=(1,1,-1)^{\mathrm{T}}$ 是矩阵 $\boldsymbol{A}=\begin{pmatrix} 2 & -1 & 2 \\ 5 & a & 3 \\ -1 & b & -2 \end{pmatrix}$ 的一个特征向量.

(1) 试求参数 a,b 及特征向量 $\boldsymbol{x}$ 对应的特征值；

(2) 试问 $\boldsymbol{A}$ 能否相似于对角阵？说明其理由.

八、已知二次型 $f(x_1,x_2,x_3)=x_1^2+cx_3^2+2x_1x_2+2x_2x_3$ 的秩为 2.

(1) 试求参数 c 的值；(2) 当 c 值确定后，试求该二次型的标准形及所用的线性变换.

九、设 $\boldsymbol{\beta}$ 是非齐次方程组 $\boldsymbol{Ax}=\boldsymbol{b}$ 的一个解，$\boldsymbol{a}_1,\boldsymbol{a}_2,\cdots,\boldsymbol{a}_{n-r}$ 是对应的齐次方程组的一个基础解系，证明：

(1)$\boldsymbol{\beta},\boldsymbol{a}_1,\boldsymbol{a}_2,\cdots,\boldsymbol{a}_{n-r}$ 线性无关；

(2)$\boldsymbol{\beta},\boldsymbol{\beta}+\boldsymbol{a}_1,\boldsymbol{\beta}+\boldsymbol{a}_2,\cdots,\boldsymbol{\beta}+\boldsymbol{a}_{n-r}$ 线性无关.

总复习题三

一、填空题

1. $\begin{vmatrix}1 & 1 & x\\1 & 1 & 2\\1 & 3 & 0\end{vmatrix}$ 中一次项 x 的系数为________.

2. 设 $\boldsymbol{A}$ 是 n 阶方阵，$\boldsymbol{A}^*$ 是 $\boldsymbol{A}$ 的伴随矩阵，$|\boldsymbol{A}|=5$，则 $|(5\boldsymbol{A}^*)^{-1}|=$ ________.

3. 若矩阵 $\boldsymbol{A}=\begin{bmatrix}0 & 0 & 1\\0 & 2 & 0\\1 & 0 & x\end{bmatrix}$ 与 $\boldsymbol{B}=\begin{bmatrix}y & 0 & 0\\0 & 2 & 0\\0 & 0 & -1\end{bmatrix}$ 相似，则 $x=$ ________，$y=$ ________.

4. 设 $\boldsymbol{A}$ 是 n 阶方阵，满足 $\boldsymbol{A}^2-2\boldsymbol{A}-3\boldsymbol{E}=\boldsymbol{O}$，则矩阵 $\boldsymbol{A}$ 可逆，且 $\boldsymbol{A}^{-1}=$ ________.

5. 在空间直角坐标系中，$\boldsymbol{a}=(1,1,0)$ 与 $\boldsymbol{\beta}(1,0,1)$ 的内积 $(\boldsymbol{\alpha},\boldsymbol{\beta})=$ ________，$\boldsymbol{a}$ 的长度 $\|\boldsymbol{a}\|=$ ________.

二、单项选择题

1. 设 $\boldsymbol{a}_0$ 是非齐次线性方程 $\boldsymbol{Ax}=\boldsymbol{\beta}$ 的一个解，$\boldsymbol{a}_1,\cdots,\boldsymbol{a}_r$ 是 $\boldsymbol{Ax}=\boldsymbol{0}$ 的基础解系，则有________.

   (A) $\boldsymbol{a}_0,\boldsymbol{a}_1,\cdots,\boldsymbol{a}_r$ 线性相关

   (B) $\boldsymbol{a}_0,\boldsymbol{a}_1,\cdots,\boldsymbol{a}_r$ 线性无关

   (C) $\boldsymbol{a}_0,\boldsymbol{a}_1,\cdots,\boldsymbol{a}_r$ 的线性组合都是 $\boldsymbol{Ax}=\boldsymbol{\beta}$ 的解

   (D) $\boldsymbol{Ax}=\boldsymbol{\beta}$ 的线性组合都是 $\boldsymbol{Ax}=\boldsymbol{0}$ 的解

2. 已知 $m\times n$ 矩阵 $\boldsymbol{A}$ 的秩为 $n-1$，$\boldsymbol{a}_1$ 和 $\boldsymbol{a}_2$ 是非齐次线性方程组 $\boldsymbol{Ax}=\boldsymbol{b}$ 的两个不同的解，k 为任意常数，则方程组 $\boldsymbol{Ax}=\boldsymbol{0}$ 的通解为________.

   (A) $k\boldsymbol{a}_1$　(B) $k\boldsymbol{a}_2$　(C) $k(\boldsymbol{a}_1+\boldsymbol{a}_2)$　(D) $k(\boldsymbol{a}_1-\boldsymbol{a}_2)$

3. 设 $\boldsymbol{A}$、$\boldsymbol{B}$、$\boldsymbol{C}$ 均为 n 阶方阵，$\boldsymbol{E}$ 是单位矩阵，$\boldsymbol{BCA}=\boldsymbol{E}$，则________.

   (A) $\boldsymbol{ABC}=\boldsymbol{E}$　(B) $\boldsymbol{ACB}=\boldsymbol{E}$　(C) $\boldsymbol{BAC}=\boldsymbol{E}$　(D) $\boldsymbol{CBA}=\boldsymbol{E}$

4. 若 n 阶矩阵 $\boldsymbol{A}$ 的秩为 $n-3$，$(n\geqslant 4)$，则 $\boldsymbol{A}$ 的伴随矩阵 $\boldsymbol{A}^*$ 的秩为________.

   (A) $n-2$；　(B) 0；　(C) 1；　(D) 不确定.

三、讨论 k 为何值时，非齐次线性方程组 $\begin{cases}-x_1+x_2-kx_3=k\\x+kx_2-x_3=1\\kx_1+x_2+x_3=k\end{cases}$

有惟一解，无解或有无穷多解？并在有无穷多解时求其通解.

四、设 $\boldsymbol{A}$ 和 $\boldsymbol{B}$ 均为 3 阶矩阵，$\boldsymbol{E}$ 为 3 阶单位阵，$\boldsymbol{AB}+\boldsymbol{E}=\boldsymbol{A}^2+\boldsymbol{B}$，且 $\boldsymbol{A}=\begin{bmatrix}2 & 0 & -1\\0 & 2 & 0\\1 & 0 & 1\end{bmatrix}$，试求 $\boldsymbol{B}$.

五、在空间直角坐标系中，方程 $x^2+2y^2+2z^2-4yz-4=0$ 是一个什么样的曲面(说明其理由)？

六、$\boldsymbol{A}$ 为三阶矩阵，已知 $2\boldsymbol{E}-\boldsymbol{A},\boldsymbol{E}-\boldsymbol{A},\boldsymbol{E}+\boldsymbol{A}$ 都不可逆，证明 $\boldsymbol{A}$ 相似于对角阵.

七、$\boldsymbol{AB}=\boldsymbol{C},\boldsymbol{BA}=\boldsymbol{D}$，如果 $\boldsymbol{A}$ 为非奇异方阵，求证：秩 $\boldsymbol{C}=$ 秩 $\boldsymbol{B}$，秩 $\boldsymbol{D}=$ 秩 $\boldsymbol{B}$.

八、设矩阵 $A=\begin{bmatrix}2&2&0\\8&2&a\\0&0&6\end{bmatrix}$，相似于对角矩阵 $\boldsymbol{\Lambda}$，试确定常数 a 的值；并求可逆矩阵 $\boldsymbol{P}$，使 $\boldsymbol{P}^{-1}\boldsymbol{AP}=\boldsymbol{\Lambda}$.

九、求 $n+1$ 阶行列式 $D_{n+1}=\begin{vmatrix}1&1&1&\cdots&1\\-1&a_1&0&\cdots&0\\-1&0&a_2&\cdots&0\\\vdots&\vdots&\vdots&&\vdots\\-1&0&0&\cdots&a_n\end{vmatrix}$，其中 $a_1a_2\cdots a_n\neq 0$.

总复习题四

一、填空题

1. n 阶方阵 $\boldsymbol{A}$，若 $\boldsymbol{A}$ 的秩 $R(\boldsymbol{A})=n-2$，则 $R(\boldsymbol{A}^*)=$ ________.

2. 设 $\boldsymbol{A}=\begin{pmatrix}5&0&0\\0&1&3\\0&2&4\end{pmatrix}$，$\boldsymbol{B}_{3\times3}$ 的列向量组线性无关，则 $R(\boldsymbol{A})=$ ________，$R(\boldsymbol{B})=$ ________，$R(\boldsymbol{AB})=$ ________.

3. 齐次方程组 $\begin{cases}x_1+x_2+kx_3=0\\x_1+kx_2+x_3=0\\kx_1+x_2+x_3=0\end{cases}$ 有非零解的充要条件是 k 满足________.

4. 设 $\boldsymbol{A}$ 是 n 阶正交矩阵，若 $\boldsymbol{A}^*+\boldsymbol{A}^{\mathrm{T}}=\boldsymbol{O}$，则 $|\boldsymbol{A}|=$ ________.

5. 下面的向量组线性无关的充要条件是 k 满足________.
   $\boldsymbol{a}_1=(1,1,0,0)^{\mathrm{T}},\boldsymbol{a}_2=(0,k,1,1)^{\mathrm{T}},\boldsymbol{a}_3=(0,0,1,k)^{\mathrm{T}},\boldsymbol{a}_4=(k,0,0,1)^{\mathrm{T}}$

6. 向量组 $\boldsymbol{a}_1=(1,1,1,1)^{\mathrm{T}},\boldsymbol{a}_2=(0,2,2,2)^{\mathrm{T}},\boldsymbol{a}_3=(0,0,3,1)^{\mathrm{T}},\boldsymbol{a}_4=(1,3,6,4)^{\mathrm{T}}$ 的秩为________，于是线性________关，该向量组的一个最大无关组之一为________.

7. 若线性无关的向量组 $\boldsymbol{b}_1,\boldsymbol{b}_2,\cdots,\boldsymbol{b}_k$ 能由 $\boldsymbol{a}_1,\boldsymbol{a}_2,\cdots,\boldsymbol{a}_m$ 线性表示，则 k 与 m 之间的关系为 k ________ m.

二、判断题(在括号内填上"√"或"×"表示命题对错)：

1. 若方阵 $\boldsymbol{A}$ 与 $\boldsymbol{B}$ 相似，且 $\boldsymbol{B}$ 与 $\boldsymbol{C}$ 相似，则 $\boldsymbol{A}$ 与 $\boldsymbol{C}$ 相似.(   )

2. 若向量组 $\boldsymbol{a}_1,\boldsymbol{a}_2,\boldsymbol{a}_3$ 线性相关，则 $\boldsymbol{a}_3$ 能由 $\boldsymbol{a}_1$ 和 $\boldsymbol{a}_2$ 线性表示.(   )

3. 若矩阵 $\boldsymbol{A}$ 的列向量组线性无关，则 $\boldsymbol{A}$ 的行向量组也线性无关.（　　）

4. 若 $\boldsymbol{Ax}=\boldsymbol{b}(\boldsymbol{b}\neq\boldsymbol{0})$ 有无穷多解，则 $\boldsymbol{Ax}=\boldsymbol{0}$ 也有无穷多解.（　　）

5. 若 $\boldsymbol{Ax}=\boldsymbol{0}$ 只有零解，则 $\boldsymbol{Ax}=\boldsymbol{b}(\boldsymbol{b}\neq\boldsymbol{0})$ 有惟一解.（　　）

三、计算题

1. k 满足什么条件时，方程组 $\begin{cases}x_1+x_2+2x_3=-k\\x_1+2x_2+kx_3=k^2\\2x_1+x_2+k^2x_3=0\end{cases}$ 有惟一解，无解，有无穷多解？

2. 设 $\boldsymbol{A}=\begin{pmatrix}1&1&2&1\\1&2&1&3\\2&3&3&4\\3&5&4&7\end{pmatrix}$，$\boldsymbol{x}=\begin{pmatrix}x_1\\x_2\\x_3\\x_4\end{pmatrix}$，

试求(1)$R(\boldsymbol{A})$；(2)$\boldsymbol{Ax}=\boldsymbol{0}$ 解空间 $\boldsymbol{S}$ 的维数 $\dim(\boldsymbol{S})$；

(3)$\boldsymbol{Ax}=\boldsymbol{0}$ 的通解；(4)$\boldsymbol{Ax}=\boldsymbol{0}$ 的基础解系.

3. 已知 R^3 中的向量组 $\boldsymbol{a}_1,\boldsymbol{a}_2,\boldsymbol{a}_3$ 线性无关，向量组 $\boldsymbol{b}_1=\boldsymbol{a}_1-k\boldsymbol{a}_2,\boldsymbol{b}_2=\boldsymbol{a}_2+\boldsymbol{a}_3,\boldsymbol{b}_3=\boldsymbol{a}_3+k\boldsymbol{a}_1$ 线性相关，试求 k 值.

4. 已知 $\boldsymbol{A}=\dfrac{1}{9}\begin{pmatrix}-1&4&a\\a&4&-1\\4&b&4\end{pmatrix}$ 是正交阵，试求 a 和 b.

5. 设矩阵 $\boldsymbol{A}=\begin{pmatrix}k&1&1&1\\1&k&1&1\\1&1&k&1\\1&1&1&k\end{pmatrix}$，且秩$(\boldsymbol{A})=3$，试求 k.

四、证明题

1. 设向量 $\boldsymbol{b}$ 能由 $\boldsymbol{a}_1,\boldsymbol{a}_2,\boldsymbol{a}_3$ 这三个向量线性表示且表达式惟一，试证明：向量组 $\boldsymbol{a}_1,\boldsymbol{a}_2,\boldsymbol{a}_3$ 线性无关.

2. 设 $\boldsymbol{B}=(b_{i,j})_{n\times k},\boldsymbol{C}=(c_{i,j})_{k\times n},\boldsymbol{A}=\boldsymbol{BC},|\boldsymbol{A}|\neq 0$，证明方程组 $\boldsymbol{B}^{\mathrm{T}}\boldsymbol{x}=\boldsymbol{0}$ 只有零解.

3. $\boldsymbol{A}$ 与 $\boldsymbol{B}$ 均为 n 阶矩阵，$\boldsymbol{AB}=\boldsymbol{O}$，求证：秩$(\boldsymbol{A})$＋秩$(\boldsymbol{B})\leqslant n$.

总复习题五

一、填空题

1. 设 $\boldsymbol{A}=\begin{pmatrix}1&2\\x&-1\end{pmatrix}$，$\boldsymbol{B}=\begin{pmatrix}2&y\\1&0\end{pmatrix}$，若 $\boldsymbol{AB}=\boldsymbol{BA}$，则 $x=$ ________，$y=$ ________.

2. 若 $\boldsymbol{A}=\begin{pmatrix}0&0&1\\0&1&1\\1&1&1\end{pmatrix}$，则 $\boldsymbol{A}^{-1}=$ ________.

3. $\begin{vmatrix} 1 & 2a & a^2 \\ 1 & a+b & ab \\ 1 & 2b & b^2 \end{vmatrix} =$ ________.

4. 若 $\boldsymbol{A} = \begin{pmatrix} 1 & 1 & 1 & 1 \\ 2 & 4 & 3 & 1 \\ 3 & 5 & 2 & 4 \\ 4 & 6 & 3 & 5 \end{pmatrix}$，$\boldsymbol{x} = \begin{pmatrix} x_1 \\ x_2 \\ x_3 \\ x_4 \end{pmatrix}$，则 $\boldsymbol{A}$ 的秩 = ________，$\boldsymbol{Ax} = \boldsymbol{0}$ 解空间的维数 = ________.

5. 若向量组 $\begin{pmatrix} 1 \\ 0 \\ -1 \end{pmatrix}$，$\begin{pmatrix} k \\ 3 \\ 0 \end{pmatrix}$，$\begin{bmatrix} -1 \\ 4 \\ k \end{bmatrix}$ 线性相关，则 $k =$ ________.

6. 设 $f(x_1, x_2, x_3) = x_1^2 + 5x_2^2 + 9x_3^2 - 4x_1x_2 + 2kx_2x_3$，

(1) 这个二次型对应的对称阵为________.(2) 这个二次型为正定二次型的充要条件是________.

二、单项选择题

1. 设 $\boldsymbol{A}$ 和 $\boldsymbol{B}$ 都是 n 阶可逆阵，若 $\boldsymbol{C} = \begin{pmatrix} \boldsymbol{O} & \boldsymbol{B} \\ \boldsymbol{A} & \boldsymbol{O} \end{pmatrix}$ 则 $\boldsymbol{C}^{-1}$ 为________.

(A) $\begin{bmatrix} \boldsymbol{A}^{-1} & \boldsymbol{O} \\ \boldsymbol{O} & \boldsymbol{B}^{-1} \end{bmatrix}$ (B) $\begin{bmatrix} \boldsymbol{O} & \boldsymbol{B}^{-1} \\ \boldsymbol{A}^{-1} & \boldsymbol{O} \end{bmatrix}$ (C) $\begin{bmatrix} \boldsymbol{O} & \boldsymbol{A}^{-1} \\ \boldsymbol{B}^{-1} & \boldsymbol{O} \end{bmatrix}$ (D) $\begin{bmatrix} \boldsymbol{B}^{-1} & \boldsymbol{O} \\ \boldsymbol{O} & \boldsymbol{A}^{-1} \end{bmatrix}$

2. 设 $\boldsymbol{A}$ 和 $\boldsymbol{B}$ 都是 n 阶方阵，下列各项中只有________的结论正确.

(A) 若 $\boldsymbol{A}$ 和 $\boldsymbol{B}$ 都是对称阵，则 $\boldsymbol{AB}$ 也是对称阵 (B) 若 $\boldsymbol{A} \neq \boldsymbol{O}$ 并且 $\boldsymbol{B} \neq \boldsymbol{O}$，则 $\boldsymbol{AB} \neq \boldsymbol{O}$

(C) 若 $\boldsymbol{AB}$ 是奇异阵，则 $\boldsymbol{A}$ 和 $\boldsymbol{B}$ 都是奇异阵 (D) 若 $\boldsymbol{AB}$ 是可逆，则 $\boldsymbol{A}$ 和 $\boldsymbol{B}$ 都可逆

3. 向量组 $\begin{pmatrix} 1 \\ 0 \\ 0 \end{pmatrix}$，$\begin{pmatrix} 0 \\ 1 \\ 1 \end{pmatrix}$，$\begin{pmatrix} 1 \\ 0 \\ 1 \end{pmatrix}$，$\begin{pmatrix} 0 \\ 3 \\ 3 \end{pmatrix}$ 的最大无关组共有________.

(A)2 个 (B)3 个 (C)4 个 (D)6 个

4. 设 $\boldsymbol{A} = (\boldsymbol{a}_{ij})_{m \times n}$，若 $m < n$，则________.

(A)$\boldsymbol{A}$ 的行向量组线性相关 (B)$\boldsymbol{A}$ 的列向量组线性相关

(C)$\boldsymbol{A}$ 的行向量组线性无关 (D)$\boldsymbol{A}$ 的列向量组线性无关

三、计算题

1. 设 $\boldsymbol{A} = \begin{pmatrix} 1 & 0 & 0 \\ 0 & 2 & -1 \\ 0 & 1 & -1 \end{pmatrix}$，$\boldsymbol{C} = \begin{pmatrix} 1 & 2 \\ 3 & 1 \\ 2 & 0 \end{pmatrix}$，$\boldsymbol{B} = \begin{pmatrix} 1 & 2 \\ 2 & 3 \end{pmatrix}$，$\boldsymbol{AYB} = \boldsymbol{C}$，试求矩阵 $\boldsymbol{Y}$.

2. 设方程组为 $\begin{cases} x_1 + x_2 - x_3 = -1 \\ 2x_1 + kx_2 - 2x_3 = 0, \\ kx_1 + 2x_2 + x_3 = k \end{cases}$

(1)k 为何值时，方程组有惟一解，无解？

(2)k 为何值时，方程组有无穷多解？并求其通解.

3. 设$A=\begin{pmatrix}2&1&0\\1&2&0\\0&0&2\end{pmatrix}$.(1) 试求$A$的特征值$\lambda_1,\lambda_2,\lambda_3$且满足$\lambda_1<\lambda_2<\lambda_3$;(2) 试求$\lambda_1,\lambda_2,\lambda_3$分别对应的一个特征值的向量$p_1,p_2,p_3$.

四、证明题

1. 设A、B和C都是n阶方阵,且C可逆,$C^{-1}=(C^{-1}B+E)A^T$,证明A可逆且
$$A^{-1}=(B+C)^T.$$

2. 设A为n阶方阵且$AA^T=E$,证明$(A^*)^TA^*=E$.

3. 设n阶方阵A的秩为$n-2>0$,齐次线性方程组$Ax=0$解空间的基为v_1,v_2,非齐次线性方程组$Ax=b$的一个解为u,证明向量组$u+v_1,u+v_2,u$线性无关.

总复习题六

一、填空题

1. 设A为4阶方阵,若A的行列式$|A|=-5$,则$|A^*|=$ ________.

2. 两个同型矩阵A和B等价的充要条件是________.

3. 设方阵A的逆$A^{-1}=\begin{pmatrix}8&6&4\\0&4&0\\0&0&6\end{pmatrix}$,则$(2A)^{-1}=$ ________.

4. 若齐次线性方程组$\begin{cases}\lambda x_1+x_2+x_3=0\\x_1+\lambda x_2+x_3=0\\x_1+x_2+x_3=0\end{cases}$只有零解,则$\lambda$应满足________.

5. 若向量组$a_1=(1,-2,4,-1)$,$a_2=(2,0,t,0)$,$a_3=(-1,-2,1,-1)$的秩为2,则$t=$ ________.

6. 设3阶方阵A的行列式$|A|=3$,则$|A^*+A^{-1}|=$ ________.

二、单项选择题

1. 设A、B、C均为n阶方阵,E是单位阵,$ABC=E$,则________.

(A)$BCA=E$　(B)$ACB=E$　(C)$BAC=E$　(D)$CBA=E$

2. 设$f(x)=\begin{vmatrix}1&1&1&1\\1&-1&2&x\\1&1&4&x^2\\1&-1&8&x^3\end{vmatrix}$,则方程$f(x)=0$的三个根为________.

(A)1,−1,2　(B)1,1,4　(C)1,−1,8　(D)2,4,8

3. 设n阶方阵A是奇异阵,则A中________.

(A) 必有一列元素为零

(B) 必有两列元素对应成比例

(C) 必有一列向量是其余列向量的线性组合

(D) 任一列向量是其余列向量的线性组合

4. 若 $\boldsymbol{A}$ 和 $\boldsymbol{B}$ 都是 n 阶对称正定阵，则下列结论中正确的是________.

(A) $\boldsymbol{AB}$ 正定　(B) $\boldsymbol{A}+\boldsymbol{B}$ 正定　(C) $\boldsymbol{A}-\boldsymbol{B}$ 正定　(D) $\begin{pmatrix} \boldsymbol{O} & \boldsymbol{A} \\ \boldsymbol{B} & \boldsymbol{O} \end{pmatrix}$ 正定

5. $\boldsymbol{A}$ 的秩为 n 是 $n\times n$ 型线性方程组 $\boldsymbol{Ax}=\boldsymbol{b}$ 有惟一的解的________.

(A) 充要条件　(B) 充分条件

(C) 必要条件　(D) 既非充分条件，又非必要条件

三、判断正误(在括号内填上"√"或"×")：

1. 已知同阶方阵 $\boldsymbol{A},\boldsymbol{B}$ 和 $\boldsymbol{C}$ 满足 $\boldsymbol{AB}=\boldsymbol{AC}$，若 $\boldsymbol{A}$ 是非奇异阵，则 $\boldsymbol{B}=\boldsymbol{C}$.(　)

2. 若 n 阶方阵 $\boldsymbol{A}$ 和 $\boldsymbol{B}$ 都是对称阵，则 $\boldsymbol{AB}$ 也是对称阵.(　)

3. 设 $\boldsymbol{A}$ 为 $m\times n$ 阶矩阵，若 $\boldsymbol{A}$ 的秩为 m，则对任意 m 维(m 元) 列向量 $\boldsymbol{b}$，方程组 $\boldsymbol{Ax}=\boldsymbol{b}$ 总有解.(　)

4. 方阵 $\boldsymbol{A}$ 与其自身的转置 $\boldsymbol{A}^{\mathrm{T}}$ 因为有相同的特征值，所以有相同的特征向量.(　)

5. 设 $\boldsymbol{a}_1,\boldsymbol{a}_2,\cdots,\boldsymbol{a}_n$ 是一组 n 维向量，若任一 n 维向量都能由它们线性表示，则 $\boldsymbol{a}_1,\cdots,\boldsymbol{a}_n$ 线性无关.(　)

6. 设 $\boldsymbol{A}$ 为 $m\times n$ 矩阵，$\boldsymbol{A}^{\mathrm{T}}$ 为 $\boldsymbol{A}$ 的转置阵，若 $\boldsymbol{A}^{\mathrm{T}}\boldsymbol{A}$ 可逆，则 $\boldsymbol{AA}^{\mathrm{T}}$ 也可逆.(　)

四、计算题

1. 设 $\boldsymbol{A}$ 和 $\boldsymbol{B}$ 都是 3 阶方阵，$\boldsymbol{E}$ 为单位阵，$\boldsymbol{AB}+\boldsymbol{E}=\boldsymbol{A}^2+\boldsymbol{B}$，若 $\boldsymbol{A}=\begin{pmatrix} 1 & 0 & 1 \\ 0 & 2 & 0 \\ -1 & 0 & 1 \end{pmatrix}$，求 $\boldsymbol{B}$.

2. 设齐次线性方程组 $\begin{cases} x_1-\lambda x_2-x_3=0 \\ 2x_1+(1-3\lambda)x_2-5x_2=0. \\ x_1-x_2+(1+\lambda)x_3=0 \end{cases}$

(1) λ 为何值时方程组有非零解？并求出其通解.

(2) 试求此时方程组解空间的基和维数.

3. 当 t 为何值时，$f(x_1,x_2,x_3)=x_1^2+4x_2^2+4x_3^2+2tx_1x_2-2x_1x_3+4x_2x_3$ 为正定二次型？

五、证明题

1. 设 $\boldsymbol{A}^2=\boldsymbol{E}$，但 $\boldsymbol{A}\neq\boldsymbol{E}$，证明：$|\boldsymbol{A}+\boldsymbol{E}|=0$.

2. 已知三个列向量 $\boldsymbol{a}_1,\boldsymbol{a}_2,\boldsymbol{a}_3$ 是方程组 $\boldsymbol{Ax}=\boldsymbol{0}$ 的基础解系，证明：$\boldsymbol{a}_1+\boldsymbol{a}_2,\boldsymbol{a}_2+\boldsymbol{a}_3,\boldsymbol{a}_1+\boldsymbol{a}_3$ 也是 $\boldsymbol{Ax}=\boldsymbol{0}$ 的基础解系.

3. 设 $\boldsymbol{A}=(\boldsymbol{E}-2\boldsymbol{aa}^{\mathrm{T}})$，其中 $\boldsymbol{E}$ 为 n 阶单位矩阵，$\boldsymbol{a}$ 是 n 维单位列向量，证明：对于任一 n 维列向量 $\boldsymbol{\beta}$，均有 $\|\boldsymbol{A\beta}\|=\|\boldsymbol{\beta}\|$.

习题答案

习题 1.2

1. (1)10;(2)36.
2. (1) -22680;(2)0.
3. (1) 负号;(2) 负号.
4. 略.
5. $k=1$ 或 $k=3$.
6. 略.

习题 1.3

1. (1)$4abc\text{def}$;(2)$(a-b)^3$;
   (3)0;(4)0;
   (5)$[x+(n-1)a](x-a)^{n-1}$.
2. 略.
3. 提示:由转置行列式性质可得证.

习题 1.4

1. (1)$x^n+(-1)^{n-1}y^n(n\geqslant 2)$;
   (2)$(-1)^{\frac{n(n-1)}{2}}\cdot\dfrac{n+1}{2}\cdot n^{n-1}$;
   (3)$(1+a_1\lambda_1^{-1}+a_2\lambda_2^{-1}+\cdots+a_n\lambda_n^{-1})\lambda_1\lambda_2\cdots\lambda_n$;
   (4)$(\alpha-\beta)^{n-2}[\lambda\alpha+(n-2)\lambda\beta-(n-1)ab]$;
   (5) $\dfrac{\alpha^{n+1}-\beta^{n+1}}{\alpha-\beta}(\alpha\neq\beta)$
2. 略.
3. (1)$x_1=1,x_2=5,x_3=-5,x_4=-2$;
   (2)$x_1=1,x_2=2,x_3=3,x_4=-1$.
4. 0.

习题 2.1

1. $\dfrac{x_1^2}{2^2}+\dfrac{x_2^2}{1^2}=1$.

2. 不相等，因为不是同型矩阵.

3. n 阶方阵代表一个数表，n 阶行列式代表一个数.

习题 2.2

1. $\begin{cases} x_3 = 4x_1 + 4y_1 + z_1 \\ y_3 = \qquad 2y_1 - 2z_1 \\ z_3 = 11x_1 + 11y_1 + 5z_1. \end{cases}$

2. $\begin{cases} z_1 = 6x_1 - 7x_2 + 8x_3 \\ z_2 = 20x_1 - 5x_2 - 6x_3. \end{cases}$

3. (1)(32)；(2) $\begin{bmatrix} 4 & 8 & 12 \\ 5 & 10 & 15 \\ 6 & 12 & 18 \end{bmatrix}$；

(3) $\begin{bmatrix} -6 & 1 & 3 \\ 12 & -4 & 9 \\ -10 & -1 & 16 \end{bmatrix}$；(4) $\begin{bmatrix} 5 \\ -3 \\ 4 \end{bmatrix}$.

4. (1) $\begin{bmatrix} -4 & -8 & 0 \\ -3 & -11 & 7 \\ -8 & -12 & -16 \end{bmatrix}$；(2) $\begin{bmatrix} 0 & -4 & 0 \\ 2 & -14 & 6 \\ -11 & -11 & -17 \end{bmatrix}$；

(3) $\begin{bmatrix} 14 & 22 & 14 \\ 5 & 13 & -1 \\ 18 & 10 & 30 \end{bmatrix}$；(4) $\begin{bmatrix} 10 & 18 & 14 \\ 0 & 16 & 0 \\ 21 & 9 & 31 \end{bmatrix}$.

5. $a_{11}x_1^2 + a_{22}x_2^2 + a_{33}x_3^2 + 2a_{12}x_1x_2 + 2a_{13}x_1x_3 + 2a_{23}x_2x_3$.

6. $\begin{pmatrix} 2 & 2 \\ 0 & 2 \end{pmatrix}$.

7. 提示：用数学归纳法证明.

8. $\boldsymbol{AA}^{\mathrm{T}} = \begin{pmatrix} 5 & 1 \\ 1 & 26 \end{pmatrix}$；$\boldsymbol{A}^{\mathrm{T}}\boldsymbol{A} = \begin{bmatrix} 10 & -1 & 12 \\ -5 & 5 & -4 \\ 12 & -4 & 16 \end{bmatrix}$.

9. 略.

10. $|\boldsymbol{AB}| = 0$；$|\boldsymbol{BA}| = 165$；因为当 $\boldsymbol{A}$、$\boldsymbol{B}$ 均为 n 阶方阵时有 $|\boldsymbol{AB}| = |\boldsymbol{BA}|$，而当 $\boldsymbol{A}$、$\boldsymbol{B}$ 不全为 n 阶方阵时 $|\boldsymbol{AB}| = |\boldsymbol{BA}|$ 不一定成立.

习题 2.3

1. $\begin{cases} x_2 = x_1 + 2y_1 - z_1 \\ y_2 = 3x_1 + 4y_1 - 2z_1 \\ z_2 = 5x_1 - 4y_1 + z_1. \end{cases}$

2.(1) $\begin{bmatrix} -\frac{2}{18} & \frac{4}{18} \\ \frac{5}{18} & -\frac{1}{18} \end{bmatrix}$;(2) $\begin{bmatrix} \frac{1}{3} & 0 & \frac{1}{3} \\ 0 & \frac{1}{3} & -\frac{2}{3} \\ -\frac{1}{3} & \frac{1}{3} & 0 \end{bmatrix}$;

3.(1) $\begin{bmatrix} -2 & 2 & 1 \\ -\frac{3}{8} & 5 & -\frac{2}{3} \\ -\frac{10}{3} & 3 & \frac{5}{3} \end{bmatrix}$;(2) $\begin{bmatrix} 1 & 1 \\ \frac{1}{4} & 0 \end{bmatrix}$;(3) $\begin{bmatrix} -7 \\ -3 \\ 4 \end{bmatrix}$.

4. $\boldsymbol{A} = \begin{bmatrix} 1 & 0 \\ 0 & 1 \end{bmatrix}$;$\boldsymbol{B} = \begin{bmatrix} 1 & 0 \\ 0 & 1 \end{bmatrix}$.

5. $\boldsymbol{A}^{-1} = \frac{1}{2}(\boldsymbol{A} - \boldsymbol{E})$,$(\boldsymbol{A} + 2\boldsymbol{E})^{-1} = \frac{1}{4}(3\boldsymbol{E} - \boldsymbol{A})$.提示:由 $\boldsymbol{A}^2 - \boldsymbol{A} - 2\boldsymbol{E} = \boldsymbol{0}$ 得 $\boldsymbol{A}(\boldsymbol{A} - \boldsymbol{E}) = 2\boldsymbol{E}$,$\boldsymbol{A}^2 = \boldsymbol{A} + 2\boldsymbol{E}$).

6.略.

7.提示:$\boldsymbol{A}\boldsymbol{A}^* = |\boldsymbol{A}|\boldsymbol{E}$,$|\boldsymbol{A}||\boldsymbol{A}^*| = |\boldsymbol{A}|^n$.

习题 2.4

1. $\begin{bmatrix} 9 & 12 & 15 & 4 \\ 19 & 26 & 33 & 7 \\ 0 & 0 & 0 & 2 \end{bmatrix}$;2. $\begin{bmatrix} \frac{1}{a_1} & 0 & \cdots & 0 \\ 0 & \frac{1}{a_2} & \cdots & 0 \\ \vdots & \vdots & \cdots & \vdots \\ 0 & 0 & \cdots & \frac{1}{a_n} \end{bmatrix}$

3. $\begin{pmatrix} A^{-1} & \boldsymbol{0} \\ -\boldsymbol{B}^{-1}\boldsymbol{C}\boldsymbol{A}^{-1} & \boldsymbol{B}^{-1} \end{pmatrix}$.

4.(1) $\begin{bmatrix} 2 & -5 & 0 & 0 \\ -3 & 8 & 0 & 0 \\ 0 & 0 & 1 & -2 \\ 0 & 0 & -2 & 5 \end{bmatrix}$;(2) $\begin{bmatrix} 24 & -12 & -12 & 3 \\ 0 & 12 & -4 & -5 \\ 0 & 0 & 8 & -2 \\ 0 & 0 & 0 & 6 \end{bmatrix}$;

(3) $\begin{bmatrix} 0 & 0 & \frac{5}{7} & -\frac{2}{7} \\ 0 & 0 & -\frac{4}{7} & \frac{3}{7} \\ 1 & -\frac{1}{2} & 0 & 0 \\ -3 & 2 & 0 & 0 \end{bmatrix}$.

习题 2.5

1. (1) $\begin{bmatrix}1 & -2 & 7\\0 & 1 & -2\\0 & 0 & 1\end{bmatrix}$;(2) $\begin{bmatrix}1 & 1 & -2 & -4\\0 & 1 & 0 & -1\\-1 & -1 & 3 & 6\\2 & 1 & -6 & -10\end{bmatrix}$;(3) $\begin{bmatrix}-11 & 2 & 2\\-4 & 0 & 1\\6 & -1 & -1\end{bmatrix}$.

2. $\boldsymbol{X}=\begin{bmatrix}2 & -1 & 0\\1 & 3 & -4\\1 & 0 & 2\end{bmatrix}$.

3. $\begin{bmatrix}1 & 0 & 0\\1 & 1 & 0\\0 & 0 & 1\end{bmatrix}\begin{bmatrix}1 & 0 & 0\\0 & 1 & 0\\1 & 0 & 1\end{bmatrix}\begin{bmatrix}1 & 0 & 3\\0 & 1 & 0\\0 & 0 & 1\end{bmatrix}\begin{bmatrix}1 & 3 & 0\\0 & 1 & 0\\0 & 0 & 1\end{bmatrix}$.

4. (1) $\begin{bmatrix}1 & 0 & \frac{7}{9}\\0 & 1 & -\frac{26}{9}\\0 & 0 & 0\end{bmatrix},\begin{bmatrix}1 & 0 & 0\\0 & 1 & 0\\0 & 0 & 0\end{bmatrix}$;

(2) $\begin{bmatrix}1 & 0 & 0 & \frac{15}{7}\\0 & 1 & 0 & -\frac{4}{7}\\0 & 0 & 1 & -\frac{10}{7}\end{bmatrix},\begin{bmatrix}1 & 0 & 0 & 0\\0 & 1 & 0 & 0\\0 & 0 & 1 & 0\end{bmatrix}$;

(3) $\begin{bmatrix}1 & 0 & -\frac{7}{2} & \frac{2}{5}\\0 & 1 & 3 & -2\\0 & 0 & 0 & 0\end{bmatrix},\begin{bmatrix}1 & 0 & 0 & 0\\0 & 1 & 0 & 0\\0 & 0 & 0 & 0\end{bmatrix}$.

5. 提示:设 P 分别为三种初等变换进行讨论.

习题 3.1

1. (5,6,8,3),(3,−2,−5,6),(21,10,0,15).
2. (−15,−6,−18).
3. 略.
4. 构成一向量空间.

习题 3.2

1. (1) 线性无关;(2) 线性相关;(3) 线性相关;
   (4) 线性相关;(5) 线性无关.
2. (1)$b=2a_1-a_2+a_3$;(2)$b=0,a_1+\frac{8}{3}a_2+\frac{1}{3}a_3$;
   (3)$b=3a_1+2a_2-a_3$.

3.(1) 线性无关;(2) 线性相关,$b_3 = 2b_1 + b_2$.

4～6.略.

7.(1)a_1, a_2 为最大无关组,$a_3 = 2a_1 - a_2$;

(2)a_1, a_2 为最大无关组,$a_3 = 3a_1 + a_2$,$a_4 = -a_1 + 2a_2$.

8.(1)1,2,4 列为一个最大无关组,列向量组的秩为 3;

(2)1,2 列为一个最大无关组,列向量组的秩为 2.

9～10.略.

习题 3.3

1.(1)$b = -2a_1 + 2a_2 + a_3$;

(2)$b = \frac{1}{154}a_1 - \frac{3}{14}a_2 + \frac{41}{77}a_3$.

2.(1)$b = \frac{5}{4}a_1 + \frac{1}{4}a_2 - \frac{1}{4}a_3 - \frac{1}{4}a_4$;

(2)$b = a_1 + 0 \cdot a_2 - a_3 + 0 \cdot a_4$.

3.(1)a_1, a_3, a_4 为一组基,维数为 3;

(2)a_1, a_2 为一组基,维数为 2.

4.略.　　　5.略.

6.一维,基为(1,1,1).

7.二维,基为 $x_1 = (1,0,-1)$,$x_2 = (0,1,-1)$.

习题 3.4

1.过渡矩阵 $A = \frac{1}{4}\begin{bmatrix} 3 & 7 & 2 & -1 \\ 1 & -1 & 2 & 3 \\ -1 & 3 & 0 & -1 \\ 1 & -1 & 0 & -1 \end{bmatrix}$,$a = -2b_1 - \frac{1}{2}b_2 + 4b_3 - \frac{3}{2}b_4$.

2.(1) 过渡矩阵为 $\begin{bmatrix} 1 & 2 & 1 \\ -1 & 3 & 3 \\ 0 & 2 & 2 \end{bmatrix}$;

(2)$a = \frac{11}{2}b_1 - 5b_2 + \frac{13}{2}b_3$;

(3)$b = 3a_1 + 4a_2 + 4a_3$.

3.$(b_1, b_2, \cdots, b_n) = (a_1, a_2, \cdots, a_n)\begin{bmatrix} \frac{1}{2} & -\frac{1}{2^2} & \frac{1}{2^3} & -\frac{1}{2^4} & \frac{1}{2^5} \\ 0 & \frac{1}{2} & -\frac{1}{2^2} & \frac{1}{2^3} & -\frac{1}{2^4} \\ 0 & 0 & \frac{1}{2} & -\frac{1}{2^2} & \frac{1}{2^3} \\ 0 & 0 & 0 & \frac{1}{2} & -\frac{1}{2^2} \\ 0 & 0 & 0 & 0 & \frac{1}{2} \end{bmatrix}$

习题 3.5

1.(1) 是;(2) 不是;(3) 不是;(4) 不是.

2. 一组基为

$$\alpha_1=\begin{pmatrix}1&0&0\\0&0&0\end{pmatrix},\alpha_2=\begin{pmatrix}0&1&0\\0&0&0\end{pmatrix},$$

$$\alpha_3=\begin{pmatrix}0&0&1\\0&0&0\end{pmatrix},\alpha_4=\begin{pmatrix}0&0&0\\1&0&0\end{pmatrix},$$

$$\alpha_5=\begin{pmatrix}0&0&0\\0&1&0\end{pmatrix},\alpha_6=\begin{pmatrix}0&0&0\\0&0&1\end{pmatrix}.$$

A 在这组基下的坐标列为$(-1,1,5,2,-3,0)$.

3.(1) 过渡矩阵为$\begin{bmatrix}1&1&1&1\\1&1&1&0\\1&1&0&0\\1&0&0&0\end{bmatrix}$;

(2) 坐标分别为$(1,2,3,4)$,$(4,-1,-1,-1)$.

4. 坐标变换公式为$\begin{pmatrix}x_1\\x_2\\x_3\end{pmatrix}=\begin{bmatrix}1&-1&-1\\-1&2&0\\0&-1&2\end{bmatrix}\begin{pmatrix}y_1\\y_2\\y_3\end{pmatrix}$.

5. $\alpha_1,\alpha_2,\alpha_4$ 可作为一组基,维数为 3.

6. 按定义进行证明,若 S 是 n 阶对称矩阵所组成的向量空间,则 $\dim S=\dfrac{n^2+n}{2}$.

习题 3.6

1.(1) 不是;(2) 是;(3) 是;(4) 不是;(5) 是.　　2. 略.

3. $\begin{bmatrix}1&0&0\\1&1&0\\0&\frac{2}{3}&1\end{bmatrix}$.

4. $\begin{bmatrix}1&2&1\\1&2&1\\1&2&1\end{bmatrix}$.

$T_1(V_3)=L(A_1+A_2+A_3)$.

$T_1^{-1}(O)=L(A_2-2A_1,A_2-2A_3)$.

5.(1)$P=\begin{bmatrix}-2&-\frac{3}{2}&\frac{3}{2}\\1&\frac{3}{2}&\frac{3}{2}\\1&\frac{1}{2}&-\frac{5}{2}\end{bmatrix}$;

(2) P；(3) P.

习题 4.1

1. (1) 3；(2) 2；(3) 4.

   (4) 当 $a=1$ 时，秩为 1；

   当 $a\neq 1$ 时，且 $(n-1)a+1=0$ 时，秩为 $n-1$；

   当 $a\neq 1$ 时，且 $(n-1)a+1\neq 0$ 时，秩为 n.

2. (1) (25,31,17,43)，(75,94,53,132)，(75,94,54,134)；

   (2) (1,2,3)，(1,0,4)，(1,3,1).

3. (1) 秩为 2，$\boldsymbol{\alpha}_1,\boldsymbol{\alpha}_2$ 为最大无关组；

   (2) 秩为 3，其本身为最大无关组.

4. 可能有 $r-1$ 阶子式等于零；可能有 r 阶子式等于零.

5. $R(\boldsymbol{A})\geqslant R(\boldsymbol{B})$　　6. 略.

习题 4.2

(1) $\boldsymbol{\xi}_1=\begin{bmatrix}4\\-9\\4\\3\end{bmatrix}$，$x=k\boldsymbol{\xi}_1, k\in\mathbf{R}$.

(2) $\boldsymbol{\xi}_1=\begin{bmatrix}-2\\1\\1\\0\end{bmatrix}$，$\boldsymbol{\xi}_2=\begin{bmatrix}-2\\1\\0\\1\end{bmatrix}$，$x=k_1\boldsymbol{\xi}_1+k_2\boldsymbol{\xi}_2, k_1,k_2\in\mathbf{R}$.

(3) $\boldsymbol{\xi}_1=\begin{bmatrix}-1\\1\\1\\0\\0\end{bmatrix}$，$\boldsymbol{\xi}_2=\begin{bmatrix}7\\5\\0\\2\\6\end{bmatrix}$，$x=k_1\boldsymbol{\xi}_1+k_2\boldsymbol{\xi}_2. k_1,k_2\in\mathbf{R}$.

(4) $\boldsymbol{\xi}_1=\begin{bmatrix}3\\19\\17\\0\end{bmatrix}$，$\boldsymbol{\xi}_2=\begin{bmatrix}-13\\-20\\0\\17\end{bmatrix}$，$x=k_1\boldsymbol{\xi}_1+k_2\boldsymbol{\xi}_2, k_1,k_2\in\mathbf{R}$.

习题 4.3

1. (1) $\begin{bmatrix}x_1\\x_2\\x_3\\x_4\end{bmatrix}=k_1\begin{bmatrix}1\\5\\7\\0\end{bmatrix}+k_2\begin{bmatrix}0\\-2\\-1\\1\end{bmatrix}+\begin{bmatrix}1\\0\\1\\0\end{bmatrix}$，$k_1,k_2\in\mathbf{R}$.

(2) $\begin{bmatrix}x_1\\x_2\\x_3\end{bmatrix}=k\begin{bmatrix}7\\-5\\1\end{bmatrix}+\begin{bmatrix}5\\-3\\0\end{bmatrix}$， $k\in\mathbf{R}$.

(3) 无解.

2. (1)$\lambda\neq1,-2$；(2)$\lambda\neq-2$；(3)$\lambda=1$.

3. (1)$a\neq1$，$\begin{bmatrix}x_1\\x_2\\x_3\\x_4\end{bmatrix}=\begin{bmatrix}\dfrac{b-a+2}{a-1}\\\dfrac{a-2b-3}{a-1}\\\dfrac{b+1}{a-1}\\0\end{bmatrix}$；

(2)$a=1,b\neq-1$；

(3)$a=1,b=-1$.

$\begin{bmatrix}x_1\\x_2\\x_3\\x_4\end{bmatrix}=k_1\begin{bmatrix}1\\-2\\1\\0\end{bmatrix}+k_2\begin{bmatrix}1\\-2\\0\\1\end{bmatrix}+\begin{bmatrix}-1\\1\\0\\0\end{bmatrix}$，$k_1,k_2\in\mathbf{R}$.

4. 略.　　　5. 略.

习题 5.1

1. (1)$\boldsymbol{e}_1=\begin{bmatrix}\dfrac{3}{5}\\\dfrac{4}{5}\end{bmatrix}$， $\boldsymbol{e}_2=\begin{bmatrix}-\dfrac{4}{5}\\\dfrac{3}{5}\end{bmatrix}$；

(2)$\boldsymbol{e}_1=\begin{bmatrix}\dfrac{1}{\sqrt3}\\\dfrac{1}{\sqrt3}\\\dfrac{1}{\sqrt3}\end{bmatrix}$， $\boldsymbol{e}_2=\begin{bmatrix}-\dfrac{2}{\sqrt6}\\\dfrac{1}{\sqrt6}\\\dfrac{1}{\sqrt6}\end{bmatrix}$， $\boldsymbol{e}_3=\begin{bmatrix}0\\-\dfrac{1}{\sqrt2}\\\dfrac{1}{\sqrt2}\end{bmatrix}$；

(3)$\boldsymbol{e}_1=\begin{bmatrix}\dfrac{1}{\sqrt3}\\0\\-\dfrac{1}{\sqrt3}\\\dfrac{1}{\sqrt3}\end{bmatrix}$， $\boldsymbol{e}_2=\begin{bmatrix}\dfrac{1}{\sqrt{15}}\\-\dfrac{3}{\sqrt{15}}\\\dfrac{2}{\sqrt{15}}\\\dfrac{1}{\sqrt{15}}\end{bmatrix}$， $\boldsymbol{e}_3=\begin{bmatrix}-\dfrac{1}{\sqrt{35}}\\\dfrac{3}{\sqrt{35}}\\\dfrac{3}{\sqrt{35}}\\\dfrac{4}{\sqrt{35}}\end{bmatrix}$.

2. $\pm\frac{1}{\sqrt{26}}\begin{bmatrix}-4\\0\\-1\\3\end{bmatrix}$.

3. $e_2=\begin{bmatrix}-\frac{2}{\sqrt{5}}\\\frac{1}{\sqrt{5}}\\0\end{bmatrix}$, $e_3=\begin{bmatrix}-\frac{2}{3\sqrt{5}}\\-\frac{4}{3\sqrt{5}}\\\frac{5}{3\sqrt{5}}\end{bmatrix}$.

4. 略.

5. (1) 不是;(2) 是.

6. 略.(7) 略.(8) 略,(9) 略.

习题 5.2

1. (1)$\lambda_1=-1,\lambda_2=4$;$p_1=\begin{pmatrix}-1\\1\end{pmatrix}$,$p_2=\begin{pmatrix}2\\3\end{pmatrix}$.

(2)$\lambda_1=\lambda_2=-2,\lambda_3=4$;

$p_1=\begin{bmatrix}1\\1\\0\end{bmatrix}$, $p_2=\begin{bmatrix}-1\\0\\1\end{bmatrix}$, $p_3=\begin{bmatrix}1\\1\\2\end{bmatrix}$.

(3)$\lambda_1=\lambda_2=-2,\lambda_3=4$;$p_1=p_2=\begin{bmatrix}1\\1\\0\end{bmatrix}$, $p_3=\begin{bmatrix}0\\1\\1\end{bmatrix}$.

2. $p_1=\begin{bmatrix}-1\\1\\0\end{bmatrix}$, $p_2=\begin{bmatrix}-1\\-1\\1\end{bmatrix}$, $p_3=\begin{bmatrix}1\\1\\2\end{bmatrix}$;它们两两正交.

3. 略.

4. 80.

5. $\lambda_1=3$, $|A|=-3$.

6. $A=\frac{1}{3}\begin{bmatrix}-1&0&3\\0&1&2\\2&2&0\end{bmatrix}$.

习题 5.3

1. 略.

2. $a=b=0$.[提示:利用 $|A-\lambda E|=0$]

3. (1)$x=0,y=-2$; (2)$P=\begin{bmatrix}0&0&-1\\-2&1&0\\1&1&1\end{bmatrix}$.

4. $P=\begin{bmatrix}1&1&1\\1&2&0\\1&0&1\end{bmatrix}$, $P^{-1}AP=\begin{bmatrix}0&0&0\\0&1&0\\0&0&1\end{bmatrix}$.

5. $\begin{bmatrix}2^{10}&0&0\\2^{10}-1&2^{10}&1-2^{10}\\2^{10}-1&0&1\end{bmatrix}$.[提示:$P^{-1}AP=\Lambda$].

习题 5.4

1. (1) $P=\begin{bmatrix}\frac{1}{3}&\frac{-2}{\sqrt{5}}&\frac{2}{3\sqrt{5}}\\\frac{2}{3}&\frac{1}{\sqrt{5}}&\frac{4}{3\sqrt{5}}\\-\frac{2}{3}&0&\frac{5}{3\sqrt{5}}\end{bmatrix}$, $P^TAP=\begin{bmatrix}-7&0&0\\0&2&0\\0&0&2\end{bmatrix}$.

(2) $P=\begin{bmatrix}\frac{1}{3}&\frac{2}{3}&\frac{2}{3}\\\frac{2}{3}&\frac{1}{3}&-\frac{2}{3}\\\frac{2}{3}&-\frac{2}{3}&\frac{1}{3}\end{bmatrix}$, $P^TAP=\begin{bmatrix}-2&0&0\\0&1&0\\0&0&4\end{bmatrix}$.

2. $A=\begin{bmatrix}4&1&1\\1&4&1\\1&1&4\end{bmatrix}$.

3. $A=\begin{bmatrix}0&1&0\\1&0&0\\0&0&1\end{bmatrix}$.

4. $P=\frac{1}{2\sqrt{2}}\begin{bmatrix}\sqrt{3}+1&-(\sqrt{3}-1)\\\sqrt{3}-1&\sqrt{3}+1\end{bmatrix}$.

5. (1) $\begin{pmatrix}Er&0\\0&0\end{pmatrix}$.[提示:证明 $\lambda^2P=\lambda P$,其中 λ,P 分别为 A 的特征值和特征向量,从而 $\lambda=0$ 或 $\lambda=1$);

(2) 2^{n-r}.

习题 6.1

1. (1) $f=(x_1,x_2,x_3)\begin{bmatrix}1&2&1\\2&2&2\\1&2&3\end{bmatrix}\begin{bmatrix}x_1\\x_2\\x_3\end{bmatrix}$;

$$(2)f=(x_1,x_2,x_3,x_4)\begin{bmatrix}1 & -1 & -2 & -3\\ -1 & 1 & \frac{1}{2} & \frac{1}{2}\\ -2 & \frac{1}{2} & 1 & 2\\ -3 & \frac{1}{2} & 2 & 1\end{bmatrix}\begin{bmatrix}x_1\\ x_2\\ x_3\\ x_4\end{bmatrix}.$$

2.(1) 秩为 3;(2) 秩为 2.

3. 略.

习题 6.2

$$1.(1)\begin{cases}x_1=y_1,\\ x_2=\frac{1}{\sqrt{2}}y_2+\frac{1}{\sqrt{2}}y_3,\\ x_3=-\frac{1}{\sqrt{2}}y_2+\frac{1}{\sqrt{2}}y_3\end{cases} f=2y_1^2+y_2^2+5y_3^2;$$

$$(2)\begin{cases}x_1=\frac{1}{\sqrt{2}}y_2+\frac{1}{2}y_3-\frac{1}{2}y_4\\ x_2=\frac{1}{\sqrt{2}}y_1-\frac{1}{2}y_3-\frac{1}{2}y_4\\ x_3=\frac{1}{\sqrt{2}}y_2-\frac{1}{2}y_3+\frac{1}{2}y_4\\ x_4=\frac{1}{\sqrt{2}}y_1+\frac{1}{2}y_3+\frac{1}{2}y_4\end{cases},\quad f=y_1^2+y_2^2-y_3^2+3y_4^2.$$

$$2.(1)\begin{cases}y_1=x_1+2x_2-2x_3\\ y_2=x_2-\frac{3}{2}x_3+\frac{1}{2}x_4\\ y_3=x_3-\frac{7}{9}x_4\\ y_4=x_4\end{cases},\quad f=y_1^2-4y_2^2+9y_3^2-\frac{49}{9}y_4^2;$$

$$(2)\begin{cases}y_1=\frac{1}{2}x_1+\frac{1}{2}x_2+x_3\\ y_2=\frac{1}{2}x_1-\frac{1}{2}x_2\\ y_3=x_3\end{cases},\quad f=y_1^2-y_2^2-y_3^2.$$

习题 6.3

1.(1) 正定;(2) 非正定;(3) 正定;(4) 正定.

2.(1) $-1-\sqrt{3}<t<-1+\sqrt{3}$;

(2) 不论 t 为何值,均不正定.

3. 略.　　4. 略.

习题 7.1

1. (1) 对 $\forall x \in [-1,1], w(x) = 2$;故函数组线性无关;
   (2) $\forall x \in [-1,1], w(x) = 0$;函数组线性无关.
2. 略.

习题 7.2

1. (1) $7x + 2y - 30 = 0$;(2) $-3x^2 + 3xy + 3y^2 - 54y + 113 = 0$;(3) 略.
2. 略.
3. $y = 3e^{-x} + 4e^{x} + e^{2x}$.
4. $\int_0^{3h} f(t)\mathrm{d}t \approx \frac{3h}{8}[f(0) + 3f(h) + 3f(2h) + f(3h)]$.
5. $f'(0) \approx \frac{[-3f(0) + 4f(h) - f(2h)]}{2h}$.
6. (1) 略; (2) $f'a \approx \frac{1}{12h}[f(a-2h) - 8f(a-h) + 8f(a+h) - f(a+2h)]$.

习题 7.3

1. (1) $x^* = \begin{bmatrix} -\frac{5}{13} \\ \frac{7}{13} \end{bmatrix}$;(2) $x^* = \begin{bmatrix} \frac{28}{74} - 3x_3 \\ \frac{27}{74} + x_3 \\ x_3 \end{bmatrix}$, x_3 任意.
2. (1) $y = 1.3t + 1.1$; (2) $y = 1.5t$.
3. (1) $y = 0.5t^2 + 0.1t$; (2) $y = 0.25t^2 + 2.15t + 0.45$.
4. 略.

习题 7.4

1. (1) $x_1 = \begin{bmatrix} 4 \\ 2 \end{bmatrix}, x_2 = \begin{bmatrix} 2 \\ 4 \end{bmatrix}, x_3 = \begin{bmatrix} 4 \\ 2 \end{bmatrix}, x_4 = \begin{bmatrix} 2 \\ 4 \end{bmatrix}$;

   (2) $x_1 = \begin{bmatrix} 7 \\ 1 \end{bmatrix}, x_2 = \begin{bmatrix} 11 \\ 8 \end{bmatrix}, x_3 = \begin{bmatrix} 43 \\ 19 \end{bmatrix}, x_4 = \begin{bmatrix} 119 \\ 62 \end{bmatrix}$.

2. $x_k = -2(1)^k \begin{bmatrix} -3 \\ 1 \\ -7 \end{bmatrix} - 2(2)^k \begin{bmatrix} -1 \\ 1 \\ -2 \end{bmatrix} - 5(-1)^k \begin{bmatrix} 1 \\ 2 \\ 3 \end{bmatrix} = \begin{bmatrix} 6 + 2(2)^k - 5(-1)^k \\ -2 - 2(2)^k - 10(-1)^k \\ 14 + 4(2)^k - 10(-1)^k \end{bmatrix}$;

   $x_4 = \begin{bmatrix} 33 \\ -44 \\ 68 \end{bmatrix}$; $x_{10} = \begin{bmatrix} 2049 \\ -2060 \\ 4100 \end{bmatrix}$;

   序列$\{x_k\}$没有极限且 $\| x_k \| \to \infty$.

3. $x(t) = 3e^{2t} \begin{bmatrix} 2 \\ 1 \end{bmatrix} - 2e^{-t} \begin{bmatrix} 1 \\ 1 \end{bmatrix}$.

4.(1) $\boldsymbol{x}'(t)=\boldsymbol{A}\boldsymbol{x}(t),\boldsymbol{A}=\begin{bmatrix}5&-2\\6&-2\end{bmatrix},\boldsymbol{x}(t)=\begin{bmatrix}u(t)\\v(t)\end{bmatrix}$;

$$\boldsymbol{x}(t)=b_1\mathrm{e}^t\begin{bmatrix}1\\2\end{bmatrix}+b_2\mathrm{e}^{2t}\begin{bmatrix}2\\3\end{bmatrix};$$

$$\boldsymbol{x}(t)=\mathrm{e}^t\begin{bmatrix}1\\2\end{bmatrix}+2\mathrm{e}^{2t}\begin{bmatrix}2\\3\end{bmatrix}=\begin{bmatrix}\mathrm{e}^t+4\mathrm{e}^{2t}\\2\mathrm{e}^t+6\mathrm{e}^{2t}\end{bmatrix};$$

(2) $\boldsymbol{x}'(t)=\boldsymbol{A}\boldsymbol{x}(t),\boldsymbol{A}=\begin{bmatrix}4&0&1\\-2&1&0\\-2&0&1\end{bmatrix},\boldsymbol{x}(t)=\begin{bmatrix}u(t)\\v(t)\\w(t)\end{bmatrix}$;

$$\boldsymbol{x}(t)=\mathrm{e}^t\begin{bmatrix}0\\1\\0\end{bmatrix}-\mathrm{e}^{2t}\begin{bmatrix}-1\\2\\2\end{bmatrix}+2\mathrm{e}^{3t}\begin{bmatrix}-1\\1\\1\end{bmatrix}=\begin{bmatrix}\mathrm{e}^{2t}-2\mathrm{e}^{3t}\\\mathrm{e}^t-2\mathrm{e}^{2t}+2\mathrm{e}^{3t}\\-2\mathrm{e}^{2t}+2\mathrm{e}^{3t}\end{bmatrix};$$

$$\boldsymbol{x}(t)=b_1\mathrm{e}^t\begin{bmatrix}0\\1\\0\end{bmatrix}+b_2\mathrm{e}^{2t}\begin{bmatrix}-1\\2\\2\end{bmatrix}+b_3\mathrm{e}^{3t}\begin{bmatrix}-1\\1\\1\end{bmatrix}.$$

总复习题一解答

一、解　1. 这是范德蒙行列式，故 $f(x)=(2-1)(3-1)(x-1)(3-2)(x-2)(x-3)=0$，所以方程的解为 $x=1,2,3$.

2. 因为 $|A|=1$，所以 $AA^*=|A|E=E\Rightarrow A^*=A^{-1}\Rightarrow(A^*)^{-1}=A=\begin{pmatrix}1&1&0\\0&1&0\\0&0&1\end{pmatrix}$；

3. 由 A 为正交矩阵知 $|A|=\pm1$，而 $|A|>0$，所以 $|A|=1\Rightarrow|A^T|=|A|=1$；

4. 由 ξ 为 A 的特征向量知，$(A-\lambda E)\xi=0$，即 $\begin{pmatrix}2-\lambda&-1&2\\5&a-\lambda&3\\-1&b&-2-\lambda\end{pmatrix}\begin{pmatrix}1\\1\\-1\end{pmatrix}=\begin{pmatrix}0\\0\\0\end{pmatrix}$，

于是 $\begin{cases}-1-\lambda=0\\2+a-\lambda=0\\1+b+\lambda=0\end{cases}\Rightarrow\begin{cases}a=-3\\b=0\end{cases}$.

二、解　1. $|kAA^T|=k^n|A||A^T|=k^n|A|^2=k^na^2$，故选 D；

2. 由题设 A、B 相似，故有相同的特征值. 于是由 $|A-\lambda E|=0$ 求得 $\lambda_1=1,\lambda_2=1,\lambda_3=0$，故选 D；

3. 若向量组整体线性相关，则其部分组一定线性相关，故选 A；

4. 由定理可知应选 B.

三、解　原式 $=\sum(-1)^t a_{1j_1}a_{2j_2}\cdots a_{nj_n}=(-1)^{t(n-1n-2\cdots1n)}n!=(-1)^{(n-1)(n-2)/2}n!$

四、解 $|P|=-1\neq0$，P 可逆，用初等行变换求出 P^{-1}

$$\begin{pmatrix}1&0&0&1&0&0\\2&-1&0&0&1&0\\2&1&1&0&0&1\end{pmatrix}\overset{r}{\sim}\begin{pmatrix}1&0&0&1&0&0\\0&1&0&2&-1&0\\0&0&1&-4&1&1\end{pmatrix}$$，则 $P^{-1}=\begin{pmatrix}1&0&0\\2&-1&0\\-4&1&1\end{pmatrix}$

$$A=PBP^{-1}=\begin{pmatrix}1&0&0\\2&-1&0\\2&1&1\end{pmatrix}\begin{pmatrix}1&0&0\\0&0&0\\0&0&-1\end{pmatrix}\begin{pmatrix}1&0&0\\2&-1&0\\-4&1&1\end{pmatrix}=\begin{pmatrix}1&0&0\\2&0&0\\6&-1&-1\end{pmatrix}$$

$$A^5=\underbrace{PBP^{-1}PBP^{-1}\cdots PBP^{-1}}_{5个}=PB^5P^{-1}=PBP^{-1}=A$$

五、解 $|A-3A|=\begin{vmatrix}-3&1&0&0\\1&-3&0&0\\0&0&y-3&1\\0&0&1&-1\end{vmatrix}=8(2-y)=0$，所以 $y=2$.

六、解 $|A+B|=|\alpha_1+\alpha_2\ 2\beta_1\ 2\beta_2\ 2\beta_3|$

$$= 8(|\boldsymbol{a}_1\boldsymbol{\beta}_1\boldsymbol{\beta}_2\boldsymbol{\beta}_3| + |\boldsymbol{a}_2\boldsymbol{\beta}_1\boldsymbol{\beta}_2\boldsymbol{\beta}_3|) = 8\times(1+4) = 4$$

七、解(1) 可以断言 $\boldsymbol{a}_1$ 能由 $\boldsymbol{a}_2,\boldsymbol{a}_3$ 线性表出.

证明:因为已知向量组 $\boldsymbol{a}_2,\boldsymbol{a}_3,\boldsymbol{a}_4$ 线性无关,故其部分组 $\boldsymbol{a}_2,\boldsymbol{a}_3$ 也线性无关;又知向量组 $\boldsymbol{a}_1,\boldsymbol{a}_2,\boldsymbol{a}_3$ 线性相关,所以 $\boldsymbol{a}_1$ 能由 $\boldsymbol{a}_2,\boldsymbol{a}_3$ 线性表出.

(2) 可以断言 $\boldsymbol{a}_4$ 不能由 $\boldsymbol{a}_1,\boldsymbol{a}_2,\boldsymbol{a}_3$ 线性表出.

用反证法:设 $\boldsymbol{a}_4$ 能由 $\boldsymbol{a}_1,\boldsymbol{a}_2,\boldsymbol{a}_3$ 线性表出,即存在常数 λ_1、λ_2、λ_3,使得

$$\boldsymbol{a}_4 = \lambda_1\boldsymbol{a}_1 + \lambda_2\boldsymbol{a}_2 + \lambda_3\boldsymbol{a}_3$$

又由(1) 知 $\boldsymbol{a}_1$ 能由 $\boldsymbol{a}_2,\boldsymbol{a}_3$ 线性表出,即有 $\boldsymbol{a}_1 = \mu_2\boldsymbol{a}_2 + \mu_3\boldsymbol{a}_3$,代入上式得

$$\begin{aligned}\boldsymbol{a}_4 &= \lambda_1\boldsymbol{a}_1 + \lambda_2\boldsymbol{a}_2 + \lambda_3\boldsymbol{a}_3 = \lambda_1(\mu_2\boldsymbol{a}_2 + \mu_3\boldsymbol{a}_3) + \lambda_2\boldsymbol{a}_2 + \lambda_3\boldsymbol{a}_3 \\ &= (\lambda_1\mu_2 + \lambda_2)\boldsymbol{a}_2 + (\lambda_1\mu_3 + \lambda_3)\boldsymbol{a}_3\end{aligned}$$

即 $\boldsymbol{a}_4$ 能由 $\boldsymbol{a}_2,\boldsymbol{a}_3$ 线性表出,从而向量组 $\boldsymbol{a}_2,\boldsymbol{a}_3,\boldsymbol{a}_4$ 线性相关,与已知矛盾.
所以 $\boldsymbol{a}_4$ 不能由 $\boldsymbol{a}_1,\boldsymbol{a}_2,\boldsymbol{a}_3$ 线性表出.

八、解 $f = \boldsymbol{x}^{\mathrm{T}}\boldsymbol{A}\boldsymbol{x}$,其中 $\boldsymbol{A} = \begin{pmatrix}2&0&0\\0&3&a\\0&a&3\end{pmatrix}$,特征值 $\lambda_1 = 1,\lambda_2 = 2,\lambda_3 = 5$,则

$$|\boldsymbol{A}| = 1\times2\times5 = 10$$

又 $|\boldsymbol{A}| = 18 - 2a^2$,$18 - 2a^2 = 10$,得 $a = \pm 2$,又 $a > 0$,则 $a = 2$,

此时,$\boldsymbol{A} = \begin{pmatrix}2&0&0\\0&3&2\\0&2&3\end{pmatrix}$,$\lambda_1 = 1$,解$(\boldsymbol{A}-\boldsymbol{E})\boldsymbol{x} = \boldsymbol{0}$,得 $\boldsymbol{a}_1 = \begin{pmatrix}0\\1\\-1\end{pmatrix}$,单位化 $\boldsymbol{\beta}_1 = \begin{pmatrix}0\\\frac{1}{\sqrt{2}}\\-\frac{1}{\sqrt{2}}\end{pmatrix}$,

$\lambda_2 = 2$,解$(\boldsymbol{A}-2\boldsymbol{E})\boldsymbol{x} = \boldsymbol{0}$,得 $\boldsymbol{a}_2 = \begin{pmatrix}1\\0\\0\end{pmatrix}$,单位化 $\boldsymbol{\beta}_2 = \begin{pmatrix}1\\0\\0\end{pmatrix}$,$\lambda_3 = 5$,解$(\boldsymbol{A}-5\boldsymbol{E})\boldsymbol{x} = \boldsymbol{0}$,得

$\boldsymbol{a}_3 = \begin{pmatrix}0\\1\\1\end{pmatrix}$,单位化 $\boldsymbol{\beta}_3 = \begin{pmatrix}0\\\frac{1}{\sqrt{2}}\\\frac{1}{\sqrt{2}}\end{pmatrix}$,取 $\boldsymbol{T} = (\boldsymbol{\beta}_1,\boldsymbol{\beta}_2,\boldsymbol{\beta}_3)$,则 $\boldsymbol{T}'\boldsymbol{A}\boldsymbol{T} = \begin{pmatrix}1&&\\&2&\\&&5\end{pmatrix}$,

$\boldsymbol{T} = \begin{pmatrix}0&1&0\\\frac{1}{\sqrt{2}}&0&\frac{1}{\sqrt{2}}\\-\frac{1}{\sqrt{2}}&0&\frac{1}{\sqrt{2}}\end{pmatrix}$ 为所求正交变换矩阵.

九、解(1)$0 = \begin{vmatrix}a_{i1}&a_{i2}&\cdots&a_{in}\\a_{11}&a_{12}&\cdots&a_{1n}\\\vdots&\vdots&\cdots&\vdots\\a_{n-1,1}&a_{n-1,2}&\cdots&a_{n-1,n}\end{vmatrix}$(有两行相同)

$= a_{i1}M_1 - a_{i2}M_2 + \cdots + (-1)^{n+1}a_{in}M_n, i = 1,2,\cdots,n-1$

所以$(M_1, -M_2, \cdots, (-1)^{n+1}M_n)$是方程组的解.

(2) 基础解个数为$n - R(A) = n-(n-1) = 1$,

所以$k(M_1, -M_2, \cdots, (-1)^{n+1}M_n)^{\mathrm{T}}$为所求通解.

总复习题二解答

一、解 1. $|\boldsymbol{A}| = \begin{vmatrix} 1 & 1 & 1 & 1 \\ 1 & 1 & -1 & -1 \\ 1 & -1 & 1 & -1 \\ 1 & -1 & -1 & 1 \end{vmatrix} = \begin{vmatrix} 1 & 1 & 1 & 1 \\ 0 & 0 & -2 & -2 \\ 0 & -2 & 0 & -2 \\ 0 & -2 & -2 & 0 \end{vmatrix} = \begin{vmatrix} 0 & -2 & -2 \\ -2 & 0 & -2 \\ -2 & -2 & 0 \end{vmatrix} = -16$

而$\boldsymbol{A}^*\boldsymbol{A} = |\boldsymbol{A}|\boldsymbol{E}$,所以$\boldsymbol{A}^* = -16\boldsymbol{A}^{-1} \Rightarrow (\boldsymbol{A}^*)^{-1} = (-16\boldsymbol{A}^{-1})^{-1} = -\dfrac{1}{16}(\boldsymbol{A}^{-1})^{-1} = -\dfrac{1}{16}\boldsymbol{A}$;

2. 有惟一解的充要条件是系数行列式不等于零,即

$D = \begin{vmatrix} \lambda & 1 & 1 \\ 1 & \lambda & 1 \\ 1 & 1 & \lambda \end{vmatrix} = (1-\lambda)^2(2+\lambda) \neq 0$,从而$\lambda \neq 1$且$\lambda \neq -2$;

3. $\boldsymbol{B} = \varphi(\boldsymbol{A}) = \boldsymbol{A}^3 - 5\boldsymbol{A}^2$的特征值分别为

$\varphi(1) = 1^3 - 5 \times 1^2 = -4, \varphi(-1) = (-1)^3 - 5 \times (-1)^2 = -6, \varphi(2) = 2^3 - 5 \times 2^2 = -12$,所以$|\boldsymbol{B}| = \varphi(1)\varphi(-1)\varphi(2) = -288$;

4. 由条件知$-f(x,y,z) = 5x^2 + 6y^2 + 4z^2 - 2axy - 2axz$是正定的,其矩阵为

$$\boldsymbol{A} = \begin{pmatrix} 5 & -a & -a \\ -a & 6 & 0 \\ -a & 0 & 4 \end{pmatrix},$$

$\boldsymbol{A}$正定$\Leftrightarrow \begin{vmatrix} 5 & -a \\ -a & 5 \end{vmatrix} > 0, |\boldsymbol{A}| > 0 \Leftrightarrow 120 - 10a^2 > 0 \Leftrightarrow -2\sqrt{2} < a < 2\sqrt{2}$.

二、解 1. $(\boldsymbol{A}+\boldsymbol{B})^{\mathrm{T}} = \boldsymbol{A}^{\mathrm{T}} + \boldsymbol{B}^{\mathrm{T}} = -\boldsymbol{A} + \boldsymbol{B}$,即命题(A) 错误;

$(\boldsymbol{AB})^{\mathrm{T}} = \boldsymbol{B}^{\mathrm{T}}\boldsymbol{A}^{\mathrm{T}} = -\boldsymbol{BA}$,即命题(B) 错误;

$(\boldsymbol{A}+\boldsymbol{B}^2)^{\mathrm{T}} = \boldsymbol{A}^{\mathrm{T}} + (\boldsymbol{B}^{\mathrm{T}})^2 = -\boldsymbol{A} + \boldsymbol{B}^2$,即命题(D) 错误;

$(\boldsymbol{A}^2)^{\mathrm{T}} = (\boldsymbol{A}^{\mathrm{T}})^2 = (-\boldsymbol{A})^2 = \boldsymbol{A}^2$,即$\boldsymbol{A}^2$是对称阵,故命题(C) 正确.

2. $\boldsymbol{A}$可逆$\Leftrightarrow |\boldsymbol{A}| \neq 0$,只有命题$D$中$|\boldsymbol{A}| > 0$,故选(D).

3. 由若向量组的部分组线性相关,则该向量组线性相关知,命题(D) 正确.

三、解 $D = -\begin{vmatrix} a & 0 & 0 & t \\ 1 & 0 & 1 & 1 \\ 0 & -2 & -b & 0 \\ 1 & 0 & 0 & 1 \end{vmatrix} = \dfrac{1}{2}\begin{vmatrix} a & 0 & 0 & 2t \\ 1 & 0 & 1 & 2 \\ 0 & 2 & b & 0 \\ 1 & 0 & 0 & 2 \end{vmatrix} = \dfrac{1}{2} \times (-1) = -\dfrac{1}{2}$

四、解 $|A|=-1$，A 可逆，$AB=A^2-E\Rightarrow$

$$B=A-A^{-1}=\begin{pmatrix}1&1&-1\\0&1&1\\0&0&-1\end{pmatrix}-\begin{pmatrix}1&-1&-2\\0&1&1\\0&0&-1\end{pmatrix}=\begin{pmatrix}0&2&1\\0&0&0\\0&0&0\end{pmatrix}$$

五、解 $$(a_1^{\mathrm T}\quad a_2^{\mathrm T}\quad a_3^{\mathrm T}\quad a_4^{\mathrm T})=\begin{pmatrix}1&0&3&1\\0&1&-3&-2\\-1&4&-1&5\\3&2&5&1\\2&-1&1&-4\end{pmatrix}\sim\begin{pmatrix}1&0&3&1\\0&1&-3&-2\\0&0&1&1\\0&0&0&0\\0&0&0&0\end{pmatrix},$$

所以 a_1,a_2,a_3 为 V 的一组基，维数$(V)=3$.

六、解 $$(A\quad b)=\begin{pmatrix}1&1&1&1&1&1\\3&2&1&1&-3&0\\0&1&2&2&6&3\\5&4&3&3&-1&2\end{pmatrix}\sim\begin{pmatrix}1&0&-1&-1&-5&-2\\0&1&2&2&6&3\\0&0&0&0&0&0\\0&0&0&0&0&0\end{pmatrix}$$

$$\Rightarrow\begin{cases}x_1=x_3+x_4+5x_5-2\\x_2=-2x_3-2x_4-65x_5+3\\x_3=x_3\\x_4=x_4\\x_5=x_5\end{cases},$$

(1)$R(A)=R(A,b)=2<$ 未知数个数 3，所以方程组有无穷多组解.

(2) 对应齐次方程组基础解系为：$\xi_1=\begin{pmatrix}1\\-2\\1\\0\\0\end{pmatrix}$，$\xi_2=\begin{pmatrix}1\\-2\\0\\1\\0\end{pmatrix}$，$\xi_3=\begin{pmatrix}5\\-6\\0\\0\\1\end{pmatrix}$

(3) 方程组通解为：$\begin{pmatrix}x_1\\x_2\\x_3\\x_4\\x_5\end{pmatrix}=k_1\begin{pmatrix}1\\-2\\1\\0\\0\end{pmatrix}+k_2\begin{pmatrix}1\\-2\\0\\1\\0\end{pmatrix}+k_3\begin{pmatrix}5\\-6\\0\\0\\1\end{pmatrix}+\begin{pmatrix}-2\\3\\0\\0\\0\end{pmatrix}$.

七、解(1) 由 $Ax=\lambda x$ 即 $\begin{pmatrix}-1\\2+a\\b+1\end{pmatrix}=\begin{pmatrix}\lambda\\\lambda\\-\lambda\end{pmatrix}\Rightarrow\begin{cases}\lambda=-1\\a=-3\\b=0\end{cases}$

(2) $|A-\lambda E|=-(\lambda+1)^3=0$，$\lambda_1=\lambda_2=\lambda_3=-1$，

解方程组 $(A+E)x=0$，得对应特征向量 $x=k\begin{pmatrix}1\\1\\-1\end{pmatrix}$

矩阵 A 没有 3 个线性无关的特征向量，所以 A 不能相似于对角矩阵.

八、解(1) 二次型对应矩阵 $A=\begin{pmatrix}1&1&0\\0&-1&1\\0&1&c\end{pmatrix}\sim\begin{pmatrix}1&1&0\\0&-1&1\\0&0&c+1\end{pmatrix}$，由秩$(\boldsymbol{A})=2$，得 $c=-1$.

(2) $f=x_1^2-x_3^2+2x_1x_2+2x_2x_3=(x_1+x_2)^2-(x_2-x_3)^2=y_1^2-y_2^2$

$$\begin{cases}y_1=x_1+x_2\\y_2=\qquad x_2-x_3\\y_3=\qquad\qquad x_3\end{cases}\Rightarrow\begin{cases}x_1=y_1-y_2-y_3\\x_2=\qquad y_2+y_3.\\x_3=\qquad\qquad y_3\end{cases}$$

即线性变换 $\boldsymbol{Y}=\boldsymbol{PX}$ 将二次型 f 化为标准形.

九、证(1) 设 $k_0\boldsymbol{\beta}+k_1\boldsymbol{a}_1+\cdots+k_{n-r}\boldsymbol{a}_{n-r}=\boldsymbol{0}(*)$ 两边左乘 $\boldsymbol{A}$ 得

$\boldsymbol{A}(k_0\boldsymbol{\beta}+k_1\boldsymbol{a}_1+\cdots+k_{n-r}\boldsymbol{a}_{n-r})=\boldsymbol{0}\Rightarrow k_0\boldsymbol{b}=\boldsymbol{0},\boldsymbol{b}\neq\boldsymbol{0}$，则 $k_0=0$，代入$(*)$得

$$k_1\boldsymbol{a}_1+\cdots+k_{n-r}\boldsymbol{a}_{n-r}=\boldsymbol{0}$$

由 $\boldsymbol{a}_1,\boldsymbol{a}_2,\cdots,\boldsymbol{a}_{n-r}$，线性无关，则 $k_1=\cdots=k_{n-r}=0$. 所以，$\boldsymbol{a}_1,\boldsymbol{a}_2,\cdots,\boldsymbol{a}_{n-r},\boldsymbol{\beta}$ 线性无关.

(2) 设 $l_0\boldsymbol{\beta}+l_1(\boldsymbol{\beta}+\boldsymbol{a}_1)+\cdots+l_{n-r}(\boldsymbol{\beta}+\boldsymbol{a}_{n-r})=0$，则

$$(l_0+l_1+\cdots+l_{n-r})\boldsymbol{\beta}+l_1\boldsymbol{a}_1+\cdots+l_{n-r}\boldsymbol{a}_{n-r}=0,$$

由上证 $\boldsymbol{a}_1,\boldsymbol{a}_2,\cdots,\boldsymbol{a}_{n-r},\boldsymbol{\beta}$ 线性无关，

$$l_0+l_1+\cdots+l_{n-r}=0,l_1=l_2=\cdots=l_{n=r}=0,\Rightarrow l_0=l_1=\cdots=l_{n-r}=0$$

所以，$\boldsymbol{\beta}+\boldsymbol{a}_1,\boldsymbol{\beta}+\boldsymbol{a}_2,\cdots,\boldsymbol{\beta}+\boldsymbol{a}_{n-r},\beta$ 线性无关.

总复习题三解答

一、解 1. 三阶行列式展开即知 x 的系数是 $3-1=2$；

2. 由于 $\boldsymbol{A}^*\boldsymbol{A}=|\boldsymbol{A}|\boldsymbol{E}$，所以 $\boldsymbol{A}^*=5\boldsymbol{A}^{-1}\Rightarrow(5\boldsymbol{A}^*)^{-1}=\frac{1}{5}(\boldsymbol{A}^*)^{-1}=\frac{1}{5}(5\boldsymbol{A}^{-1})^{-1}=\frac{1}{25}\boldsymbol{A}$

$|(5\boldsymbol{A}^*)^{-1}|=\left|\frac{1}{25}\boldsymbol{A}\right|=\frac{1}{25^n}|\boldsymbol{A}|=\frac{5}{25^n}$；

3. 相似矩阵有相同的特征值，$\boldsymbol{B}$ 的特征值为 $y,2,-1$，而 $\boldsymbol{A}$ 的特征方程为

$|\boldsymbol{A}-\lambda\boldsymbol{E}|=-(2-\lambda)((1+x\lambda-\lambda^2)=0$，因此有 $\begin{cases}1-x-(-1)^2=0\\1+xy-y^2=0\end{cases}\Rightarrow\begin{cases}x=0\\y=\pm1\end{cases}$；

4. $\boldsymbol{A}^2-2\boldsymbol{A}-3\boldsymbol{E}=\boldsymbol{O}\Rightarrow\boldsymbol{A}(\boldsymbol{A}-2\boldsymbol{E})=3\boldsymbol{E}\Rightarrow\boldsymbol{A}\left[\frac{1}{3}(\boldsymbol{A}-2\boldsymbol{E})\right]=\boldsymbol{E}$

$$\Rightarrow\boldsymbol{A}^{-1}=\frac{\boldsymbol{A}-2\boldsymbol{E}}{3};$$

5. $[\boldsymbol{a},\boldsymbol{\beta}]=1\times1+1\times0+0\times1=1,\|\boldsymbol{a}\|=\sqrt{1^2+1^2+0^2}=\sqrt{2}$.

二、解 1. 基础解系是线性无关的，故选(B)；

2. $\boldsymbol{Ax}=\boldsymbol{b}$ 任意两个解的差是 $\boldsymbol{Ax}=\boldsymbol{0}$ 的解，故选(D)；

3. $\boldsymbol{BCA}=\boldsymbol{E}\Rightarrow\boldsymbol{A}^{-1}=\boldsymbol{BC}\Rightarrow\boldsymbol{ABC}=\boldsymbol{E}$，故选(A)；

4. 由 $R(\boldsymbol{A})=n-3$ 知 $\boldsymbol{A}$ 的所有 $n-1$ 阶子式都等于 $\boldsymbol{0}$，即 $\boldsymbol{A}^*$ 的所有元素为 $\boldsymbol{0}$，也就是 $\boldsymbol{A}^*=\boldsymbol{O}$，故选(B).

三、解 $D=\begin{vmatrix}-1 & 1 & -k\\ 1 & k & -1\\ k & 1 & 1\end{vmatrix}=\begin{vmatrix}-1 & 1 & -k\\ 0 & k+1 & -(k+1)\\ 0 & 1+k & 1-k^2\end{vmatrix}=\begin{vmatrix}-1 & 1 & -k\\ 0 & 1+k & -(1+k)\\ 0 & 0 & 2+k-k^2\end{vmatrix}$

$=(k+1)(k^2-k-2)=(k+1)^2(k-2)$

当 $k\neq-1$ 且 $k\neq 2$ 时，由克莱姆法则方程组有惟一解.

当 $k=-1$ 时，增广阵为 $\begin{pmatrix}-1 & 1 & 1 & -1\\ 1 & -1 & -1 & 1\\ -1 & 1 & 1 & -1\end{pmatrix}\sim\begin{pmatrix}-1 & 1 & 1 & -1\\ 0 & 0 & 0 & 0\\ 0 & 0 & 0 & 0\end{pmatrix}$

这时 $r(\boldsymbol{A})=r(\boldsymbol{B})=1<3$，方程组有无穷多解，通解为

$$\boldsymbol{x}=\begin{pmatrix}1\\0\\0\end{pmatrix}+k_1\begin{pmatrix}1\\1\\0\end{pmatrix}+k_2\begin{pmatrix}1\\0\\1\end{pmatrix}$$

当 $k=2$ 时，方程组的增广阵为

$$\begin{pmatrix}-1 & 1 & -2 & 2\\ 1 & 2 & -1 & 1\\ 2 & 1 & 1 & 2\end{pmatrix}\sim\begin{pmatrix}-1 & 1 & -2 & 2\\ 0 & 3 & -3 & 3\\ 0 & 3 & -3 & 6\end{pmatrix}\sim\begin{pmatrix}-1 & 1 & -2 & 2\\ 0 & 3 & -3 & 3\\ 0 & 0 & 0 & 3\end{pmatrix}$$

这时 $R(\boldsymbol{A})=2$，$R(\boldsymbol{B})=3$，$R(\boldsymbol{A})\neq R(\boldsymbol{B})$，方程组无解.

四、解　因为 $\boldsymbol{AB}+\boldsymbol{E}=\boldsymbol{A}^2+\boldsymbol{B}$　$\boldsymbol{AB}-\boldsymbol{B}=\boldsymbol{A}^2-\boldsymbol{E}$，$(\boldsymbol{A}-\boldsymbol{E})\boldsymbol{B}=(\boldsymbol{A}-\boldsymbol{E})(\boldsymbol{A}+\boldsymbol{E})$

$\boldsymbol{A}-\boldsymbol{E}=\begin{pmatrix}2-1 & 0 & -1\\ 0 & 2-1 & 0\\ 1 & 0 & 1-1\end{pmatrix}=\begin{pmatrix}1 & 0 & -1\\ 0 & 1 & 0\\ 1 & 0 & 0\end{pmatrix}\Rightarrow|\boldsymbol{A}-\boldsymbol{E}|=1\Rightarrow\boldsymbol{A}-\boldsymbol{E}$

可逆，所以 $\boldsymbol{B}=\boldsymbol{A}+\boldsymbol{E}$，即 $\boldsymbol{B}=\begin{pmatrix}3 & 0 & -1\\ 0 & 3 & 0\\ 1 & 0 & 2\end{pmatrix}$.

五、解　设 $\boldsymbol{A}=\begin{pmatrix}1 & 0 & 0\\ 0 & 2 & -2\\ 0 & -2 & 2\end{pmatrix}$，则 $|\boldsymbol{A}-\lambda\boldsymbol{E}|=\begin{vmatrix}1-\lambda & 0 & 0\\ 0 & 2-\lambda & -2\\ 0 & -2 & 2-\lambda\end{vmatrix}=\lambda(1-\lambda)(\lambda-4)$

所以特征值为0、1、4，我们可以直接写出曲面的标准方程是：$y_1^2+4z_1^2=4$，该曲面表示的是椭圆柱面，母线平行于 Ox_1 轴，准线在 y_1Ox_1 面上为 $y_1^2+4z_1^2=4$.

六、证　由题设知 $|2\boldsymbol{E}-\boldsymbol{A}|=\boldsymbol{0}$，$|\boldsymbol{E}-\boldsymbol{A}|=\boldsymbol{0}$ 和 $|\boldsymbol{E}+\boldsymbol{A}|=(-1)|(-1)\boldsymbol{E}-\boldsymbol{A}|=\boldsymbol{0}$

所以2、1、-1 都是 $\boldsymbol{A}$ 的特征值，又由 $\boldsymbol{A}$ 是三阶方阵，$\boldsymbol{A}$ 有三个不相等的特征值，所以 $\boldsymbol{A}$ 一定与 $\begin{pmatrix}-1 & 0 & 0\\ 0 & 1 & 0\\ 0 & 0 & 2\end{pmatrix}$ 相似.

七、证　因为 $\boldsymbol{A}$ 非奇异，即 $\boldsymbol{A}$ 可以表示为一系列初等矩阵的乘积，$\boldsymbol{AB}$ 表示 $\boldsymbol{A}$ 左乘 $\boldsymbol{B}$，即为对 $\boldsymbol{B}$ 做一系列的初等行变换，这样不改变 $\boldsymbol{B}$ 的秩，所以有秩($\boldsymbol{C}$) = 秩($\boldsymbol{AB}$) = 秩($\boldsymbol{B}$).

同样 $\boldsymbol{BA}$ 表示对 $\boldsymbol{B}$ 进行一系列的初等变换，即不改变 $\boldsymbol{B}$ 的秩，所以秩($\boldsymbol{D}$) = 秩($\boldsymbol{AB}$) = 秩($\boldsymbol{B}$).

八、解　由 $|A-\lambda E|=\begin{vmatrix}2-\lambda & 2 & 0\\ 8 & 2-\lambda & a\\ 0 & 0 & 6-\lambda\end{vmatrix}=0$,得 $\lambda_{1,2}=6,\lambda_3=-2.\lambda_{1,2}=6$,

应有两个线性无关的特征向量,因此,秩$(A-6E)=1$,从而由

$$A-6E=\begin{pmatrix}-4 & 2 & 0\\ 8 & -4 & a\\ 0 & 0 & 0\end{pmatrix}\sim\begin{pmatrix}-4 & 2 & 0\\ 0 & 0 & a\\ 0 & 0 & 0\end{pmatrix}$$

知 $a=0$ 对 $\lambda_{1,2}=6$,解$(A-6E)x=0$,得两个线性无关的特征向量

$$a_1=\begin{pmatrix}0\\0\\1\end{pmatrix},\quad a_2=\begin{pmatrix}1\\2\\0\end{pmatrix}$$

对 $\lambda_3=-2$,解$(A+2E)x=0$,得特征向量 $a_3=\begin{pmatrix}1\\-2\\0\end{pmatrix}$,

令 $P=(a_1,a_2,a_3)=\begin{pmatrix}0 & 1 & 1\\ 0 & 2 & -2\\ 1 & 0 & 0\end{pmatrix}$,则 P 可逆,并有 $P^{-1}AP=\Lambda$.

九、解　化成上三角行列式计算,分别将第 2 列$\frac{1}{a_1}$倍,第 3 列$\frac{1}{a_2}$倍,…,第 $n+1$ 列$\frac{1}{a_n}$倍加到第 1 列,

$$D_{n+1}=\begin{vmatrix}1+\sum_{i=1}^{n}\frac{1}{a_i} & 1 & 1 & \cdots & 1\\ 0 & a_1 & 0 & \cdots & 0\\ 0 & 0 & a_2 & \cdots & 0\\ \vdots & \vdots & \vdots & \cdots & \vdots\\ 0 & 0 & 0 & \cdots & a_n\end{vmatrix}=a_1a_2\cdots a_n\left(1+\sum_{i=1}^{n}\frac{1}{a_i}\right).$$

总复习题四解答

一、解　1. 由 $R(A)=n-2$ 知 A 的所有 $n-1$ 阶子式都等于 $\mathbf{0}$,即 A^* 的所有元素为 0,也就是 $A^*=O$,故 $R(A^*)=0$;

2. $|A|\neq 0\Rightarrow R(A)=3$,$B_{3\times 3}$ 的列向量组线性无关 $\Rightarrow R(B)=3$,从而 A、B 都可逆,于是 AB 可逆,即 $R(AB)=3$;

3. 有非零解的充要条件是系数行列式等于 0,由此解得 $k=1$ 或 $k=-2$;

4. A 正交 $\Rightarrow A^{\mathrm{T}}=A^{-1}$,而 $A^*=|A|A^{-1}$,所以 $|A|A^{-1}+A^{-1}=O\Rightarrow|A|=-1$;

5. 线性无关的充要条件是 $|\boldsymbol{a}_1^{\mathrm{T}}\quad \boldsymbol{a}_2^{\mathrm{T}}\quad \boldsymbol{a}_3^{\mathrm{T}}\quad \boldsymbol{a}_4^{\mathrm{T}}|\neq 0$，即

$$\begin{vmatrix}1&0&0&k\\1&k&0&0\\0&1&1&0\\0&1&k&1\end{vmatrix}=\begin{vmatrix}1&0&0&k\\0&k&0&-k\\0&1&1&0\\0&0&k-1&1\end{vmatrix}=\begin{vmatrix}k&0&-k\\1&1&0\\0&k-1&1\end{vmatrix}=2k-k^2\neq 0$$

故 $k\neq 0$ 且 $k\neq 2$；

6. $$\begin{pmatrix}1&0&0&1\\1&2&0&3\\1&2&3&6\\1&2&1&4\end{pmatrix}\overset{r}{\sim}\begin{pmatrix}1&0&0&1\\0&1&0&1\\0&0&1&1\\0&0&0&0\end{pmatrix}$$

故秩为 3，向量组线性相关，且 $\boldsymbol{a}_1,\boldsymbol{a}_2,\boldsymbol{a}_3$ 是一最大无关组；

7. $k=R(\boldsymbol{b}_1,\boldsymbol{b}_2,\cdots,\boldsymbol{b}_k)\leqslant R(\boldsymbol{a}_1,\boldsymbol{a}_2,\cdots,\boldsymbol{a}_m)\leqslant \boldsymbol{m}$

二、解　1. 矩阵的相似具有传递性，所以命题正确(√)；

2. $\boldsymbol{a}_1=\begin{pmatrix}1\\0\end{pmatrix}$，　$\boldsymbol{a}_2=\begin{pmatrix}2\\0\end{pmatrix}$，　$\boldsymbol{a}_3=\begin{pmatrix}0\\1\end{pmatrix}$

线性相关，但 $\boldsymbol{a}_3$ 不能由 $\boldsymbol{a}_1$ 和 $\boldsymbol{a}_2$ 线性表示，故命题错误(×)；

3. $\begin{pmatrix}1&0\\1&1\\1&1\end{pmatrix}$的列向量组线性无关，行向量组线性相关，故命题错误(×)；

4. 由 $\boldsymbol{Ax}=\boldsymbol{b}$ 有无穷多解知 $R(\boldsymbol{A})<n$，从而 $\boldsymbol{Ax}=\boldsymbol{0}$ 有无穷多解，所以命题正确(√)；

5. $\boldsymbol{Ax}=\boldsymbol{0}$ 只有零解，即 $R(\boldsymbol{A})=n$，此时可能 $R(\boldsymbol{A})=R(\boldsymbol{A}\ \boldsymbol{b})=n$ 即 $\boldsymbol{Ax}=\boldsymbol{b}$ 有惟一解，也可能 $R(\boldsymbol{A})\neq R(\boldsymbol{A}\ \boldsymbol{b})$ 即 $\boldsymbol{Ax}=\boldsymbol{b}$ 无解，故命题错误(×).

说明：4、5 题中的 n 是指方程组中未知数的个数.

三、解　1. $$\begin{pmatrix}1&1&2&-k\\1&2&k&k^2\\2&1&k^2&0\end{pmatrix}\sim\begin{pmatrix}1&1&2&-k\\0&1&k-2&k^2+k\\0&-1&k^2-4&2k\end{pmatrix}\sim$$

$$\begin{pmatrix}1&1&2&-k\\0&1&k-2&k^2+k\\0&0&(k-2(k+3)&k(k+3)\end{pmatrix}$$

当 $k\neq 2$ 且 $k\neq -3$ 时，方程组有惟一解. 当 $k=2$ 时方程组无解.

当 $k(k+3)=0$ 时方程组 $R(\boldsymbol{A})=R(\boldsymbol{B})$，当 $k=0$ 时

$$\begin{pmatrix}1&1&2&0\\1&2&0&0\\2&1&0&0\end{pmatrix}\sim\begin{pmatrix}1&1&2&0\\0&1&2&0\\0&0&2&0\end{pmatrix}$$

这时方程组只有零解.

当 $k=-3$ 时，$$\begin{pmatrix}1&1&2&3\\1&2&-3&9\\2&1&9&0\end{pmatrix}\sim\begin{pmatrix}1&1&2&3\\0&1&-5&6\\0&-1&5&-6\end{pmatrix}\sim\begin{pmatrix}1&1&2&3\\0&1&-5&6\\0&0&0&0\end{pmatrix}$$

这时方程组有无穷多解.

2. $A=\begin{pmatrix}1&1&2&1\\1&2&1&3\\2&3&3&4\\3&5&4&7\end{pmatrix}\sim\begin{pmatrix}1&1&2&1\\0&1&-1&2\\0&1&-1&2\\0&2&-2&4\end{pmatrix}\sim\begin{pmatrix}1&1&2&1\\0&1&-1&2\\0&0&0&0\\0&0&0&0\end{pmatrix}\sim\begin{pmatrix}1&0&3&-1\\0&1&-1&2\\0&0&0&0\\0&0&0&0\end{pmatrix}$

(1)$R(A)=2$； (2)$\dim(S)=4-R(A)=2$；

(3) 通解：$k_1\begin{pmatrix}-3\\1\\1\\0\end{pmatrix}+k_2\begin{pmatrix}1\\-2\\0\\1\end{pmatrix}$；(4) 基础解系 $\xi_1=\begin{pmatrix}-3\\1\\1\\0\end{pmatrix}$，$\xi_2=\begin{pmatrix}1\\-2\\0\\1\end{pmatrix}$.

3. 设有 $\lambda_1,\lambda_2,\lambda_3$ 是一组不全为零的数. $\lambda_1 b_1+\lambda_2 b_2+\lambda_3 b_3=0$，即

$$\lambda_1(a_1-ka_2)+\lambda_2(a_2+a_3)+\lambda_3(a_3+ka_1)$$
$$=(\lambda_1+k\lambda_3)a_1+(\lambda_2-k\lambda_1)a_2+(\lambda_2+\lambda_3)a_3=\mathbf{0}$$

而向量组 a_1,a_2,a_3 线性无关，所以 $\begin{cases}\lambda_1+k\lambda_3=0\\\lambda_2+k\lambda_1=0\\\lambda_2+\lambda_3=0\end{cases}$，该方程组有非零解，

即 $\begin{vmatrix}1&0&k\\-k&1&0\\0&1&1\end{vmatrix}=0$，即 $1-k^2=0$，也就是 $k=\pm1$.

4. 由正交阵定义 $A^TA=E$，即

$a_i^Ta_j=\begin{cases}1 & i=j\\0 & i\neq j\end{cases}$ $i,j=1,2,\cdots,n$ 得 $a=8,b=-7$，也就是 $A=\frac{1}{9}\begin{pmatrix}-1&4&8\\8&4&-1\\4&-7&4\end{pmatrix}$.

5. $|A|=(k+3)\begin{vmatrix}1&1&1&1\\1&k&1&1\\1&1&k&1\\1&1&1&k\end{vmatrix}=(k+3)\begin{vmatrix}1&1&1&1\\0&k-1&0&0\\0&0&k-1&0\\0&0&0&k-1\end{vmatrix}$

$=(k+3)(k-1)^3$

所以 $R(A)=\begin{cases}4,k\neq-3,1\\1,k=1\\3,k=-3\end{cases}$，因为 $k=-3$ 时，$|A|=0$，而 A 有一个 3 阶子式

$\begin{vmatrix}-3&1&1\\1&-3&1\\1&1&-3\end{vmatrix}\neq0$，所以 $k=-3$.

四、证 1.（反证法）如果 a_1,a_2,a_3 线性相关，则有一组不全为 0 的系数 $\lambda_1,\lambda_2,\lambda_3$ 使

$$\lambda_1a_1+\lambda_2a_2+\lambda_3a_3=0 \tag{1}$$

由已知条件设 $b=\beta_1a_1+\beta_2a_2+\beta_3a_3$，结合(1)式得

$$b+\mathbf{0}=b=(\beta_1+\lambda_1)a_1+(\beta_2+\lambda_2)a_2+(\beta_3+\lambda_3)a_3 \tag{2}$$

由于 $\lambda_1,\lambda_2,\lambda_3$ 不完全为零，则 $\beta_1+\lambda_1,\beta_2+\lambda_2,\beta_3+\lambda_3$ 必与 β_1,β_2,β_3 不同，这样 b 已有两种表示，与表示法惟一相矛盾，证毕.

2. 由 $A = BC$，且 $\det(A) \neq 0$，得 $R(A) = n$，$A^T = C^T B^T$，这表示 A^T 行向量组可以由 B^T 行向量组线性表示，由于 A^T 是由线性无关的行(列)向量组构成的，这时必有 B^T 的行也是线性无关的，这样 B^T 与 $C^T B^T$ 行向量组等价，$B^T x = 0$ 与 $C^T B^T x = 0$ 有同解，即与 $A^T x = 0$ 同解，而 $A^T x = 0$ 只有零解，所以 $B^T x = 0$ 也只有零解.

3. 因为线性方程组 $Ax = 0$，当秩 $R(A) = r$ 时，基础解系有 $n - r$ 个解向量，由

$$AB = A(b_1, b_2, \cdots b_n) = (Ab_1, Ab_2, \cdots, Ab_n) = O$$

则有 $Ab_j = 0 (j = 1, 2, \cdots, n)$，即 B 的列向量均为 $Ax = 0$ 的解，这些列向量的极大线性无关组的向量个数 $\leqslant n - r$，即 $R(B) \leqslant n - r$，从而 $R(A) + R(B) \leqslant n$.

总复习题五解答

一、解 1. $AB = \begin{pmatrix} 4 & y \\ 2x-1 & xy \end{pmatrix} = BA = \begin{pmatrix} 2+xy & 4-y \\ 1 & 2 \end{pmatrix}$，

由对应元素相等列方程组解得 $x = 1, y = 2$；

2. $\begin{pmatrix} 0 & 0 & 1 & 1 & 0 & 0 \\ 0 & 1 & 1 & 0 & 1 & 0 \\ 1 & 1 & 1 & 0 & 0 & 1 \end{pmatrix} \sim \begin{pmatrix} 0 & 0 & 1 & 1 & 0 & 0 \\ 0 & 1 & 0 & -1 & 1 & 0 \\ 1 & 0 & 0 & 0 & -1 & 1 \end{pmatrix} \sim \begin{pmatrix} 1 & 0 & 0 & 1 & -1 & 1 \\ 0 & 1 & 0 & -1 & 1 & 0 \\ 0 & 0 & 1 & 1 & 0 & 0 \end{pmatrix}$

所以 $A^{-1} = \begin{pmatrix} 0 & -1 & 1 \\ -1 & 1 & 0 \\ 1 & 0 & 0 \end{pmatrix}$；

3. $\begin{vmatrix} 1 & 2a & a^2 \\ 1 & a+b & ab \\ 1 & 2b & b^2 \end{vmatrix} = \begin{vmatrix} 1 & 2a & a^2 \\ 0 & b-a & ab-a^2 \\ 0 & 2b-2a & b^2-a^2 \end{vmatrix} = \begin{vmatrix} 1 & 2a & a^2 \\ 0 & b-a & ab-a^2 \\ 0 & 0 & (b-a)^2 \end{vmatrix} = (b-a)^3$；

4. 由于 $A = \begin{pmatrix} 1 & 1 & 1 & 1 \\ 2 & 4 & 3 & 1 \\ 3 & 5 & 2 & 4 \\ 4 & 6 & 3 & 5 \end{pmatrix} \sim \begin{pmatrix} 1 & 1 & 1 & 1 \\ 0 & 2 & 1 & -1 \\ 0 & 2 & -1 & 1 \\ 0 & 2 & -1 & 1 \end{pmatrix} \sim \begin{pmatrix} 1 & 1 & 1 & 1 \\ 0 & 2 & 1 & -1 \\ 0 & 0 & 2 & 2 \\ 0 & 0 & 0 & 0 \end{pmatrix}$，

所以 $R(A) = 3$，解空间的维数 = 未知数的个数 $- R(A) = 4 - 3 = 1$；

5. 向量组线性相关，则 $\begin{vmatrix} 1 & k & -1 \\ 0 & 3 & 4 \\ -1 & 0 & k \end{vmatrix} = 0$，即 $k = -3$；

6. 二次型的矩阵 $A = \begin{pmatrix} 1 & -2 & 0 \\ -2 & 5 & k \\ 0 & k & 9 \end{pmatrix}$，其正定的充要条件是各阶主子式都大于零，即

$$|A|=9-k^2>0 \Rightarrow |k|<3.$$

二、解　1. 设 $C^{-1}=\begin{pmatrix}X_{11} & X_{12}\\ X_{21} & X_{22}\end{pmatrix}$，则 $CC^{-1}=\begin{pmatrix}BX_{21} & BX_{22}\\ AX_{11} & AX_{12}\end{pmatrix}=\begin{pmatrix}E & O\\ O & E\end{pmatrix}$，所以

$$BX_{21}=E,\quad BX_{22}=O,\quad AX_{11}=O,\quad AX_{12}=E$$

由于 A,B 可逆，于是前两式左乘以 B^{-1}，后两式左乘以 A^{-1} 得

$$X_{21}=B^{-1},\quad X_{22}=X_{11}=O,\quad X_{12}=A^{-1}$$

故 $C^{-1}=\begin{pmatrix}O & A^{-1}\\ B^{-1} & O\end{pmatrix}$，从而选 C.

2. $(AB)^T=B^TA^T=BA$，BA 与 AB 不一定相等，故命题(A) 错误；

如 $A=\begin{pmatrix}2 & 4\\ -3 & -6\end{pmatrix}$，$B=\begin{pmatrix}-2 & 4\\ 1 & -2\end{pmatrix}$，$AB=O$，故命题(B) 错误；

如 $A=\begin{pmatrix}1 & 0\\ 0 & 1\end{pmatrix}$，$B=\begin{pmatrix}0 & 1\\ 0 & 0\end{pmatrix}$，则 $AB=B$ 奇异，而 A 非奇异，故命题(C) 错误；

由于 AB 可逆，则 $|AB|=|A||B|\neq 0$，从而 $|A|\neq 0$ 且 $|B|\neq 0$，即 A 和 B 都可逆，故命题(D) 正确，应选(D).

3. 以该向量组为列向量的矩阵 $\begin{pmatrix}1 & 0 & 1 & 0\\ 0 & 1 & 0 & 3\\ 0 & 1 & 1 & 3\end{pmatrix}$，用初等行变换化为行阶梯矩阵得

$\begin{pmatrix}1 & 0 & 1 & 0\\ 0 & 1 & 0 & 3\\ 0 & 0 & 1 & 0\end{pmatrix}$，由此可以看出，向量组的秩为 3，$a_1,a_2,a_3$ 和 a_1,a_3,a_4 都是最大无关组，故选(A).

4. $R(A)\leqslant \min(m,n)=m<n$，所以列向量组一定组性相关，故选(B).

三、解　1. A 可逆，求得 $A^{-1}=\begin{pmatrix}1 & 0 & 0\\ 0 & 1 & -1\\ 0 & 1 & -2\end{pmatrix}$，$B$ 可逆，求得 $B^{-1}=\begin{pmatrix}-3 & 2\\ 2 & -1\end{pmatrix}$

$$Y=A^{-1}CB^{-1},Y=\begin{pmatrix}1 & 0 & 0\\ 0 & 1 & -1\\ 0 & 1 & -2\end{pmatrix}\begin{pmatrix}1 & 2\\ 3 & 1\\ 2 & 0\end{pmatrix}\begin{pmatrix}-3 & 2\\ 2 & -1\end{pmatrix}=\begin{pmatrix}1 & 0\\ -1 & 1\\ 5 & -3\end{pmatrix}.$$

2. $\begin{vmatrix}1 & 1 & -1\\ 2 & k & -2\\ k & 2 & 1\end{vmatrix}=\begin{vmatrix}1 & 1 & -1\\ 0 & k-2 & 0\\ 0 & 2-k & 1+k\end{vmatrix}=\begin{vmatrix}1 & 1 & -1\\ 0 & k-2 & 0\\ 0 & 0 & 1+k\end{vmatrix}=(k-2)(k+1)$

当 $k\neq -1$ 和 $k\neq 2$ 时，方程组有惟一解；

当 $k=2$ 时，$\begin{pmatrix}1 & 1 & -1 & -1\\ 2 & 2 & -2 & 0\\ 2 & 2 & 1 & 2\end{pmatrix}\sim\begin{pmatrix}1 & 1 & -1 & -1\\ 0 & 0 & 0 & 2\\ 0 & 0 & 3 & 4\end{pmatrix}\sim\begin{pmatrix}1 & 1 & -1 & -1\\ 0 & 0 & 3 & 4\\ 0 & 0 & 0 & 2\end{pmatrix}$

这时方程组无解；

当 $k=-1$ 时，$\begin{pmatrix}1&1&-1&-1\\2&-1&-2&0\\-1&2&1&-1\end{pmatrix}\sim\begin{pmatrix}1&1&-1&-1\\0&-3&0&2\\0&3&0&-2\end{pmatrix}\sim\begin{pmatrix}1&1&-1&-1\\0&-3&0&2\\0&0&0&0\end{pmatrix}$

这时方程组有无穷多解，且其通解为 $\xi=\begin{pmatrix}-\frac{1}{3}\\-\frac{2}{3}\\0\end{pmatrix}+k\begin{pmatrix}1\\0\\1\end{pmatrix}$

3. $|\lambda E-A|=\begin{vmatrix}\lambda-2&-1&0\\-1&\lambda-2&0\\0&0&\lambda-2\end{vmatrix}=(\lambda-1)(\lambda-2)(\lambda-3)$

特征值为：$\lambda_1=1,\lambda_2=2,\lambda_3=3$

当 $\lambda=\lambda_1=1$ 时，$\begin{pmatrix}-1&-1&0\\-1&-1&0\\0&0&-1\end{pmatrix}\sim\begin{pmatrix}1&1&0\\0&0&1\\0&0&0\end{pmatrix}$，得 $p_1=\begin{pmatrix}-1\\1\\0\end{pmatrix}$

当 $\lambda=\lambda_2=2$ 时，$\begin{pmatrix}0&-1&0\\-1&0&0\\0&0&0\end{pmatrix}\sim\begin{pmatrix}1&0&0\\0&1&0\\0&0&0\end{pmatrix}$，得 $p_2=\begin{pmatrix}0\\0\\1\end{pmatrix}$

当 $\lambda=\lambda_3=3$ 时，$\begin{pmatrix}1&-1&0\\-1&1&0\\0&0&1\end{pmatrix}\sim\begin{pmatrix}1&-1&0\\0&0&1\\0&0&0\end{pmatrix}$，得 $p_3=\begin{pmatrix}1\\1\\0\end{pmatrix}$

$\lambda_1,\lambda_2,\lambda_3$ 分别对应的特征向量为 p_1,p_2,p_3.

四、证　1. 由 $C^{-1}=(C^{-1}B+E)A^{\mathrm{T}}$ 两边左乘 C 得 $E=C(C^{-1}B+E)A^{\mathrm{T}}=(B+C)A^{\mathrm{T}}$ 两边转置后得 $A(B+C)^{\mathrm{T}}=E$，这表明 A 可逆且有 $A^{-1}=(B+C)^{\mathrm{T}}$.

2. 由 $A^{\mathrm{T}}A=E$ 可知 A 为正交阵，$A^{-1}=A^{\mathrm{T}}$，又 $A^{-1}=\frac{1}{|A|}A^*=A^{\mathrm{T}}$，得 $A^*=|A|A^{\mathrm{T}}$，$(A^*)^{\mathrm{T}}=|A|A$，所以 $(A^*)^{\mathrm{T}}(A^*)=(|A|A)(|A|A^{\mathrm{T}})=|A|^2AA^{\mathrm{T}}=|A|^2E$

由 A 为正交阵，有 $|A|^2=1$，即 $(A^*)^{\mathrm{T}}(A^*)=E$.

3.（反证法）如果 $u+v_1,u+v_2,u$ 线性相关，而存在不全为零的数 k_1,k_2,k_3 使

$$k_1(u+v_1)+k_2(u+v_2)+k_3u=0$$

即

$$k_1v_1+k_2v_2+(k_1+k_2+k_3)u=0 \tag{1}$$

所以 $A[k_1(u+v_1)+k_2(u+v_2)+k_3u]=A[k_1v_1+k_2v_2+(k_1+k_2+k_3)u]=0$

即

$$k_1Av_1+k_2Av_2+(k_1+k_2+k_3)Au=0$$

因为 $Av_1=0,Av_2=0,Au=b$，所以 $(k_1+k_2+k_3)b=0$，

又因为 $b\neq 0$，所以必有 $k_1+k_2+k_3=0$，由式(1)知 $k_1v_1+k_2v_2=0$，

而 v_1,v_2 是 $Ax=0$ 的基础解系，故必有 $k_1=k_2=0$，进而推出 $k_3=0$，这与假设矛盾，所以 $u+v_1,u+v_2,u$ 是线性无关的.

总复习题六解答

一、解　1. 由 $A^*A = |A|E$ 知，$|A^*A| = |A^*||A| = ||A|E| = |A|^4 \Rightarrow |A^*| = |A|^3 = -125$.

2. 矩阵 A 与 B 等价，即 A 经初等变换可以得到 B，B 也经初等变换可以得到 A，而初等变换不改变矩阵的秩，故秩相同.

3. $(2A)^{-1} = \frac{1}{2}A^{-1}$.

4. 只有零解，即系数行列式 $\begin{vmatrix} \lambda & 1 & 1 \\ 1 & \lambda & 1 \\ 1 & 1 & 1 \end{vmatrix} = \begin{vmatrix} \lambda-1 & 0 & 0 \\ 0 & \lambda-1 & 0 \\ 1 & 1 & 1 \end{vmatrix} = (\lambda-1)^2 \neq 0 \Rightarrow \lambda \neq 1$.

5. 向量组的秩即以这些向量为行的矩阵的秩为 2，而

$$\begin{pmatrix} 1 & -2 & 4 & -1 \\ 2 & 0 & t & 0 \\ -1 & -2 & 1 & -1 \end{pmatrix} \sim \begin{pmatrix} 1 & -2 & 4 & -1 \\ 2 & 0 & t & 0 \\ -2 & 0 & -3 & 0 \end{pmatrix}$$

$$\sim \begin{pmatrix} 1 & -2 & 4 & -1 \\ 2 & 0 & t & 0 \\ 0 & 0 & t-3 & 0 \end{pmatrix} \sim \begin{pmatrix} 1 & -2 & 4 & -1 \\ 0 & 4 & t-8 & 2 \\ 0 & 0 & t-3 & 0 \end{pmatrix}$$

所以 $t-3=0$，即 $t=3$.

6. $A^*A = |A|E = 3E \Rightarrow A^* = 3A^{-1} \Rightarrow |A^* + A^{-1}| = |4A^{-1}| = 4^3|A^{-1}| = \frac{64}{|A|} = \frac{64}{3}$.

二、解　1. $ABC = E \Rightarrow A^{-1} = BC \Rightarrow BCA = E$，故选(A).

2. 这是一个范德蒙行列式，$f(x) = (-1-1)(2-1)(x-1)(2+1)(x+1)x-2) = 0$，所以三个根分别为 $1,-1,2$，故选(A).

3. 奇异方阵的秩小于 n，而矩阵的秩等于其列向量组的秩，故列向量组的秩小于其向量个数 n，即列向量组线性相关，所以选(C).

4. A,B 正定 $\Rightarrow \forall x \neq 0, x^TAx > 0, x^TBx > 0 \Rightarrow x^TAx + x^TBx > 0$
$\Rightarrow x^T(A+B)x > 0 \Rightarrow A+B$ 正定，故命题(B)正确.

5. 由线性方程组理论的基本定理可知选(A).

三、解　1. A 非奇异即可逆，$AB = AC$ 两边左乘以 A^{-1} 即得 $B = C$，故命题正确(√)；

2. $A^T = A, B^T = B \Rightarrow (AB)^T = B^TA^T = BA$，故命题错误(×)；

3. 由 $R(A) = m \leqslant n$ 知，A 的列向量组(m 维)的最大无关组有 m 个向量，该最大无关组也是 m 维向量空间的基，从而任何一个 m 维向量 b 都可以由该无关组线性表示，即方程组 $Ax = b$ 总有解，故命题正确(√)；

4. $(\boldsymbol{A}-\lambda\boldsymbol{E})\boldsymbol{x}=\boldsymbol{0}$ 与 $(\boldsymbol{A}^{\mathrm{T}}-\lambda\boldsymbol{E})\boldsymbol{x}=\boldsymbol{0}$ 的解不一定相同，即 $\boldsymbol{A}$ 与 $\boldsymbol{A}^{\mathrm{T}}$ 的特征向量不一定相同，故命题错误(×)；

5. 由于任何 n 维向量都可以由 n 维向量组 $\boldsymbol{a}_1,\boldsymbol{a}_2,\cdots,\boldsymbol{a}_n$ 线性表示，所以 $\boldsymbol{a}_1,\boldsymbol{a}_2,\cdots,\boldsymbol{a}_n$ 是 n 维向量空间的基，即 $\boldsymbol{a}_1,\boldsymbol{a}_2,\cdots,\boldsymbol{a}_n$ 线性无关，故命题正确(√)；

6. 如 $\boldsymbol{A}=\begin{pmatrix}1\\1\end{pmatrix}$，$\boldsymbol{A}^{\mathrm{T}}\boldsymbol{A}=(1\quad 1)\begin{pmatrix}1\\1\end{pmatrix}=(1)$ 可逆，而 $\boldsymbol{A}\boldsymbol{A}^{\mathrm{T}}=\begin{pmatrix}1\\1\end{pmatrix}(1\quad 1)=\begin{pmatrix}1&1\\1&1\end{pmatrix}$ 不可逆，故命题错误(×).

四、解　1. $\boldsymbol{AB}+\boldsymbol{E}=\boldsymbol{A}^2+\boldsymbol{B}\Rightarrow\boldsymbol{AB}-\boldsymbol{B}=\boldsymbol{A}^2-\boldsymbol{E}\Rightarrow(\boldsymbol{A}-\boldsymbol{E})\boldsymbol{B}=(\boldsymbol{A}-\boldsymbol{E})(\boldsymbol{A}+\boldsymbol{E})$　(1)

因为 $\boldsymbol{A}-\boldsymbol{E}=\begin{pmatrix}0&0&1\\0&1&0\\-1&0&0\end{pmatrix}$，$|\boldsymbol{A}-\boldsymbol{E}|\neq 0$，所以 $(\boldsymbol{A}-\boldsymbol{E})$ 可逆，

于是式(1)两边同乘 $(\boldsymbol{A}-\boldsymbol{E})^{-1}$ 得 $\boldsymbol{B}=\boldsymbol{A}+\boldsymbol{E}$，即 $\boldsymbol{B}=\begin{pmatrix}2&0&1\\0&3&0\\-1&0&2\end{pmatrix}$.

2. $$\begin{vmatrix}1&-\lambda&-1\\2&1-3\lambda&-5\\1&-1&1+\lambda\end{vmatrix}=\begin{vmatrix}1&-\lambda&-1\\0&1-\lambda&-3\\0&\lambda-1&2+\lambda\end{vmatrix}=\begin{vmatrix}1&-\lambda&-1\\0&1-\lambda&-3\\0&0&\lambda-1\end{vmatrix}=-(\lambda-1)^2$$

(1) 当 $\lambda=1$ 时，方程组有非零解，

$$\begin{pmatrix}1&-1&-1\\2&-2&-5\\1&-1&2\end{pmatrix}\sim\begin{pmatrix}1&-1&-1\\0&0&-3\\0&0&3\end{pmatrix}\sim\begin{pmatrix}1&-1&-1\\0&0&3\\0&0&0\end{pmatrix}\sim\begin{pmatrix}1&-1&0\\0&0&1\\0&0&0\end{pmatrix}$$

其通解为 $\boldsymbol{X}=k\begin{pmatrix}1\\1\\0\end{pmatrix}$，$k$ 为任意常数.

(2) 解空间的基为 $\xi_1=\begin{pmatrix}1\\1\\0\end{pmatrix}$，解空间的维数为 1，解空间 $\boldsymbol{V}=\{\xi\mid\xi=k\xi_1,k\in\mathbf{R}\}$.

3. 设 $\boldsymbol{A}$ 为二次型 f 的矩阵.

$$\boldsymbol{A}=\begin{pmatrix}1&t&-1\\t&4&2\\-1&2&4\end{pmatrix},\ |\boldsymbol{A}_1|=1>0\quad|\boldsymbol{A}_2|=\begin{vmatrix}1&t\\t&4\end{vmatrix}=4-t^2=(2-t)(2+t)$$

$$|\boldsymbol{A}_3|=\begin{vmatrix}1&t&-1\\t&4&2\\-1&2&4\end{vmatrix}=\begin{vmatrix}-1&2&4\\1&t&-1\\t&4&2\end{vmatrix}$$

$$=\begin{vmatrix}-1&2&4\\0&t+2&3\\0&4+2t&4t+2\end{vmatrix}=\begin{vmatrix}-1&2&4\\0&2+t&3\\0&0&4t-4\end{vmatrix}$$

$$=4(t+2)(1-t)$$

由正定的条件 $|\boldsymbol{A}_1|>0$，$|\boldsymbol{A}_2|=(2-t)(2+t)>0$，$|\boldsymbol{A}_3|=4(t+2)(1-t)>0$，

得当 $-2 < t < 1$ 时二次型 f 是正定的.

五、证　1. 由题设 $A^2 = E$ 得 $A^2 - E = (A+E)(A-E) = O$

因为 $A \neq E$ 即矩阵 $A - E \neq O$,所以齐次线性方程组 $(A+E)x = 0$ 有非零解($A-E$ 的每一个非零列都是 $(A+E)x = 0$ 的非零解). 这表明 $\det(A+E) = 0$

2. 由条件可知 $a_1 + a_2, a_2 + a_3, a_3 + a_1$ 仍是 $Ax = 0$ 的解,因而只需证明 $a_1 + a_2, a_2 + a_3, a_3 + a_1$ 线性无关,设有

$$k_1(a_1 + a_2) + k_2(a_2 + a_3) + k_3(a_3 + a_1) = 0$$

即

$$(k_1 + k_3)a_1 + (k_2 + k_1)a_2 + (k_2 + k_3)a_3 = 0$$

由于 a_1, a_2, a_3 是线性无关的,所以有 $\begin{cases} k_1 + k_3 = 0 \\ k_1 + k_2 = 0, \\ k_2 + k_3 = 0 \end{cases}$

又因为 $\begin{vmatrix} 1 & 0 & 1 \\ 1 & 1 & 0 \\ 0 & 1 & 1 \end{vmatrix} \neq 0$,所以 $k_1 = k_2 = k_3 = 0$,这表明 $a_1 + a_2, a_2 + a_3, a_3 + a_1$ 线性无关.

即 $a_1 + a_2, a_2 + a_3, a_3 + a_1$ 是 $Ax = 0$ 的基础解系.

3.
$$\begin{aligned}(A\beta)^T(A\beta) &= \beta^T(A^TA)\beta = \beta^T(E - 2aa^T)^T(E - 2aa^T)\beta \\ &= \beta^T(E - 2aa^T)(E - 2aa^T)\beta = \beta^T(E - 4aa^T + 4aa^Taa^T)\beta = \beta^T\beta.\end{aligned}$$

所以

$$\| A\beta \| = \sqrt{(A\beta)^T(A\beta)} = \sqrt{\beta^T\beta} = \| \beta \|.$$

参考文献

[1]同济大学数学教研室编.线性代数.北京:高等教育出版社,2003
[2]叶牡才,李星,沈远彤编.线性代数.武汉:中国地质大学出版社,1997
[3]刘建业主编.大学数学教程线性代数.北京:高等教育出版社,2003
[4]同济大学应用数学系编,线性代数及其应用.北京:高等教育出版社,2004
[5]李W·约翰逊(Lee W. Johnson),R·迪安里斯(R. Dean Riess),吉米T·阿诺德(Jimmy T. Arnold)著.线性代数引论(Introduction to Linear Algebra).(英文版:原书第5版).北京:机械工业出版社,2002.